文化ファッション大系
アパレル生産講座 ❼

グレーディング

文化服装学院編

序

　文化服装学院は今まで『文化服装講座』、それを新しくした『文化ファッション講座』をテキストとしてきました。

　1980年頃からファッション産業の専門職育成のためのカリキュラム改定に取り組んできた結果、各分野の授業に密着した内容の、専門的で細分化されたテキストの必要性を感じ、このほど『文化ファッション大系』という形で内容を一新することになりました。

　それぞれの分野は次の五つの講座からなっております。

　「服飾造形講座」は、広く服飾類の専門的な知識・技術を教育するもので、広い分野での人材育成のための講座といえます。

　「アパレル生産講座」は、アパレル産業に対応する専門家の育成講座であり、テキスタイルデザイナー、マーチャンダイザー、アパレルデザイナー、パタンナー、生産管理者などの専門家を育成するための講座といえます。

　「ファッション流通講座」は、ファッションの流通分野で、専門化しつつあるスタイリスト、バイヤー、ファッションアドバイザー、ディスプレイデザイナーなど各種ファッションビジネスの専門職育成のための講座といえます。

　それに以上の3講座に関連しながら、それらの基礎ともなる、色彩、デザイン画、ファッション史、素材のことなどを学ぶ「服飾関連専門講座」、トータルファッションを考えるうえで重要な要素となる、帽子、バッグ、シューズ、ジュエリーアクセサリーなどの専門的な知識と技術を修得する「ファッション工芸講座」の五つの講座を骨子としています。

　このテキストが属する「アパレル生産講座」は、アパレル製造業が基本的に、企画、製造、営業・販売の三つの大きな専門部門で構成されているのに応じて、アパレルマーチャンダイジング編、テキスタイルデザイン編、アパレルデザイン編、ニットデザイン編、アパレル生産技術編などの講座に分かれています。それぞれの講座で学ぶ内容がそのまま、アパレル製造業の専門部門のスペシャリスト育成を目的としているわけです。

　いずれにしても服を生産することは、商品を創ることに他なりません。その意識のもと、基礎知識の修得から、職能に応じての専門的な知識や技術を、ケーススタディを含めて、スペシャリストになるべく学んでいただきたいものです。

目次 グレーディング

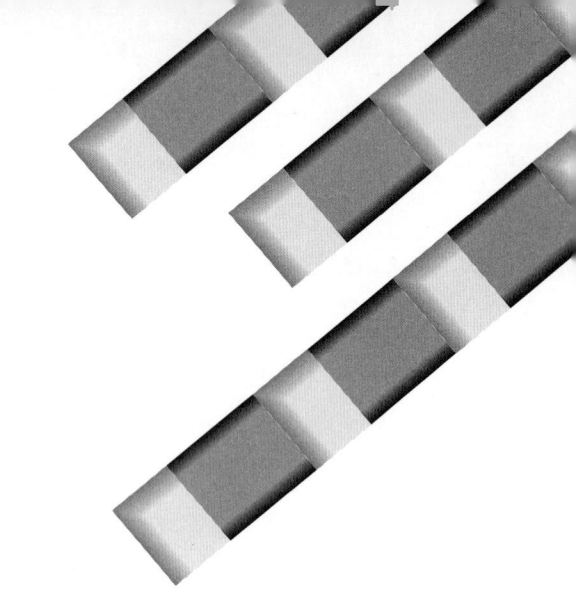

序 ……………………… 3
はじめに …………………… 8

第1章 グレーディングの基礎知識 ……………… 9

 1 グレーディングとは ……………………………………… 10
 2 グレーディング方法の種類 ……………………………… 10
  （1）切開線方式またはブロック式 ……………………… 10
  （2）ピッチ方式 …………………………………………… 10
 3 グレーディングに必要な道具 …………………………… 10
 4 グレーディング用語 ……………………………………… 11
 5 グレーディングのサイズとピッチ ……………………… 11
 6 切開線の位置とグレーディング量 ……………………… 14
  （1）身頃の切開線位置とグレーディング量 …………… 14
   1）切開線位置 ………………………………………… 14
   2）グレーディングピッチ …………………………… 14
   3）バストライン位置の断面を切開線で開いて確認 … 15
  （2）袖の切開線位置とグレーディング量 ……………… 16
   1）切開線位置 ………………………………………… 16
   2）グレーディングピッチ …………………………… 16
   3）切開線で開いて確認 ……………………………… 17
  （3）スカートの切開線位置とグレーディング量 ……… 17
   1）切開線位置 ………………………………………… 17
  （4）パンツの切開線位置とグレーディング量 ………… 18
   1）切開線位置 ………………………………………… 18
   2）グレーディングピッチ …………………………… 18
   3）脚つけ根位置の断面を切開線で開いて確認 …… 19

第2章 グレーディングの基本 …………………… 21

1 身頃原型のグレーディング …………………………22
(1) 文化式原型 ……………………………………22
1) 切開線方式 …………………………………22
2) ピッチ方式 …………………………………23
3) グレーディング手順の説明 ………………24
(2) ドレス原型(標準原型) ……………………29
1) 切開線方式 …………………………………29
2) ピッチ方式 …………………………………30

2 基本的な衿・袖のグレーディング ………………31
(1) スタンドカラー ……………………………31
1) 切開線方式 …………………………………31
2) ピッチ方式 …………………………………32
(2) シャツカラー ………………………………33
1) 切開線方式 …………………………………33
2) ピッチ方式 …………………………………34
(3) フラットカラー ……………………………35
1) 切開線方式 …………………………………35
2) ピッチ方式 …………………………………36
(4) 袖 ……………………………………………37
1) 切開線方式 …………………………………37
2) ピッチ方式 …………………………………38
3) グレーディング手順の説明 ………………39

3 基本的なスカートのグレーディング ……………44
(1) タイトスカート ……………………………44
1) 切開線方式 …………………………………44
2) ピッチ方式 …………………………………45
(2) Aラインスカート …………………………46
1) 切開線方式 …………………………………46
2) ピッチ方式(水平・垂直にグレーディングする考え方) ………47
3) グレーディング手順の説明 ………………48
4) ピッチ方式(フレア方向にグレーディングする考え方) ………53
(3) フレアスカート ……………………………54
1) 切開線方式 …………………………………54
2) ピッチ方式(フレア方向にグレーディングする考え方) ………55
3) 平行処理方式 ………………………………55

4 基本的なパンツのグレーディング ………………56
(1) パンツ原型 …………………………………56
1) 切開線方式 …………………………………56
2) ピッチ方式 …………………………………59

第3章 アイテムのグレーディング 61

- 1 スカートのグレーディング 62
  - (1) ヨーク切替えのヒップボーンスカート 62
    - 1) 切開線方式 62
    - 2) ピッチ方式 65
  - (2) ゴアードスカート 67
    - 1) 切開線方式 68
    - 2) ピッチ方式 70
  - (3) ギャザースカート 74
    - 1) 切開線方式 74
    - 2) ピッチ方式 75
  - (4) キュロットスカート 77
    - 1) 切開線方式 77
    - 2) ピッチ方式 79

- 2 パンツのグレーディング 80
  - (1) ストレートパンツ（脇斜めポケット） 80
    - 1) 切開線方式 81
    - 2) ピッチ方式 83
  - (2) ベルボトムパンツ 84
    - 1) 切開線方式 84
    - 2) ピッチ方式 87

- 3 ブラウスのグレーディング 88
  - (1) シャツブラウス短冊 88
    - 1) 切開線方式 89
    - 2) ピッチ方式 91
  - (2) ウエスタン調のシャツブラウス 94
    - 1) 切開線方式 94
    - 2) ピッチ方式 97

- 4 ジャケットのグレーディング 99
  - (1) ピークラペル 99
    - 1) 切開線方式 99
    - 2) ピッチ方式 102
  - (2) プリンセスライン、ショールカラーのジャケット 104
    - 1) 切開線方式 104
    - 2) ピッチ方式 106

（3）パネルライン、
　　　　シャツカラー（衿腰切替え）のジャケット ……………108
　　　　　1）切開線方式 ……………………………………108
　　　　　2）ピッチ方式 ……………………………………111
　　（4）カーブドラペルのジャケット ………………………114
　　　　　1）切開線方式 ……………………………………114
　　　　　2）ピッチ方式 ……………………………………119

5　コートのグレーディング ……………………………122
　　（1）トレンチコート …………………………………122
　　　　　1）切開線方式 ……………………………………122
　　　　　2）ピッチ方式 ……………………………………128
　　　　　3）グレーディング手順（ラグラン袖1～14) ………130

6　フードのグレーディング ……………………………138
　　（1）フード（ダーツ入り）……………………………138
　　　　　1）切開線方式 ……………………………………138
　　　　　2）ピッチ方式（ダーツ入り）……………………139
　　（2）フード（2面構成）………………………………140
　　　　　1）切開線方式 ……………………………………141
　　　　　2）ピッチ方式（2面構成）………………………141

7　続き袖のグレーディング ……………………………142
　　（1）ヨークスリーブ …………………………………142
　　　　　1）切開線方式 ……………………………………142
　　　　　2）ピッチ方式 ……………………………………146
　　　　　3）グレーディング手順（ヨークスリーブ1～15) …147
　　（2）キモノスリーブ（まちなし）……………………152
　　　　　1）切開線方式 ……………………………………152
　　　　　2）ピッチ方式 ……………………………………156
　　（2）キモノスリーブ（まちあり）……………………158
　　　　　1）切開線方式 ……………………………………158
　　　　　2）ピッチ方式 ……………………………………163

はじめに

　多様化する消費形態の中、高品質な商品をタイミング良く生産し、顧客に満足してもらうためには、生産プロセスでの「しくみ」が必要になります。そのひとつがグレーディング（サイズ展開）で、アパレルメーカーは不特定多数の購買層を増やすことができ、顧客は自分により適合したサイズを選択することができるようになります。多品種、小ロット、短納期を余儀なくされている今日、人手によるハンドグレーディングからアパレルCADを利用したCADグレーディングが一般的となっています。

　グレーディングは標準サイズ（マスターサイズ）を利用してサイズ毎に展開する合理的な方法です。単純に拡大・縮小するのではなくシルエットやデザインバランスを崩さずに違うサイズのパターン（型紙）を作成しなければなりません。またターゲット（Baby、子供服、ミス、ミセス、紳士服など）で体格、体型、嗜好などが違うため、サイズの展開数や身体各部位で動かす分量や方向も異なります。

　本書でのグレーディング手法は切開線方式、ピッチ方式の展開方法を紹介していますが結果は同一のものになります。両者ともパターンメーキングの延長線上の作業で緻密な精度が要求されます。一連のグレーディング操作が理解できれば、体型上の補正、パターン修正、デザイン変更などに活用することもできます。より高品質なグレーディングをおこなうにはパターンメーキングと同様、パターンを理論的に見る習慣やデータを的確に捉えるスキルが必要になります。

　かつてのハンドグレーディングと違い、CADグレーディングの普及によりグレーディングの操作は一般化（マニュアル化）したように見えますが、数値のみに頼ってはバランス良くグレーディングすることはできません。体型のカバーや機能性を持たせた上で数値化できない技術差を反映させ、より付加価値の高いパターンにすることが必要になります。デザインの複雑化やサイズ展開数が多くなり壁にぶつかった場合には、本書の理論から解決の糸口を見つけてください。

第1章

グレーディングの基礎知識

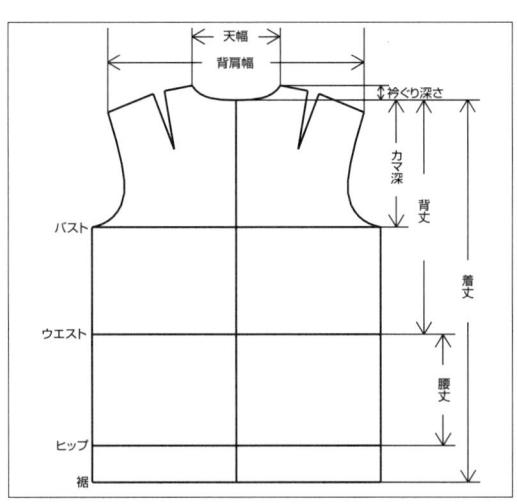

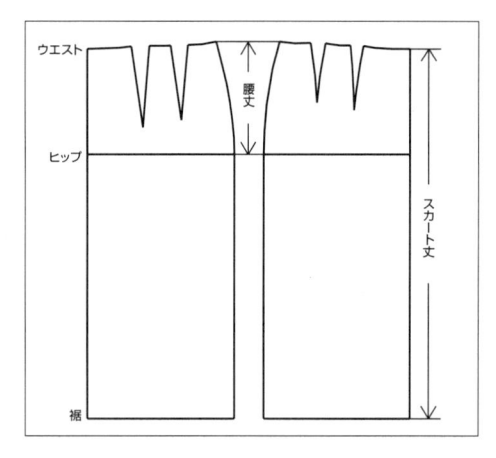

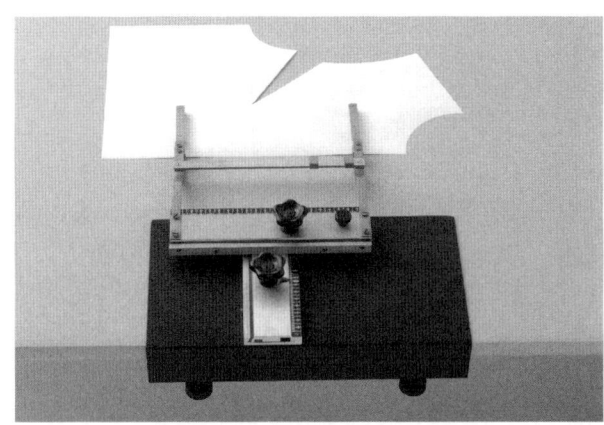

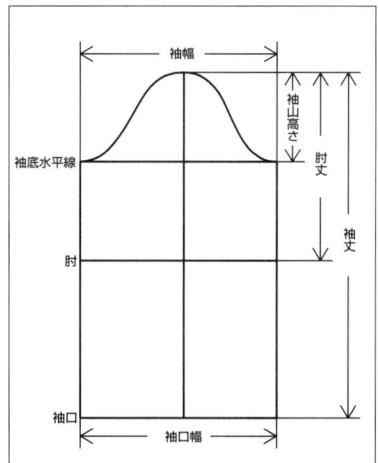

1 グレーディングとは

グレーディングとは、より多くの購買層に合うようにサイズを拡大・縮小することである。拡大・縮小はコピー機のように平均的に大きくしたり小さくしたりするのではなく、人体の各部位のサイズ変化に対応していなければならない。

一般的にアパレル業界のマスターパターン（元型）は、会社（ブランド）のターゲットの体型（ミス、ミセスetc.）を表わし、標準的なサイズで作られている。

既製服は不特定多数の購買層に向けて、商品構成をしなければならず、より多くの購買層に向けて商品構成をするには、マスターパターンを拡大・縮小してサイズ展開することが必要不可欠になる。

サイズ表示はS・M・L、7・9・11などで表示され、サイズ展開はデザイン変化をさせずに、同じバランスで展開しなければならない。

身長・バストともに変化させることが一般的だが、身長が一定でバストだけを拡大・縮小する方法や、バストの変化より身長の変化を大きくする方法などと、会社の経営方針や経営戦略によって異なる。

2 グレーディング方法の種類

（1）切開線方式またはブロック式（切開線とはグレーディング位置を示す線で、各切開線で切り開いてグレーディングする方法）

マスターパターン上に移動量（ピッチ）を開く切開線を引き、移動量を切り開いてグレーディングする方法。この方法は実際にマスターパターンをカッターなどで切って開く方法と、マスターパターンの上に用紙をのせ、切開線で切り開いた状態に用紙を移動して写す方法がある。

（2）ピッチ方式（各部位にグレーディング量を設定し、マスターパターン、もしくは用紙を移動させながら写していく方法）

- 出来上り線で切ったマスターパターンを用紙の上に置き、マスターパターンを移動しながら出来上り線を写していく方法（写真1のグレーディングマシーンを使用すると効率的）。
- 出来上り線で切られていないマスターパターンの上に用紙を置き、用紙を動かしながら出来上り線を写していく方法。
- マスターパターンを用紙に写し、11号のグレーディングをした後、各角をつないだ案内線を引き、マスターと11号の移動量を測る。7号サイズはその案内線を7号側に同寸法測り移動量を記す。それぞれをつないでグレーディングする方法（図1）。

マスターパターンの上に用紙を置き、用紙を動かしながら出来上りを写す。

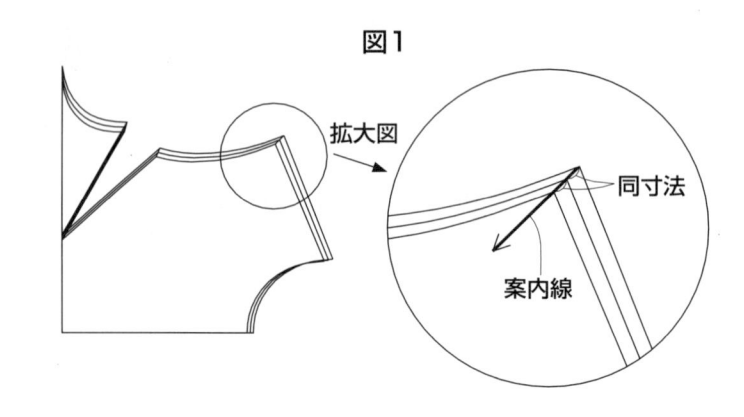

図1

3 グレーディングに必要な道具

① 方眼定規
　線を引く・移動量をしるす。
② 方眼三角定規
　線を引く・移動量をしるす。
③ 各種カーブ尺
　出来上り線を引く
④ シャープペンシル
　0.5mm間隔の線を引くこともあるので、芯の太さは0.3mmが適している（ホルダーでもよい）。
⑤ 研芯器（ホルダーを使用時）
⑥ 消しゴム
⑦ プッシュピンや文鎮など用紙を固定するもの
⑧ グレーディングマシーン（写真1）
　切開線方式でグレーディングするときに使用。

写真1

4　グレーディング用語

マスターパターン
　グレーディングをする元パターン。

ピッチ
　グレーディングする分量（寸法）。バストやウエストのように全体のグレーディング量をいう場合や、天幅・背肩幅のように左右のグレーディング量をいう場合がある。また、パターンのサイドネックポイントや肩先など、部分的なグレーディング量をいう場合もある。

原点（基点）
　グレーディングする際の基準になる点。一般的には身頃は前・後中心線とバストラインの交差位置、スカートは前・後中心線とヒップラインの交差位置、パンツはクロッチラインとパンツの中心線（プレスライン・地の目線）、袖は袖底水平線と袖中心線（地の目線）。その点を基準に上下・左右方向（シルエットによっては斜め方向）にグレーディングを行なう。

部位
　グレーディングをする箇所（部分）。

ネスト図
　グレーディングしたパターンを原点を合わせ重ねた図。

5　グレーディングのサイズとピッチ

　アパレル企業で行なわれるグレーディングピッチを考慮して本書でのグレーディングピッチとする。

アイテム別各部位のグレーディングピッチ

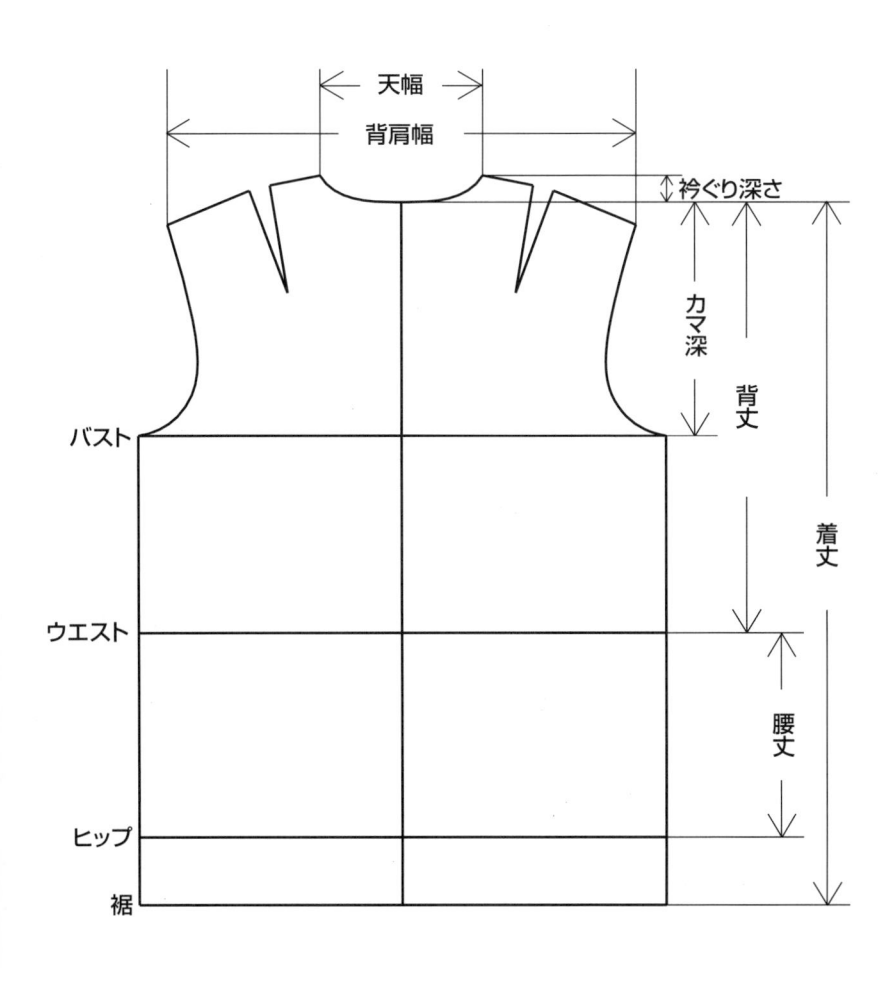

バスト（1周）＝3.0cm
ウエスト（1周）＝3.0cm
ヒップ（1周）＝3.0cm
天幅（左右）＝0.2cm
背肩幅（左右）＝0.8cm
衿ぐり深さ＝0.1cm
カマ深＝0.3cm
背丈＝0.5cm
腰丈＝0.2cm

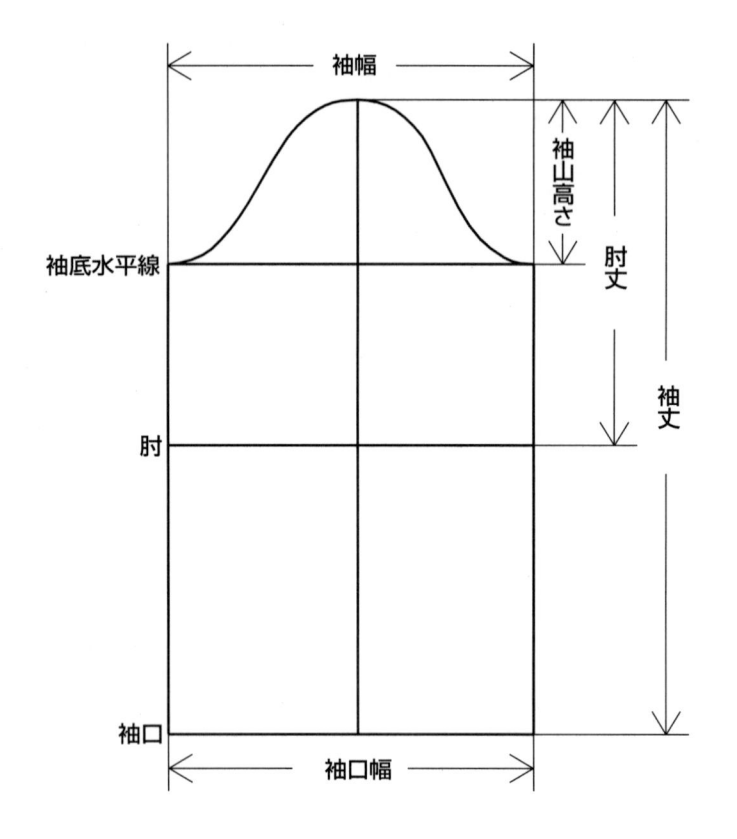

袖幅＝0.9cm
袖口幅＝0.9cm
袖山高さ＝0.35cm
肘丈＝0.65cm
袖丈＝1.0cm

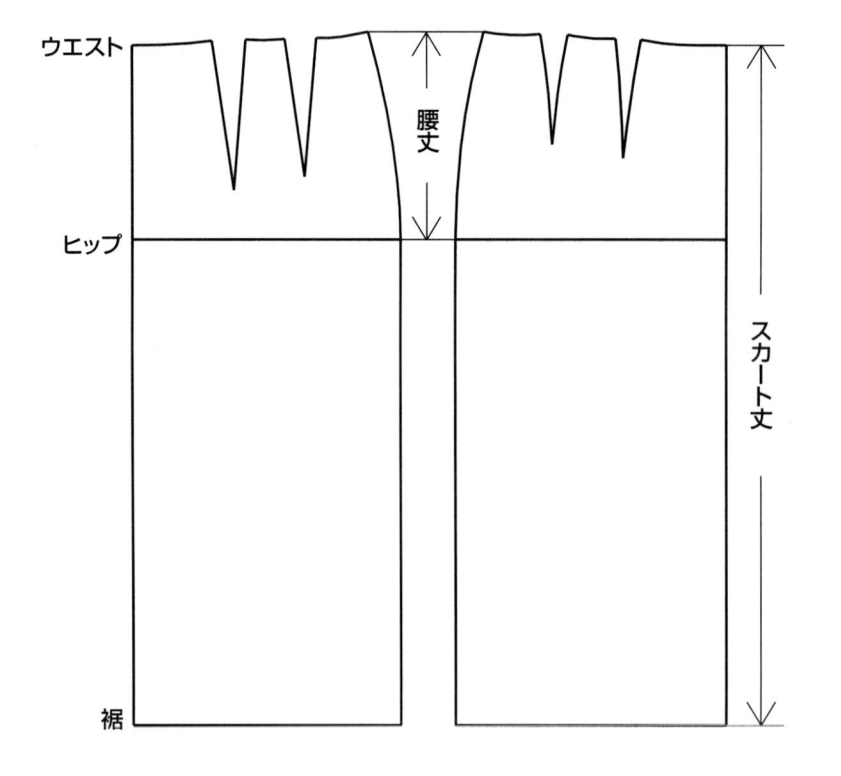

ウエスト（1周）＝3.0cm
ヒップ（1周）＝3.0cm
腰丈＝0.2cm
スカート丈＝1.0cm

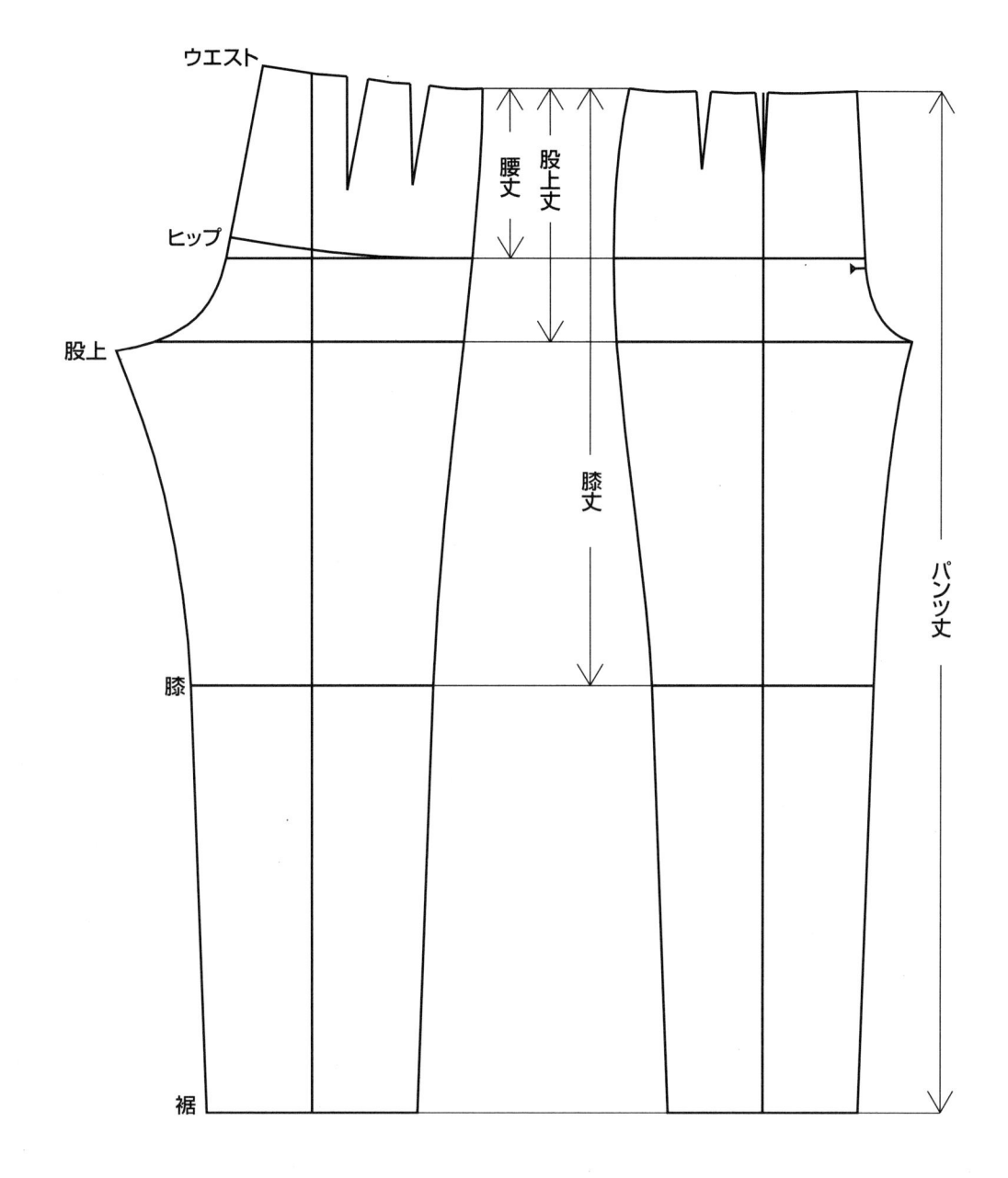

ウエスト（1周）＝3.0cm
ヒップ（1周）＝3.0cm
股上（1周）＝1.95cm
膝（1周）＝1.8cm
裾（1周）＝1.8cm
腰丈＝0.2cm
股上丈＝0.3cm
膝丈＝0.9cm
パンツ丈＝1.5cm

第1章　グレーディングの基礎知識

6　切開線の位置とグレーディング量

切開線はグレーディング位置を示す線で、各部位のサイズ変化に合わせて入れる。縦の切開線は幅のグレーディングをする線で、横の切開線㋐は肩の厚みのグレーディングをし、それ以外の横の切開線は丈のグレーディングをする線になる。各切開線に11ページ「5　グレーディングのサイズとピッチ」で決めたグレーディング量（ピッチ）を設定する。

(1) 身頃の切開線位置とグレーディング量

1) 切開線位置

縦切開線

- ⓐ・ⓔ：衿ぐりから裾まで、前・後中心線から2～3cm離れた平行位置。
- ⓑ・ⓕ：肩線から、ⓑはバストポイントを通り、ⓕは肩甲骨と殿部付近を通る位置。
- ⓒ・ⓖ：前・後正面と脇面の変り目で袖ぐりから裾までの位置。ⓒは腰骨付近を通る。
- ⓓ・ⓗ：袖ぐりから裾まで、脇線から2～3cm離れた位置。

横切開線

- ㋐：肩線から2～3cm離れた位置。
- ㋑：肩からバストラインの中央付近位置。
- ㋒：バストラインからウエストラインの中央付近位置。
- ㋓：ウエストラインからヒップラインまでの間、ミドルヒップ位置。
- ㋔：ヒップラインから裾までの中間位置。

2) グレーディングピッチ

幅のグレーディング（全体で3.0cm）

- ⓐ・ⓔ：$\frac{天幅}{2}$のピッチ0.1cm。
- ⓑ・ⓕ：前幅、背肩幅、背幅のピッチで0.4cmなので、ⓐ・ⓔの0.1cmを差し引いた寸法0.3cm。
- ⓒ・ⓖ：側面から見た人体の厚みのピッチ0.2cm。
- ⓓ・ⓗ：側面から見た人体の厚みのピッチ0.15cm。

丈のグレーディング（着丈で1.0cm）

- ㋐：肩と首の厚み（衿ぐり深さ）のピッチ0.1cm。
- ㋑：カマ深のピッチ0.3cm。
- ㋒：㋑と合わせて背丈のピッチが0.5cmなので㋑の0.3cmを差し引いた寸法0.2cm。
- ㋓：腰丈のピッチ0.2cm。
- ㋔：着丈のピッチが1.0cmなので㋑の0.3cm、㋒の0.2cm、㋓の0.2cmを差し引いた寸法0.3cm。着丈のピッチにより㋔の寸法は変化する。

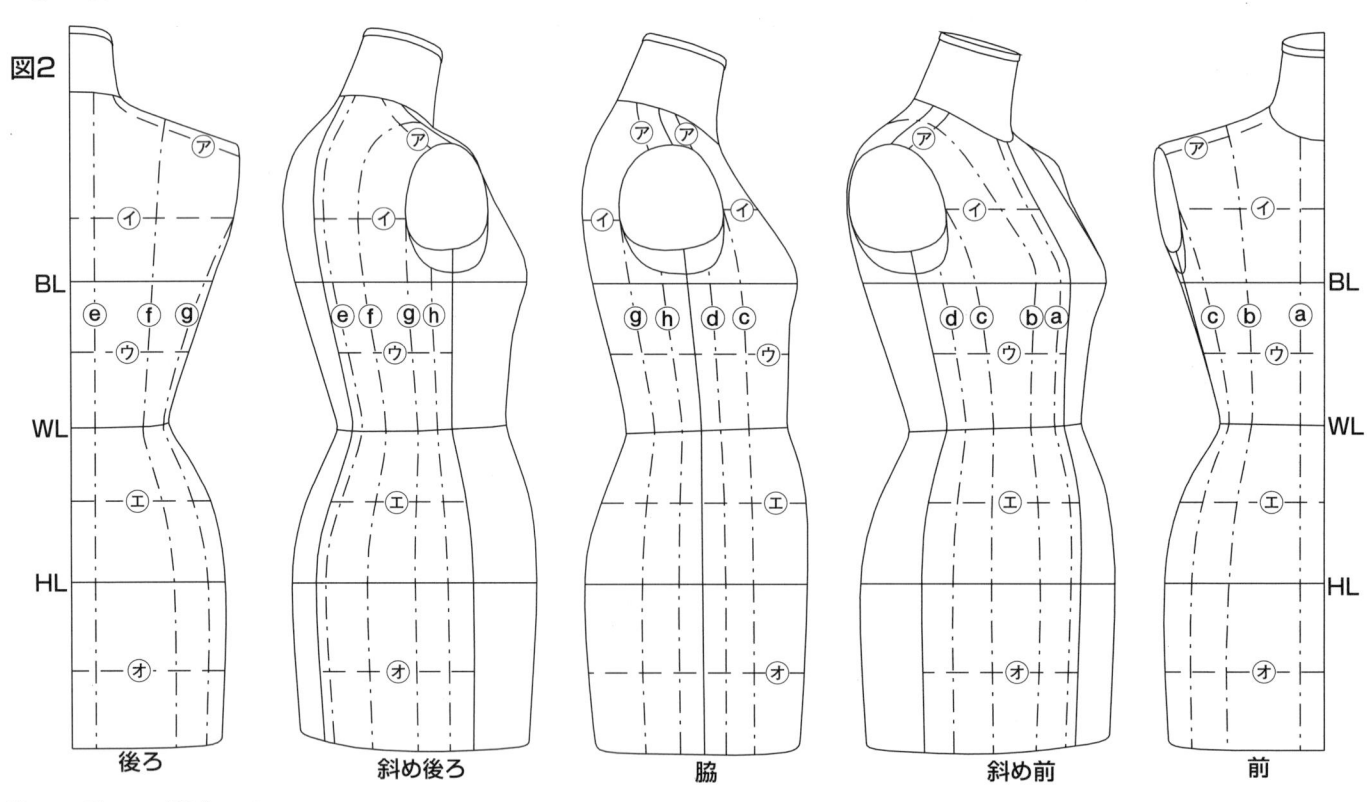

図2

後ろ　　斜め後ろ　　脇　　斜め前　　前

グレーディングピッチ

- バスト（1周）＝3.0cm
- ウエスト（1周）＝3.0cm
- ヒップ（1周）＝3.0cm
- 天幅（左右）＝0.2cm
- 背肩幅（左右）＝0.8cm
- 衿ぐり深さ＝0.1cm
- カマ深＝0.3cm
- 背丈＝0.5cm
- 腰丈＝0.2cm

3) バストライン位置の断面を切開線で開いて確認

バストライン位置の断面図に切開線を入れる（図3）。

各切開線を切り開く（切開き寸法2倍で表示）（図4）。

切り開いた図と元の図を重ねる（図5）。

側面図のバストライン位置で0.35cmの差をつけて丈の変化をさせずに、前・後ウエストからサイドネックポイントまで線を引く（SNPは同位置・バストからウエストまでは平行）。バストライン位置からサイドネックポイントまでの距離に0.24cmの差ができる。このことにより、背丈のグレーディングをしないデザインであっても、バストラインからサイドネックポイントまではグレーディングする必要がある。背丈のグレーディングをするときにはこのことを考慮してピッチを決めなければならない。ただし、全体のバランスを見て、バストが上がったり下がったり見えないようにする必要がある（切開き寸法2倍で表示）（図6）。

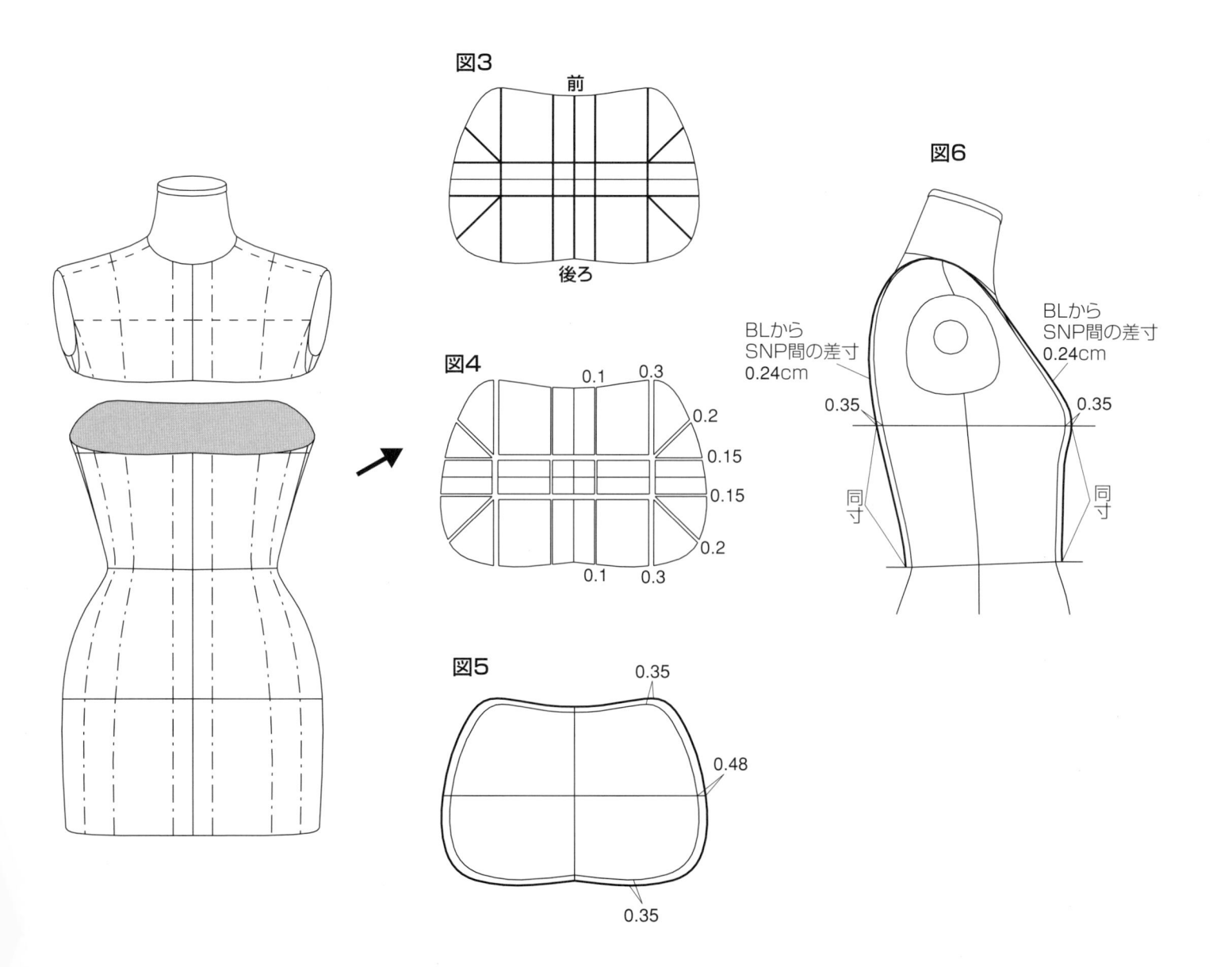

図3
前
後ろ

図4
0.1 0.3
0.2
0.15
0.15
0.2
0.1 0.3

図5
0.35
0.48
0.35

図6
BLから
SNP間の差寸
0.24cm
0.35
同寸

第1章 グレーディングの基礎知識

（2）袖の切開線位置とグレーディング量

袖の切開線位置とグレーディング量は身頃とのつながりを考慮して決定する。

1）切開線位置

縦切開線

- ⓘ・①：身頃㋐と同位置で袖口までの位置。
- ⓙ：身頃ⓒと同位置で袖口までの位置。
- ⓚ：身頃ⓓと同位置で袖口までの位置。
- ⓜ：身頃ⓖと同位置で袖口までの位置。
- ⓝ：身頃ⓗと同位置で袖口までの位置。
  （ⓓとⓗの位置は14ページ図2参照）

横切開線

- ㋕：前後身頃の㋐をつないだ位置。
- ㋖：前後身頃の㋑をつないだ位置。
- ㋗：袖底から肘までの中央位置。
- ㋘：肘から袖口までの中央位置。

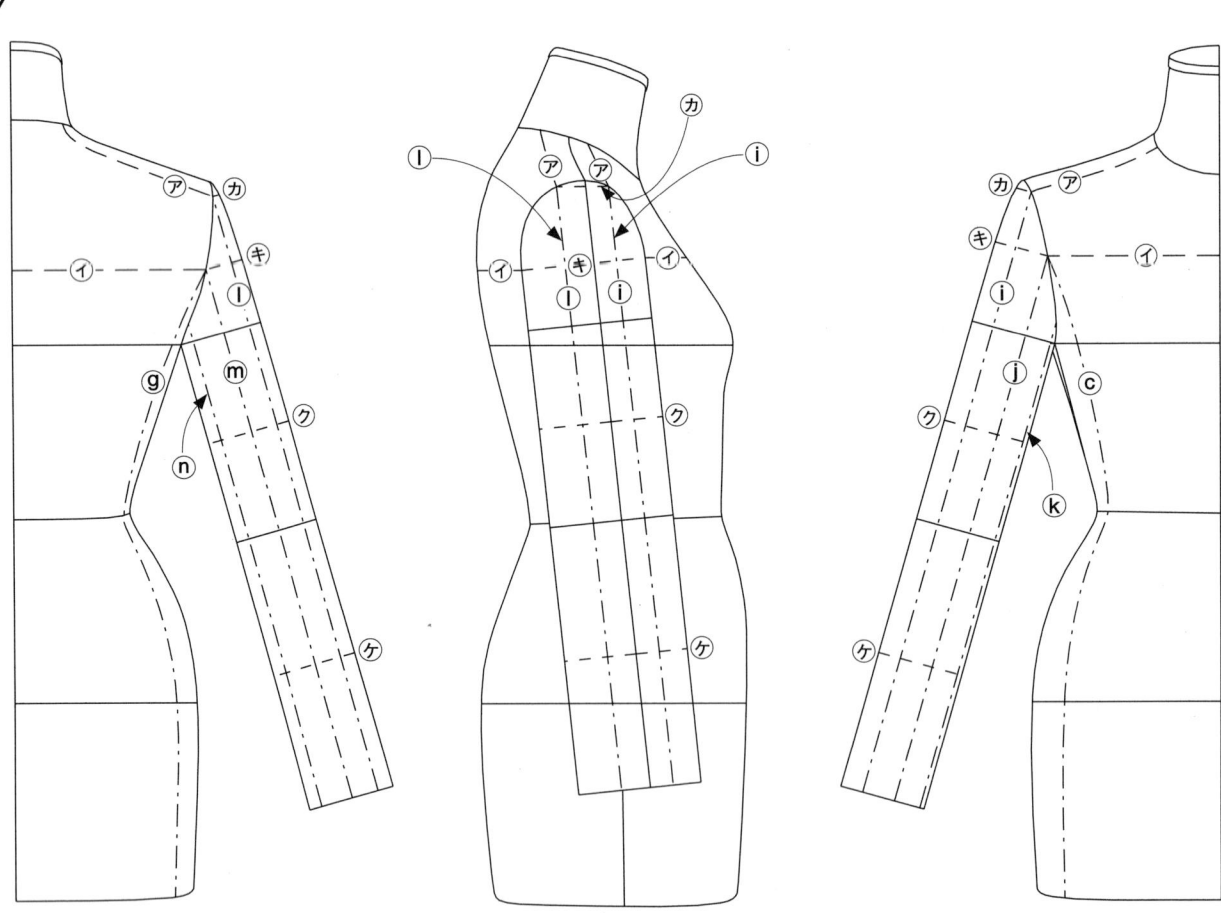

2）グレーディングピッチ

幅のグレーディング（全体で0.9cm）

- ⓘ・①：身頃㋐と同ピッチ0.1cm。
- ⓙ：身頃ⓒと同ピッチ0.2cm。
- ⓚ：身頃ⓓと同ピッチ0.15cm。
- ⓜ：身頃ⓖと同ピッチ0.2cm。
- ⓝ：身頃ⓗと同ピッチ0.15cm。

丈のグレーディング（袖丈で1.0cm）

- ㋕：身頃㋐のピッチの縦方向0.05cm（17ページ図8参照）。
- ㋖：身頃㋑と同ピッチ0.3cm。
- ㋗：0.3cm。
- ㋘：0.35cm。

図7

グレーディングピッチ

袖幅＝0.9cm
袖口幅＝0.9cm
袖山高さ＝0.35cm
肘丈＝0.65cm
袖丈＝1.0cm

3）切開線で開いて確認

バストラインを基準に各切開線を切り開く（切開き寸法2倍で表示）。

図8

切り開いた図と元の図をバストラインで重ねると、肩先で0.35cmの差がでて、袖山の高さのピッチが0.35cmになる。

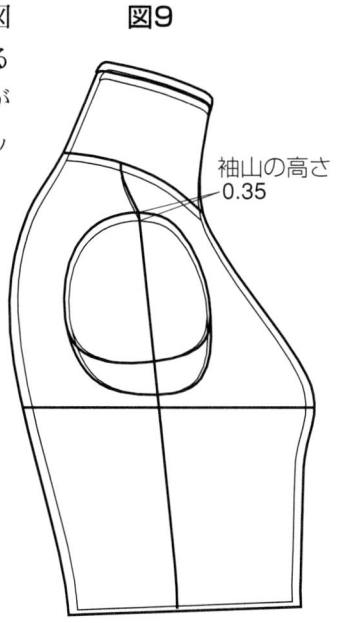

図9

袖山の高さ 0.35

（3）スカートの切開線位置とグレーディング量

1）切開線位置

切開線位置とグレーディング量（ピッチ）は14ページ「6（1）身頃の切開線位置とグレーディング量」を参照する。

丈のグレーディングは全体で1.0cmとするので、切開線㋔では0.8cm開く。

図10

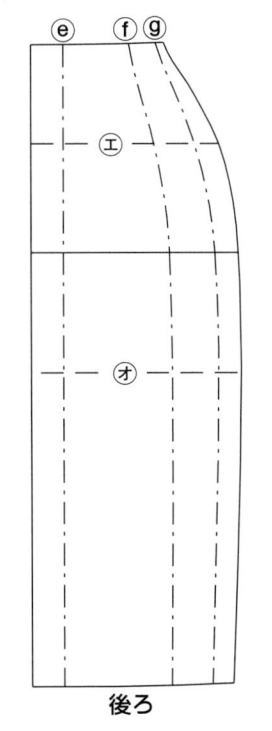

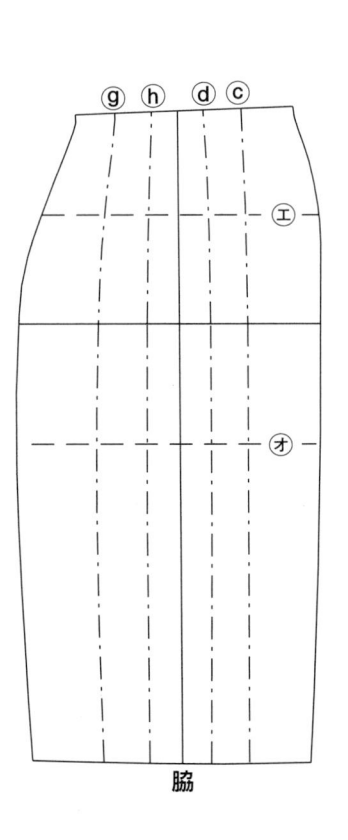

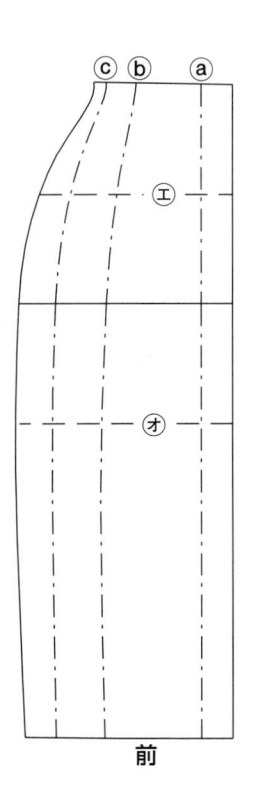

後ろ　　脇　　前

グレーディングピッチ
ウエスト（1周）＝3.0cm
ヒップ（1周）＝3.0cm
腰丈＝0.2cm
スカート丈＝1.0cm

（4）パンツの切開線位置とグレーディング量

　パンツは膝下が地の目線（プレスライン）で左右対称になることが基本なので、ウエストやヒップ位置の幅のグレーディングピッチはスカートと同一にならない。また、パターンをグレーディングするときは、地の目とダーツの位置関係からピッチに変化がおきる。

1）切開線位置

縦切開線

- ⓐ・ⓔ：ウエストから裾まで、前・後中心線から2〜3cm離れた位置。
- ⓑ・ⓕ：ウエストから裾まで、パンツの地の目線（プレスライン）より脇側の位置。ⓕは殿部付近を通る。
- ⓒ・ⓖ：前・後正面と脇面の変り目でウエストから裾までの位置。ⓒは腰骨付近を通る。
- ⓓ・ⓗ：ウエストから裾まで、脇線から2〜3cm離れた位置。
- ⓞ・ⓟ：股ぐりから裾まで。

横切開線

- ㋒：ウエストラインからヒップラインまでの間、ミドルヒップ位置。
- ㋔：ヒップラインから股上までの中間位置。
- ㋙：股上から膝までの中間位置。
- ㋛：膝から裾までの中間位置。

2）グレーディングピッチ

幅のグレーディング（ウエスト・ヒップで3.0cm、裾幅で0.9cm）

- ⓐ・ⓔ：0.3cm。
- ⓑ・ⓕ：0.2cm。
- ⓒ・ⓖ：0.15cm。
- ⓓ・ⓗ：0.1cm。
- ⓞ：0.15cm。膝下を地の目線（プレスライン）で左右対称になるようにする。
- ⓟ：0.3cm（前・後わたり寸法のバランスを考慮する）。膝下を0.15cmにして地の目線（プレスライン）で左右対称になるようにする。

丈のグレーディング（パンツ丈で1.5cm）

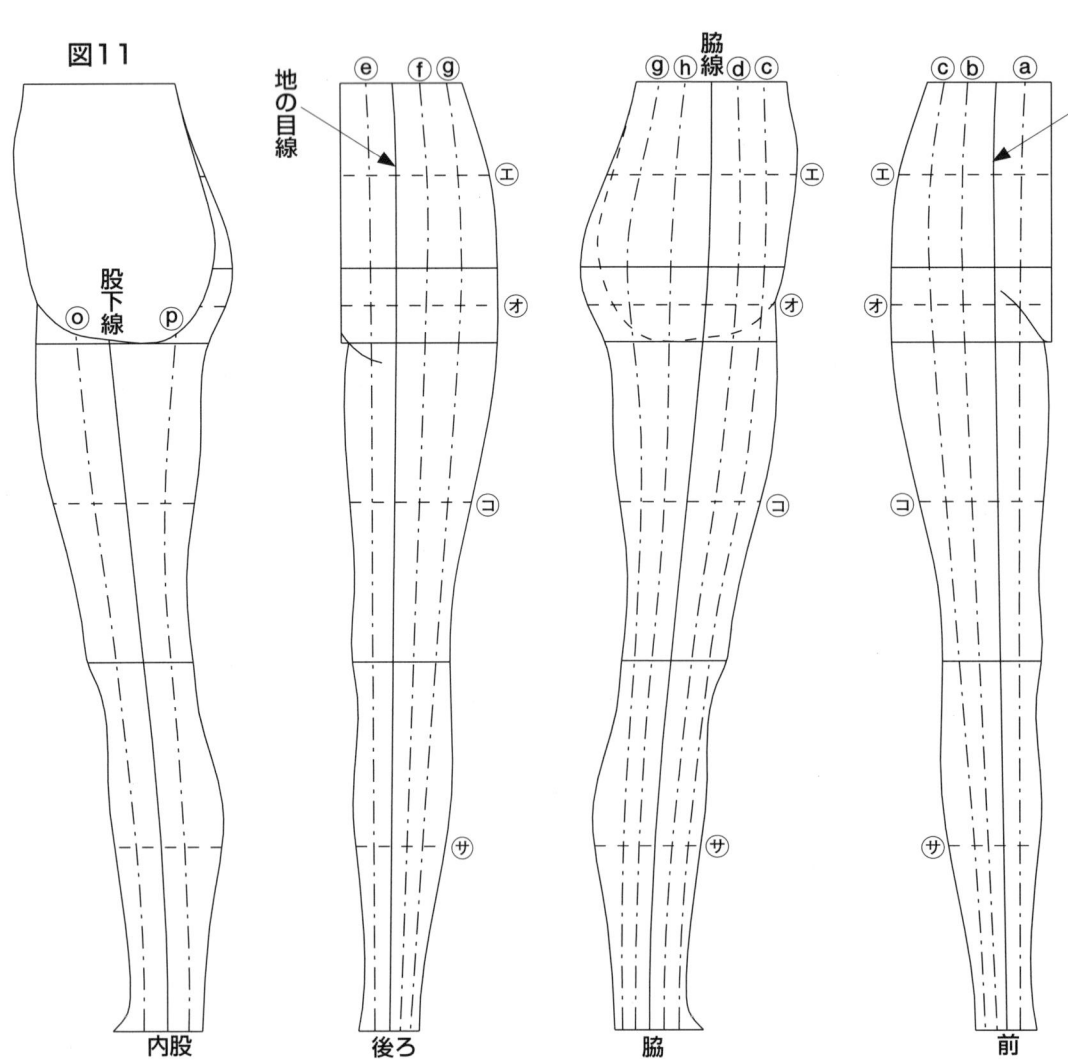

- ㋒：0.2cm。
- ㋔：0.1cm。
- ㋙：0.6cm。
- ㋛：0.6cm。

図11

内股　後ろ　脇　前

グレーディングピッチ
ウエスト（1周）＝3.0cm
ヒップ（1周）＝3.0cm
股上（1周）＝1.95cm
膝（1周）＝1.8cm
裾（1周）＝1.8cm
腰丈＝0.2cm
股上丈＝0.3cm
膝丈＝0.9cm
パンツ丈＝1.5cm

3）脚つけ根位置の断面を切開線で開いて確認

断面図に切開線を入れる。

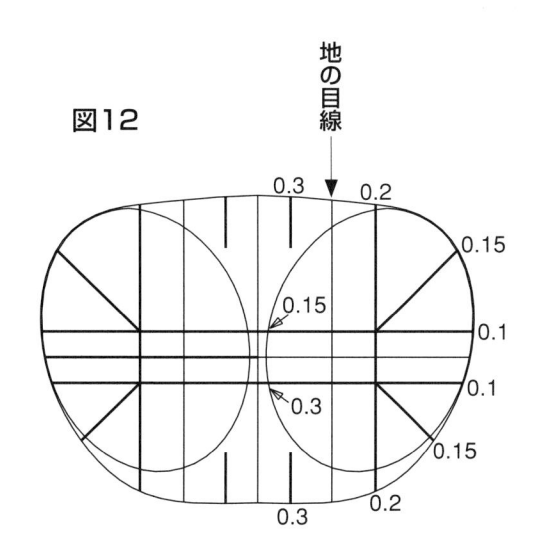

図12

各切開線を切り開く（切開き寸法2倍で表示）。

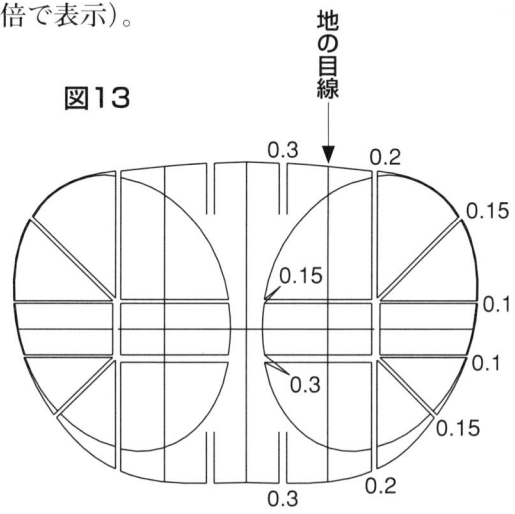

図13

切り開いた図と元の図を重ねる（切開き寸法2倍で表示）。

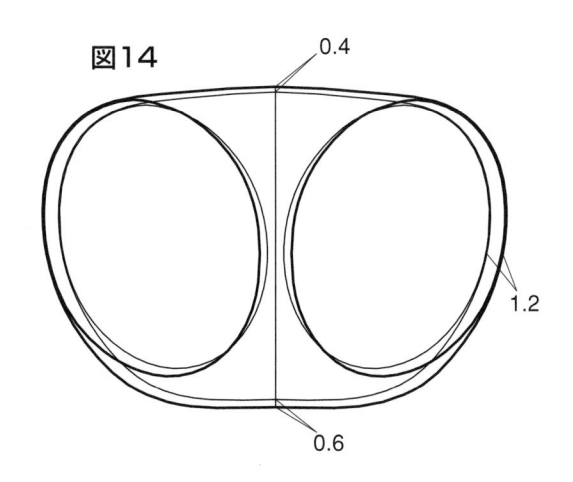

図14

第2章

グレーディングの基本

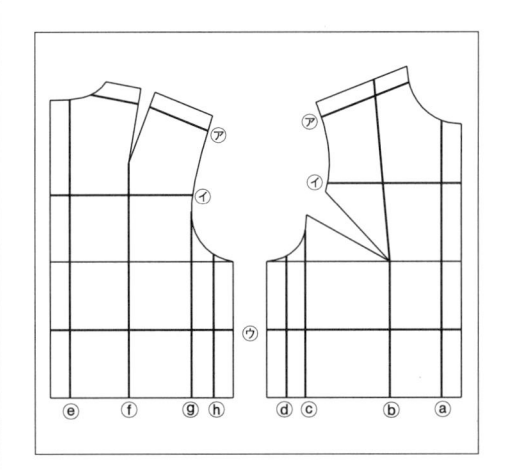

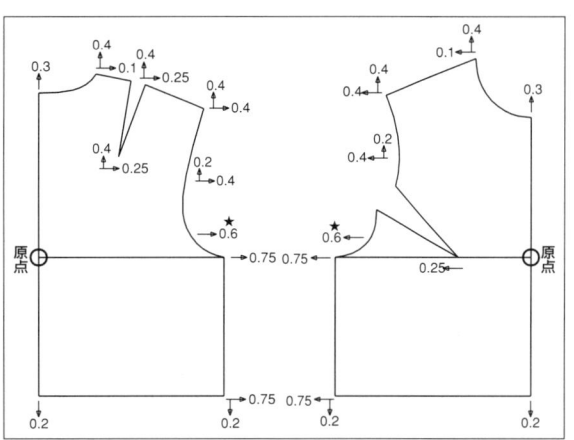

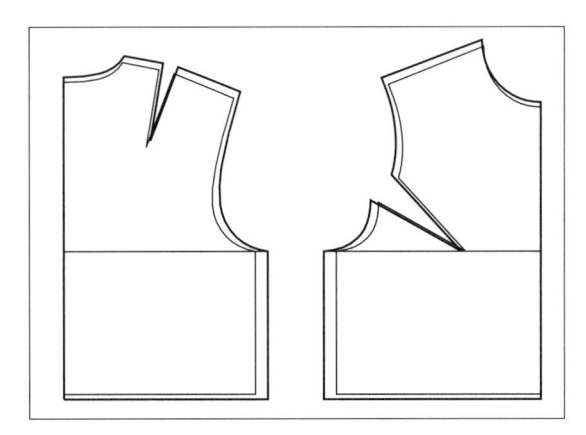

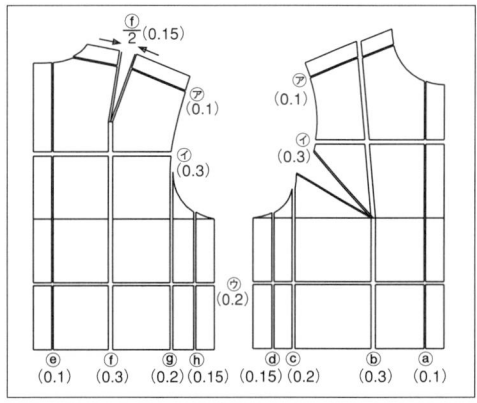

各原型と代表的なシルエットやディテールの基本型を、切開線方式とピッチ方式で説明する。図の見やすさを考慮してピッチは2倍で表示し、グレーディングは拡大（11号）のみの説明とする。縮小する場合は逆の操作をする。

1 身頃原型のグレーディング
（1）文化式原型
1）切開線方式

切開線の位置とピッチは14ページ「第1章6　切開線の位置とグレーディング量」を参照。

切開線を入れる

- ⓐ・ⓔ：前・後中心線から2～3cm離れた平行線。
- ⓑ：後ろ身頃肩ダーツ位置からバストポイントを通り、ウエストラインに向かう垂直線。
- ⓕ：肩ダーツ止り位置からウエストラインに向かう垂直線。
- ⓒ・ⓖ：正面と側面の面の変り目位置からウエストラインに向かう垂直線。
- ⓓ・ⓗ：脇線から2～3cm離れた平行線。
- ㋐：肩線から2～3cm離れた位置。
- ㋑：肩からバストラインの中央付近位置。
- ㋒：バストラインからウエストラインの中央付近位置。

グレーディングピッチ
バスト（1周）＝3.0cm
ウエスト（1周）＝3.0cm
天幅（左右）＝0.2cm
背肩幅（左右）＝0.8cm
衿ぐり深さ＝0.1cm
カマ深＝0.3cm
背丈＝0.5cm

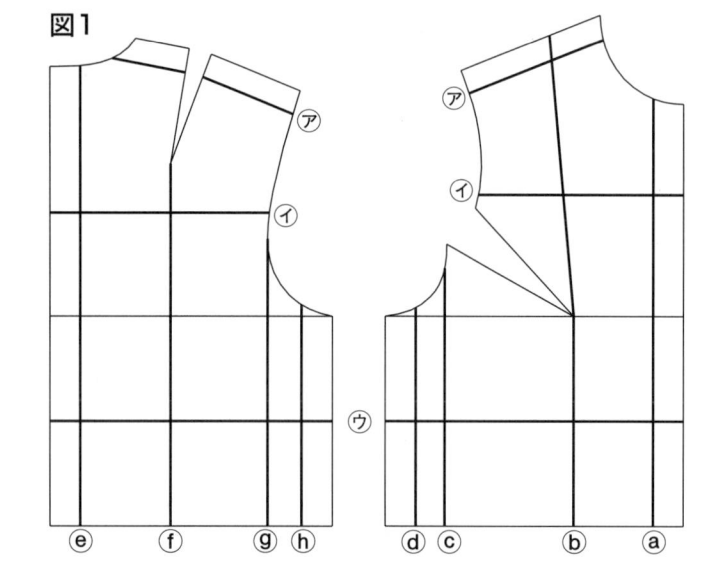

図1

切開線で切り開く

ⓐ～ⓗは水平方向、㋐～㋒は垂直方向に切り開く。アームホールダーツはダーツ止りをⓑで開いた$\frac{1}{2}$の位置に移動し、ダーツ線を平行に引き直し、袖ぐり線とつなぐ。肩ダーツは、止りをⓕで開いた$\frac{1}{2}$の位置、上に0.1cm移動し、ダーツの長さを変化させない。肩のダーツ分量はⓕで開いた$\frac{1}{2}$を矢印方向に出し、ダーツの分量を変化させない。

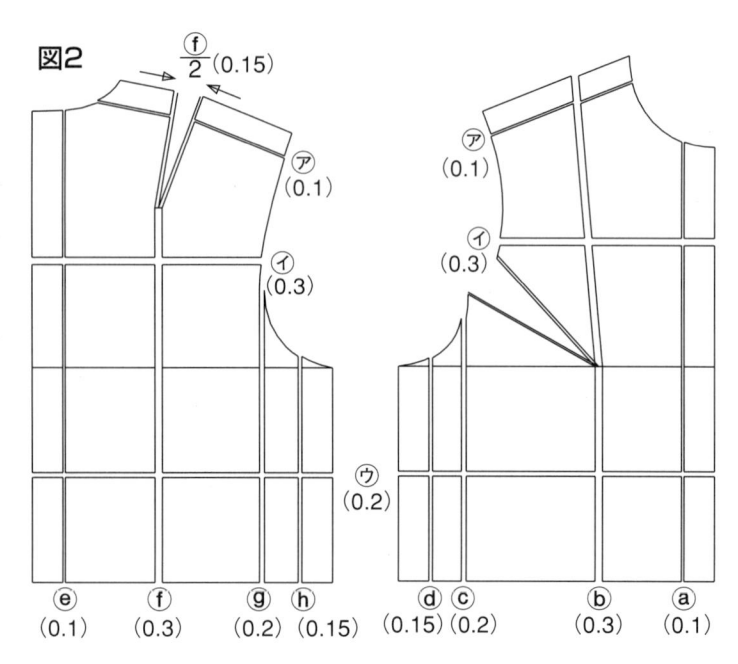

図2

$\frac{ⓕ}{2}$ (0.15)
㋐(0.1)　㋐(0.1)
㋑(0.3)　㋑(0.3)
㋒(0.2)

ⓔ(0.1)　ⓕ(0.3)　ⓖ(0.2)　ⓗ(0.15)　ⓓ(0.15)　ⓒ(0.2)　ⓑ(0.3)　ⓐ(0.1)

2）ピッチ方式

原点を前・後中心線とバストラインの交差した位置に決め、原点を基準に上下・左右方向にグレーディングする。

基本的に切替え線等デザイン線の形状を変えない。

各部位（各コーナー）のピッチは切開線方式のピッチをそれぞれ足した値になる。

例1：前サイドネックポイント位置は縦切開線ⓐの0.1cmで横方向に、横切開線㋑（0.3cm）＋㋐（0.1cm）＝0.4cmで縦方向にグレーディングする。

例2：前肩先位置は縦切開線ⓐ（0.1cm）＋ⓑ（0.3cm）＝0.4cmで横方向に、横切開線㋑（0.3cm）＋㋐（0.1cm）＝0.4cmで縦方向にグレーディングする。

基本的に切替え線等デザイン線の形状を変えないという意図で、ダーツ線の角度を変化させない。

各部位（各コーナー）にピッチを設定する

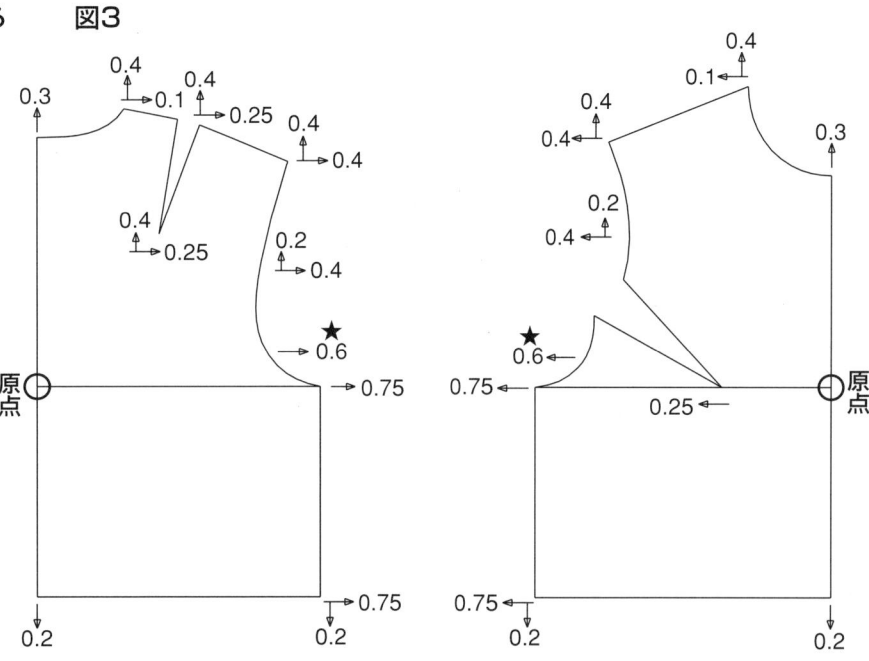

袖ぐりのピッチは袖ぐり深さの$\frac{1}{2}$付近でグレーディングするので、縦のピッチは肩先ピッチの$\frac{1}{2}$（0.2cm）とし、図3★マークの→0.6は22ページ図2のⓐ＋ⓑ＋ⓒ・ⓔ＋ⓕ＋ⓖをピッチとする。

図3

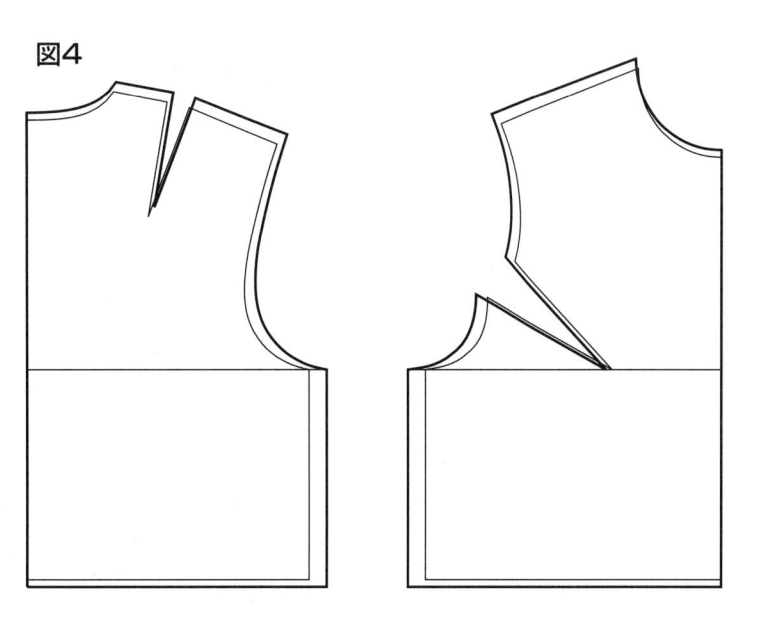

ネスト図　図4

第2章　グレーディングの基本

3）グレーディング手順の説明

・グレーディング手順の説明は前身頃で行ない、ほかのパーツをグレーディングするときは、これを参考にする。

・用紙をマスターパターンの上にのせ、各部位のピッチを＋マークでしるし、用紙を動かしながら11号にグレーディングしていく。マスターパターンを写して重ねがき（ネスト図）してもよい。また、中心線とバストラインに各ピッチの線を引き、線にずれがないか確認をしながら作業を行なう。

※用紙はマスターパターンが透けて見える程度の厚さにする。

グレーディング手順（前身頃1～11）

1 マスターパターンのバストラインを延長する。前中心線とバストラインを基準線とする。マスターパターンと外側の紙の大きさは破線で表わす。

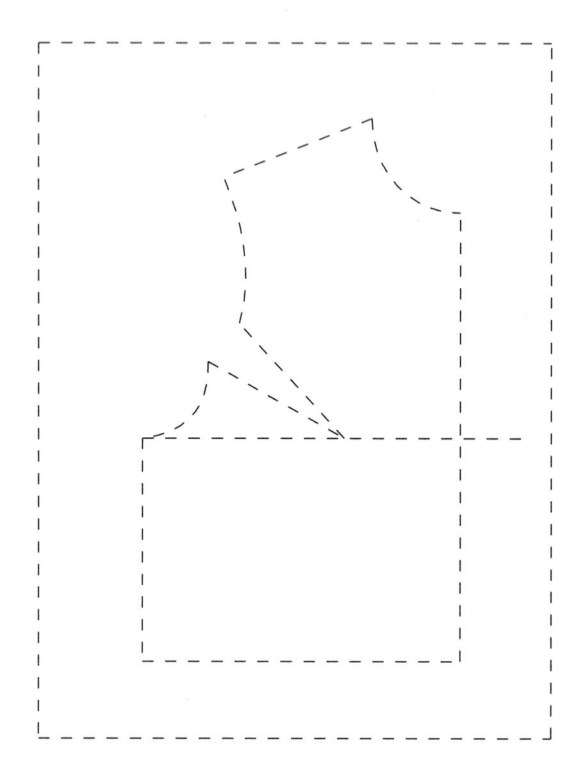

2 グレーディング用紙をマスターパターンの上にのせ、前中心線とバストラインを写し、確認のために各ピッチの目盛り線を引く。各部位のピッチを＋マークでしるす（ⓐ～ⓘ）。各ピッチの目盛り線と＋マークの両方を合わせ、ずれないように写す。

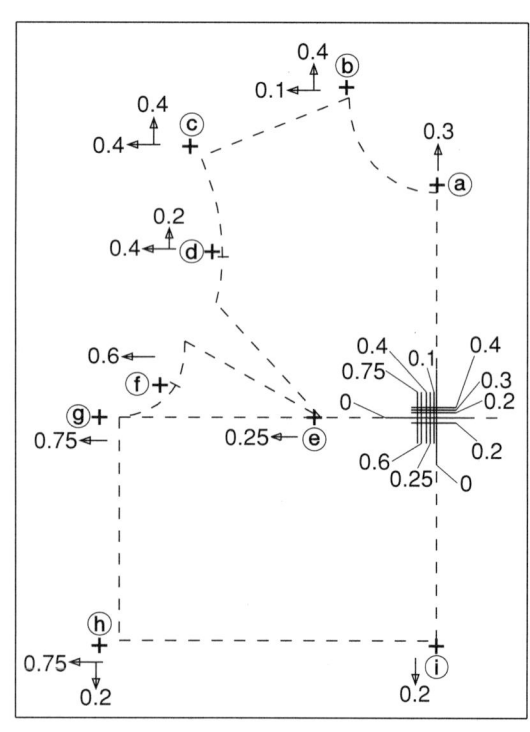

3 ＋ⓐをマスターパターンのフロントネックポイントに合わせ、前中心線と衿ぐり線の一部を写す（縦線0と横線0.3が基準線に合っているか確認）。

4 ＋ⓑをマスターパターンのサイドネックポイントに合わせ、衿ぐり線と肩線の一部を写す（縦線0.1と横線0.4が基準線に合っているか確認）。

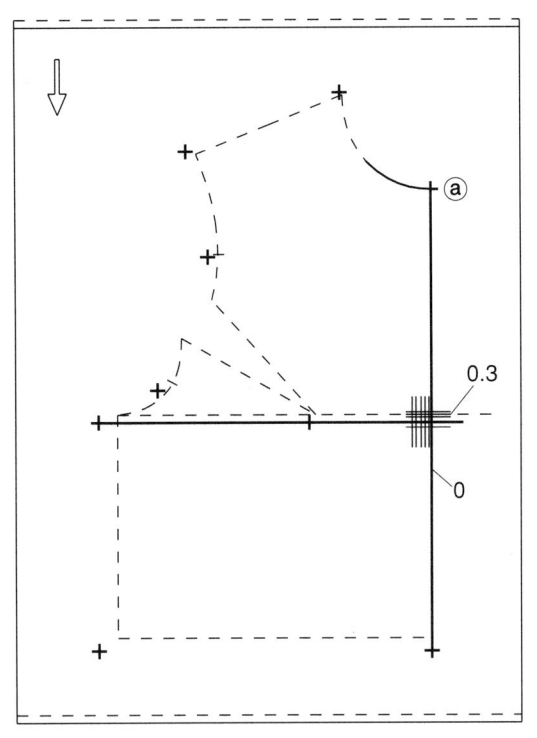

※用紙左上の矢印は用紙を動かす方向を示す。

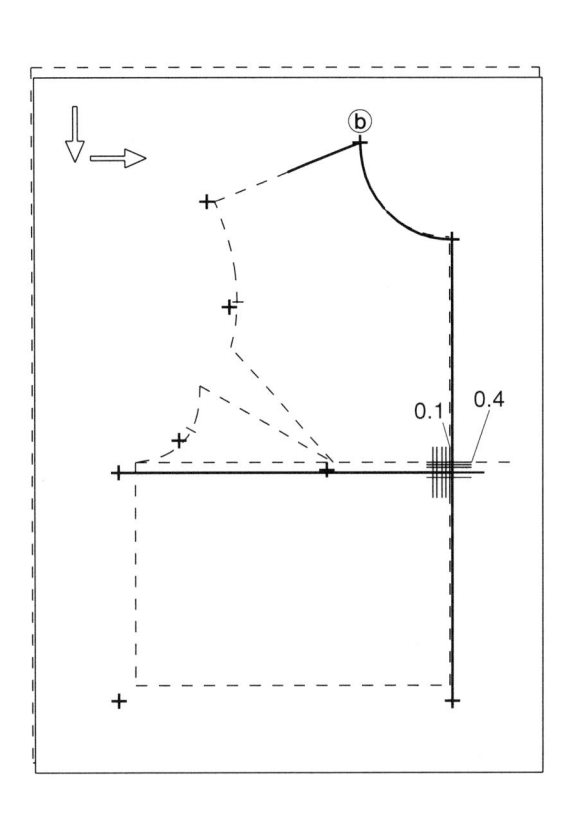

5 ＋ⓒをマスターパターンの肩先に合わせ、肩線と袖ぐり線の一部を写す（縦線0.4と横線0.4が基準線に合っているか確認）。

第2章　グレーディングの基本　25

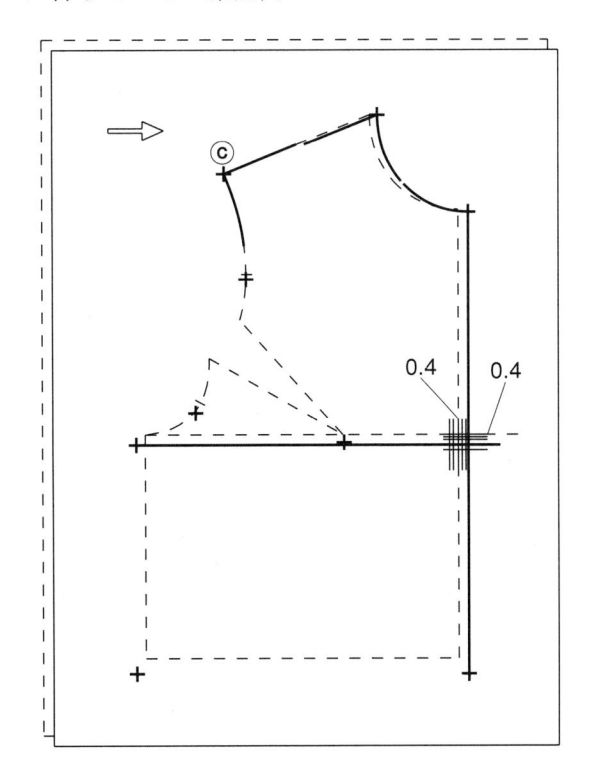

6 ＋ⓓをマスターパターンの袖ぐりに合わせ、袖ぐり線の一部を写す（縦線0.4と横線0.2が基準線に合っているか確認）。

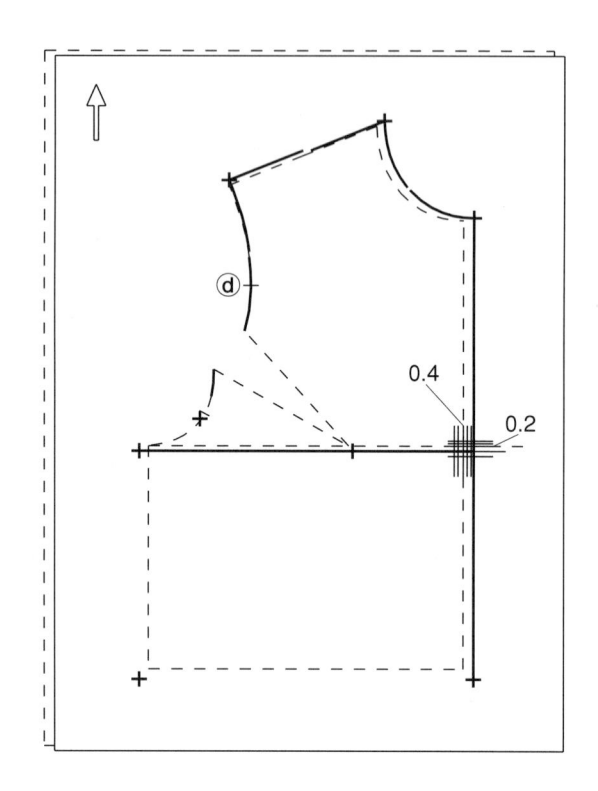

7 ＋ⓔをマスターパターンのダーツ止りに合わせ、ダーツ線を写す（縦線0.25と横線0が基準線に合っているか確認）。

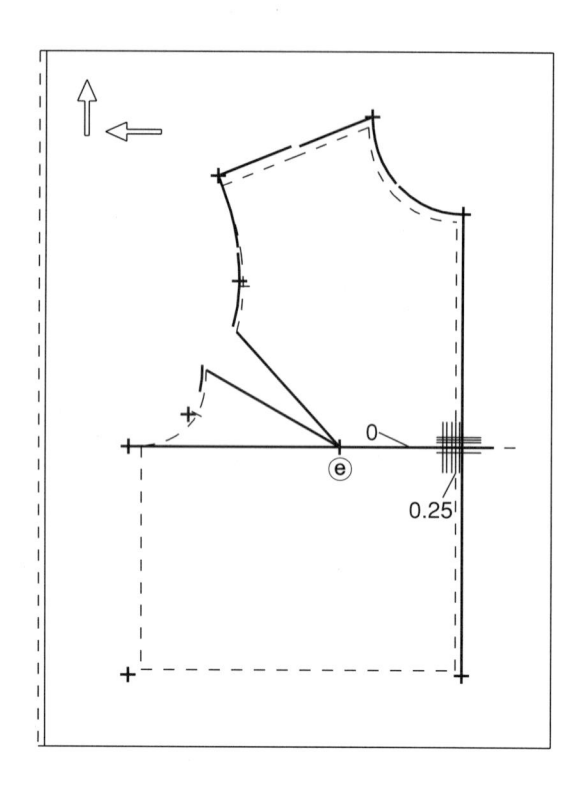

8 ＋ⓕをマスターパターンの袖ぐりに合わせ、袖ぐり線の一部を写す（縦線0.6と横線0が基準線に合っているか確認）。

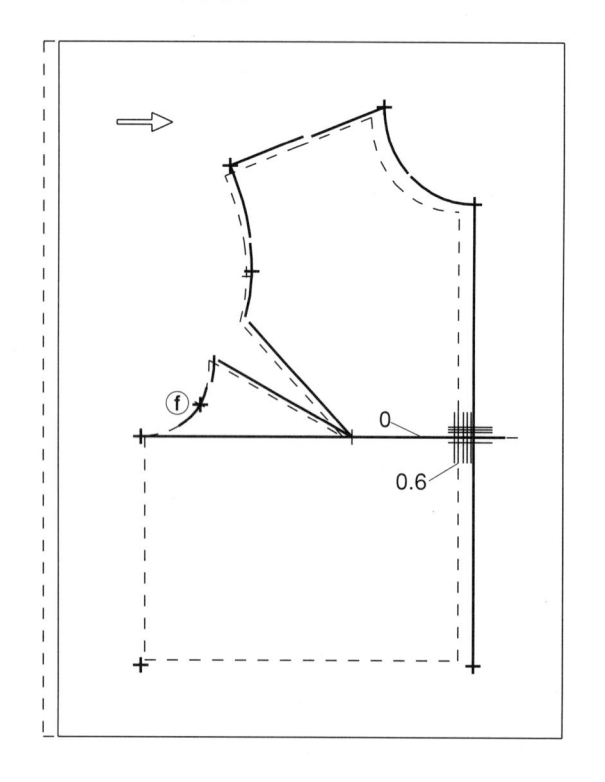

9 ＋⑨をマスターパターンの脇線に合わせ、袖ぐり線の一部と脇線を写す（縦線0.75と横線0が基準線に合っているか確認）。

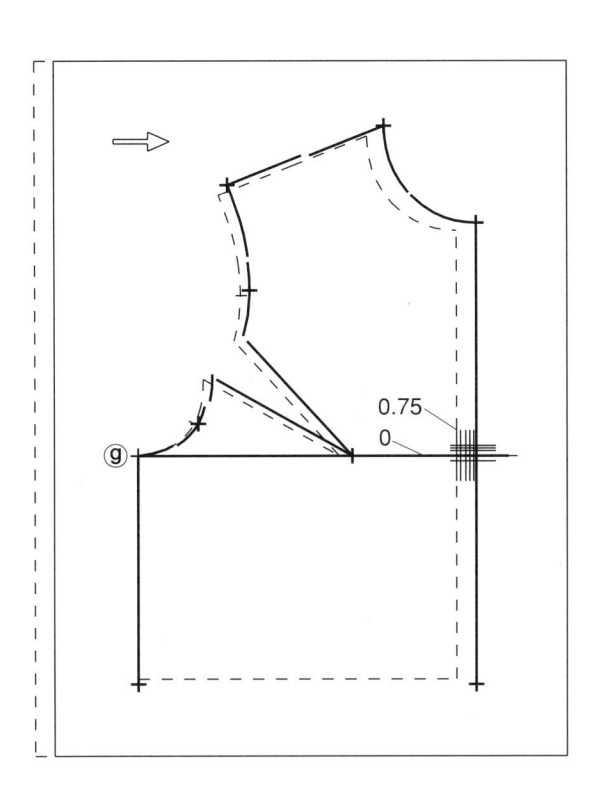

10 ＋ⓗをマスターパターンのウエストラインに合わせ、ウエストラインを前中心線まで写す（縦線0.75と横線0.2が基準線に合っているか確認）。

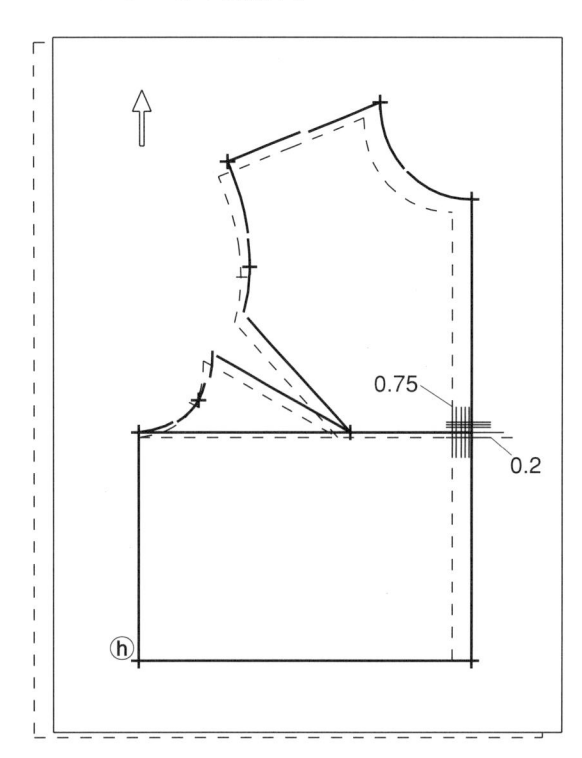

11 ライン修正前パターン。

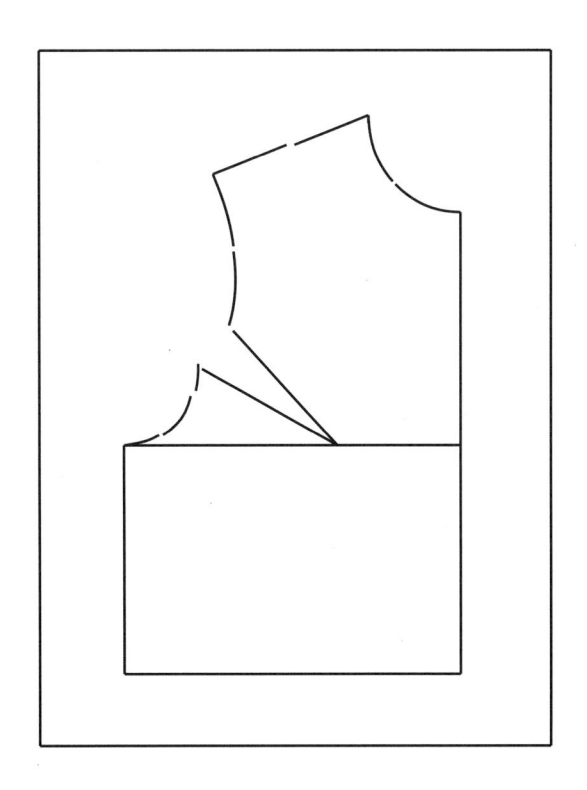

第2章　グレーディングの基本

ライン修正

前肩線はサイドネックポイントからショルダーポイントに直線を引く（拡大図）。

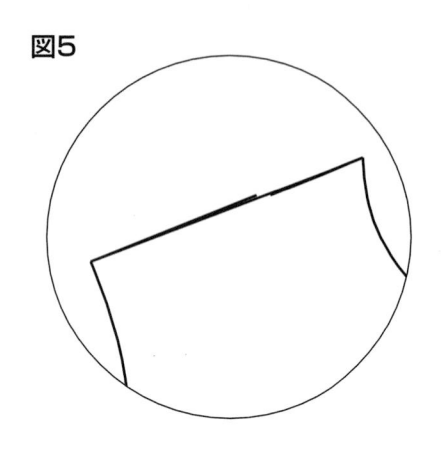

図5

前袖ぐり線はダーツを閉じ、ずれた線の中間を目安につながりのよい線に修正する（拡大図）。

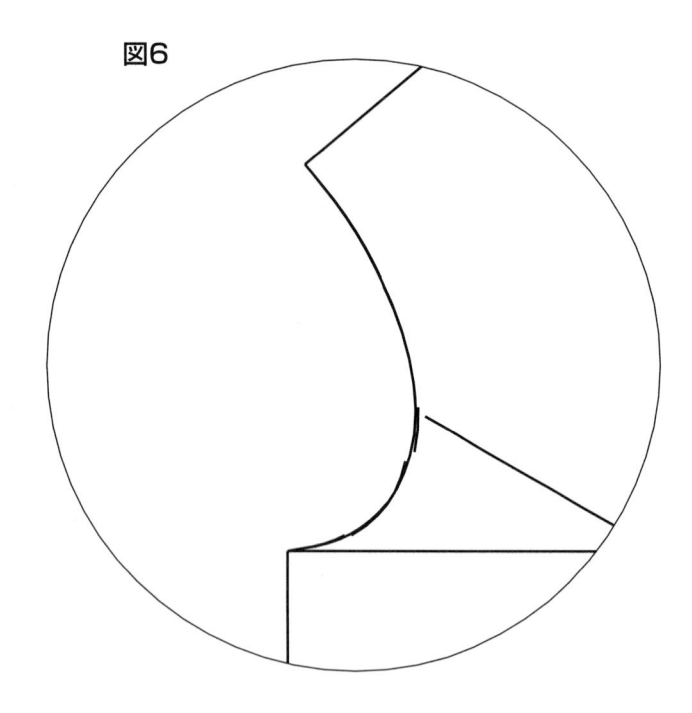

図6

後ろ肩線もダーツを閉じて修正。前衿ぐり、後ろ衿ぐり、後ろ袖ぐりも、ずれた線の中間を目安に、つながりのよい線に修正する。
ネスト図で各部位が正確にグレーディングされているか確認する。

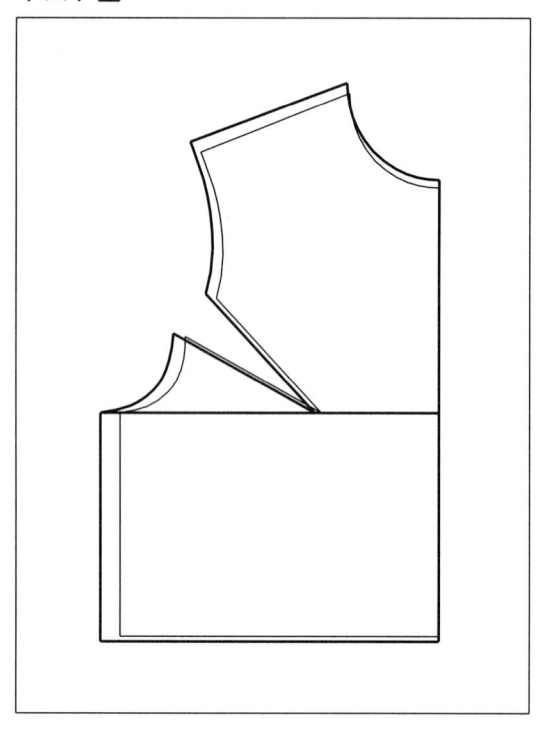

図7
ネスト図

※ダーツのない前肩線や脇線、ウエストラインの直線部分は、最初に＋マークと＋マークをつないで直線を引いておくと効率的である。
※マスターパターンが出来上り線でカットされている場合は、用紙の上にマスターパターンをのせ、用紙の各部位にピッチの印をつけマスターパターンを動かしながら線を引いていく。9号サイズの上り線を引いてネスト図にしてもよい。

(2) ドレス原型（標準原型）
1）切開線方式

切開線の位置とピッチは14ページ「第1章6　切開線の位置とグレーディング量」を参照。

切開線を入れる

- ⓐ・ⓔ：前・後中心線から2〜3cm離れた平行線。
- ⓑ：後ろ身頃肩ダーツ位置からバストポイントを通り、ウエストダーツ止りを結ぶ線。
- ⓕ：肩ダーツ止り位置とウエストダーツ止り位置を結ぶ線。
- ⓒ・ⓖ：正面と側面の面の変り目で、バストラインに対する直角線。
- ⓓ・ⓗ：脇線から2〜3cm離れた線。
- ㋐：肩線から2〜3cm離れた位置。
- ㋑：肩からバストラインの中央付近位置。
- ㋒：バストラインからウエストラインの中央付近位置。

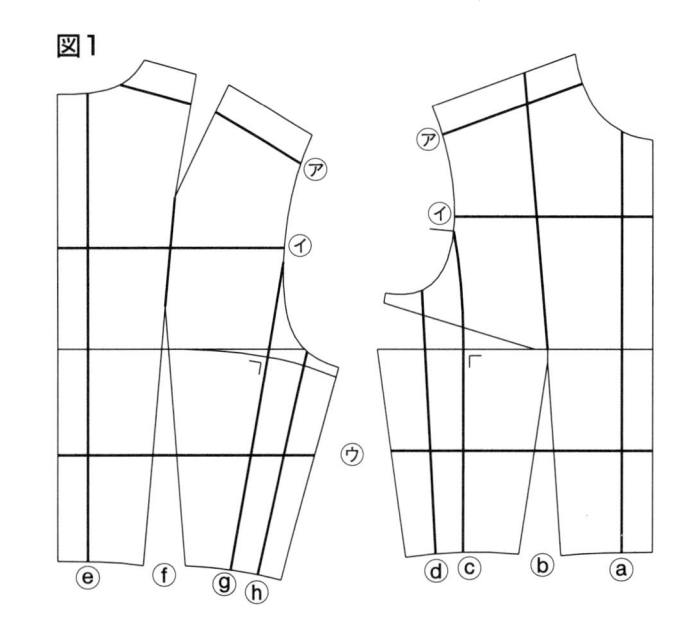

図1

切開線で切り開く

ⓐ・ⓑ・ⓔ・ⓕは水平方向、ⓒ・ⓓ・ⓖ・ⓗはバストライン方向（矢印方向）。

㋐と㋑は垂直方向に、㋒の前身頃は垂直方向、後ろ身頃はバストラインに直角方向（矢印方向）に切り開く。

サイドダーツはダーツの止りをⓑで開いた$\frac{1}{2}$を前中心側に移動し、線を引き直す。

前・後ウエストダーツは止りをⓑ・ⓕで開いた$\frac{1}{2}$の位置、ダーツ分量はⓑ・ⓕで開いた$\frac{1}{2}$を矢印方向に出し、ダーツの分量を変化させない。

肩ダーツは、止りをⓕで開いた$\frac{1}{2}$の位置、上に0.1cm移動し、ダーツの長さを変化させない。肩のダーツ分量はⓕで開いた$\frac{1}{2}$を矢印方向に出し、ダーツの分量を変化させない。

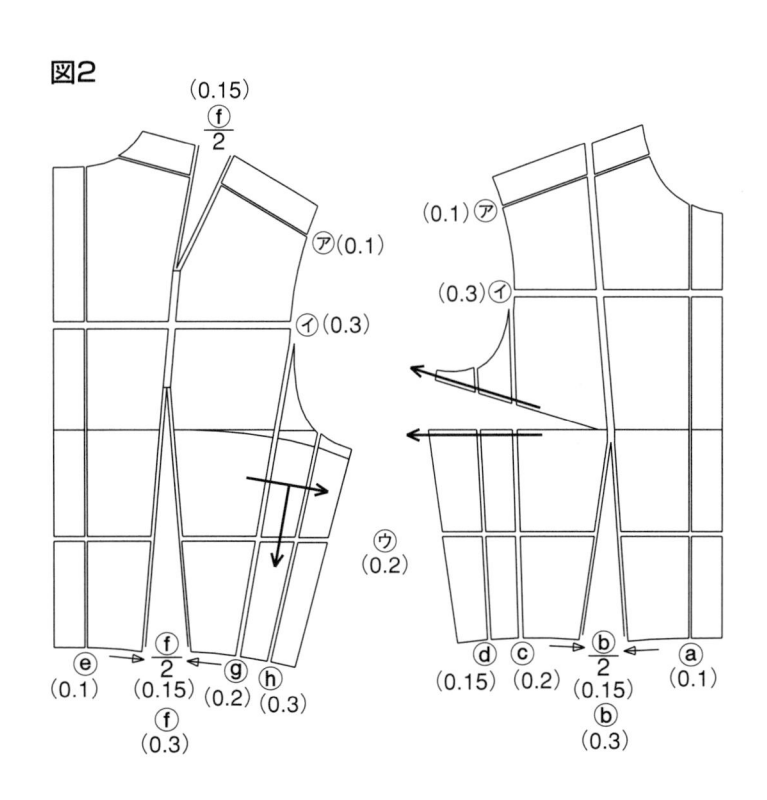

図2

2) ピッチ方式

原点を前・後中心線とバストラインの交差した位置に決め、原点を基準に上下・左右方向にグレーディングする。

各部位（各コーナー）のピッチは切開線方式のピッチをそれぞれ足した値になる。

例1：前サイドネックポイント位置は縦切開線ⓐの0.1cmで横方向に、横切開線㋑（0.3cm）＋㋐（0.1cm）＝0.4cmで縦方向にグレーディングする。

例2：前肩先位置は縦切開線ⓐ（0.1cm）＋ⓑ（0.3cm）＝0.4cmで横方向に、横切開線㋑（0.3cm）＋㋐（0.1cm）＝0.4cmで縦方向にグレーディングする。

後ろ脇部分は切開線ⓖ位置のバストライン方向（矢印方向）に0.6cmと脇で0.75cmグレーディングする。
前脇部分はダーツ線の方向にグレーディングする。

基本的に切替え線等デザイン線の形状を変えないという意図で、ダーツ線の角度を変化させない。

各部位（各コーナー）にピッチを設定する

袖ぐりのピッチは袖ぐり深さの$\frac{1}{2}$付近でグレーディングするので、縦のピッチは肩先ピッチの$\frac{1}{2}$（0.2cm）とし、図3★マークの→0.6は29ページ図2のⓐ＋ⓑ＋ⓒ・ⓔ＋ⓕ＋ⓖを足したピッチとする。

図3

ネスト図　図4

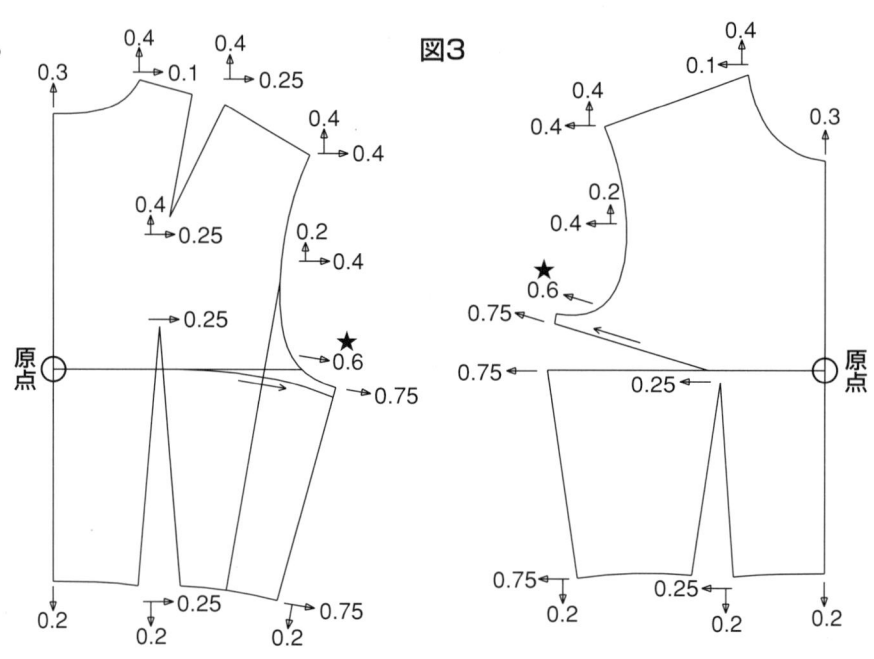

2 基本的な衿・袖のグレーディング

・衿のグレーディングピッチは身頃を切開線で開いたパターンの衿ぐり線に対して、直角方向の間口分量と同寸法を衿つけ線で開く。

・基本的に衿幅のグレーディングはしない。
・衿つけ寸法はグレーディング終了後、身頃の衿ぐり寸法と同寸法か確認する。

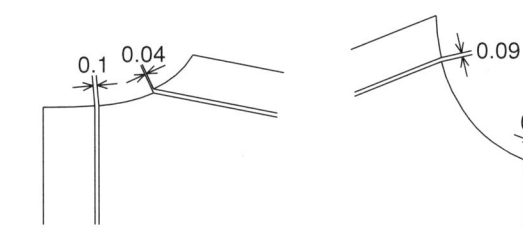

0.1 0.04　　0.09
　　　　　　0.09

グレーディングピッチ
バスト（1周）＝3.0cm
天幅（左右）＝0.2cm
衿ぐり深さ＝0.1cm

（1）スタンドカラー
1）切開線方式
切開線を身頃と同じ位置に入れる

身頃の切開線位置ⓐ・ⓔ・㋐と同位置で、衿パターンのつけ線に対して直角に切開線を入れる。

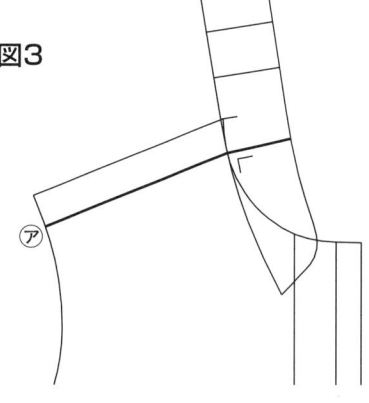

図1　ⓔ

図2　㋐

図3　㋐

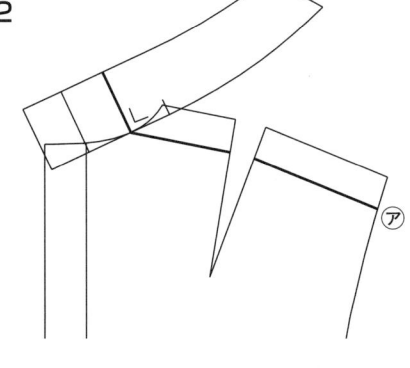

図4　ⓐ

第2章　グレーディングの基本

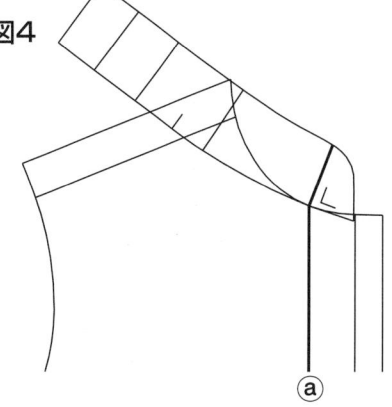

切開線を入れる
図5

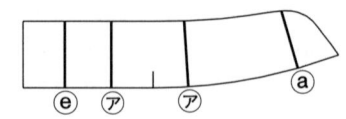

切開線で切り開く
各切開線に直角方向に開く。
図6

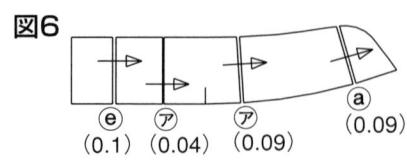

ⓔ　㋐　㋐　ⓐ
(0.1)(0.04)(0.09)(0.09)

前中心で合わせると後ろ中心で縦方向に0.01cmくらいのずれがでるが、スタンドカラーは合い印と後ろ中心線で横方向にグレーディングし、縦方向のグレーディングはしないのが一般的である。

図7

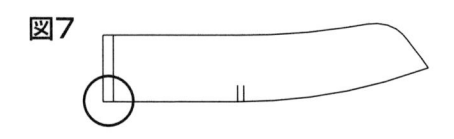

2）ピッチ方式

原点を衿の前端（前中心位置）に決め、原点を基準に左右方向にグレーディングする。

各部位（各コーナー）のピッチは切開線方式のピッチをそれぞれ足した値になる。

例1：前サイドネックポイントの合い印は切開線ⓐ（0.09cm）＋㋐（0.09cm）＝0.18cmで横方向にグレーディングする。

各部位（各コーナー）にピッチを設定する
図8

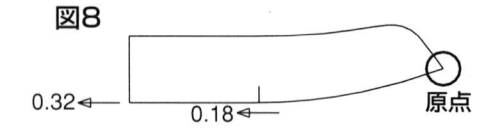

0.32 ←　0.18 ←　原点

ネスト図
図9

(2) シャツカラー
1) 切開線方式
切開線を身頃と同じ位置に入れる

身頃の切開線位置ⓐ・ⓔ・㋐と同位置で、衿パターンの返り線に対して直角に切開線を入れる。

図1

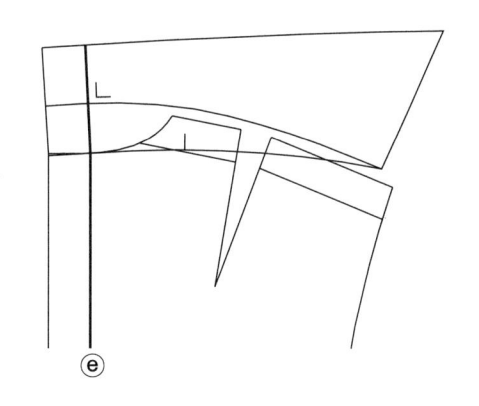

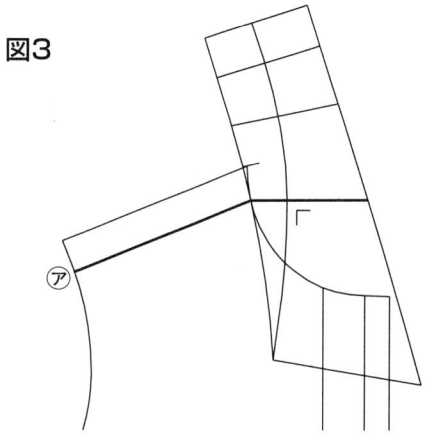

図2

図3

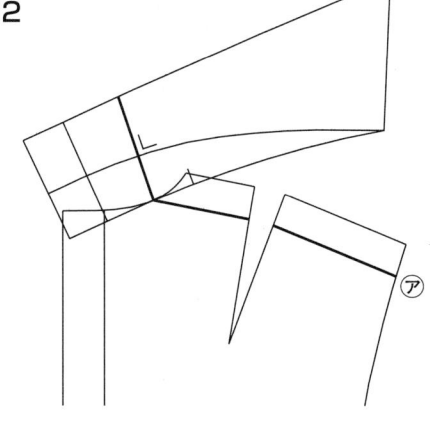

図4

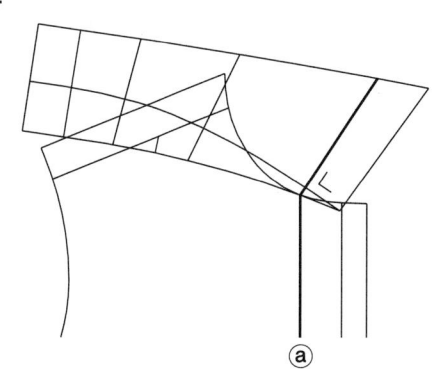

切開線を入れる

図5

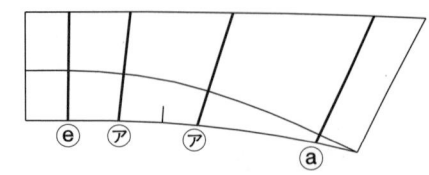

ⓔ ⑦ ⑦ ⓐ

切開線で切り開く

各切開線に直角方向に開く。

図6

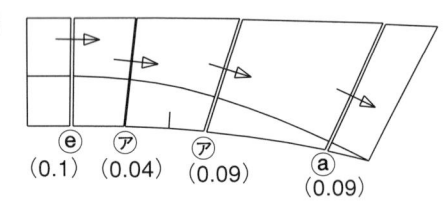

ⓔ　　⑦　　⑦　　ⓐ
(0.1)　(0.04)　(0.09)　(0.09)

前中心で合わせると後ろ中心で縦方向に0.07cmくらいのずれがでる。

図7

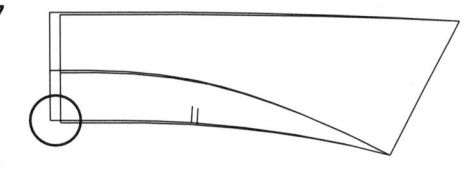

マスターパターンの後ろ中心●印寸法の3.0%（表1参照）を縦方向にグレーディングする。

図8

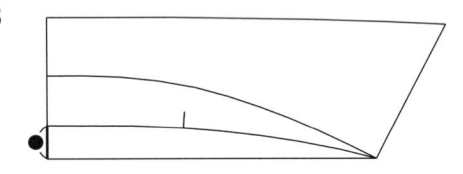

※ ●印寸法が8.0cmを超えるフラットカラー等には当てはまらない。

2）ピッチ方式

原点を衿の前端（前中心位置）に決め、原点を基準に上下・左右方向にグレーディングする。

各部位（各コーナー）のピッチは切開線方式のピッチをそれぞれ足した値になる。

例1：前サイドネックポイントの合い印は切開線ⓐ（0.09cm）＋⑦（0.09cm）＝0.18cmで横方向にグレーディングする。ただし身頃の衿ぐり寸法と同寸法か確認する。

各部位（各コーナー）にピッチを設定する

図9

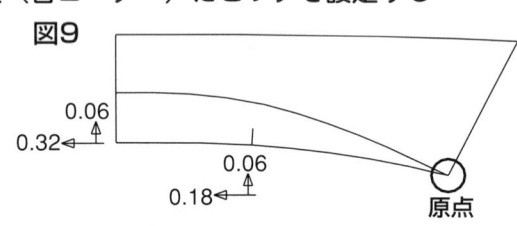

0.32← 0.06
　　　0.18← 0.06
　　　　　　　　　原点

ネスト図

図10

表1

縦方向のグレーディングピッチの目安
0cm〜1.5cm＝　0%
1.6cm〜3.0cm＝3.0%
3.1cm〜4.0cm＝2.3%
4.1cm〜5.5cm＝1.9%
5.6cm〜6.5cm＝1.7%
6.6cm〜8.0cm＝1.6%

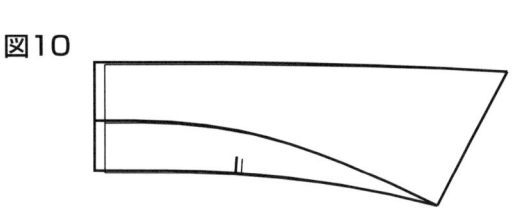

（3）フラットカラー
１）切開線方式
切開線を身頃と同じ位置に入れる

身頃の切開線位置 ⓐ・ⓔ・㋐と同位置で、衿パターンの返り線に対して直角に切開線を入れる。

図1

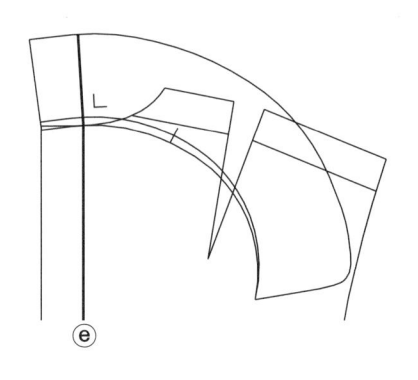

図2

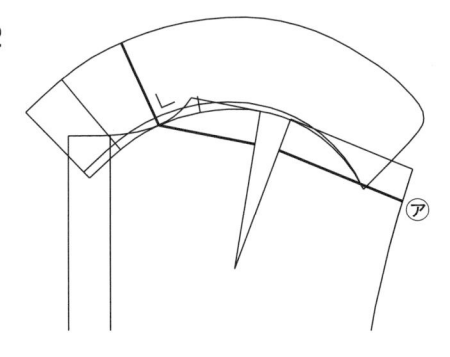

図3

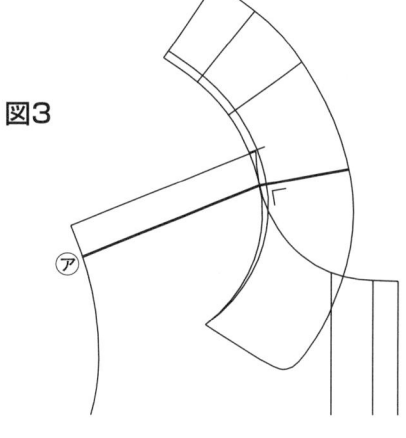

図4

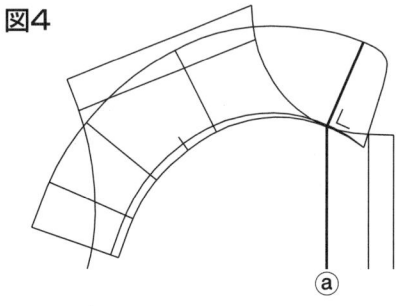

切開線を入れる

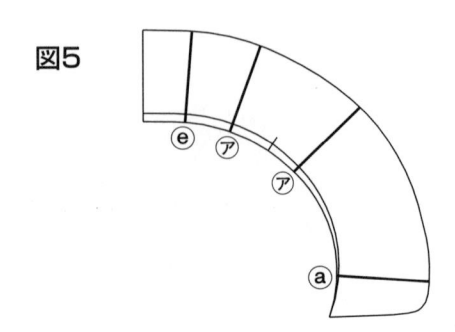

図5

切開線で切り開く

各切開線に直角方向に開く。

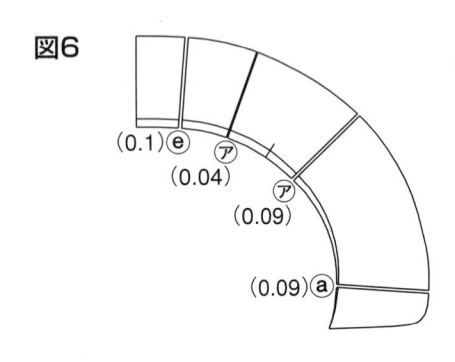

図6

前中心で合わせると後ろ中心とサイドネックポイントで縦方向にずれがでる。

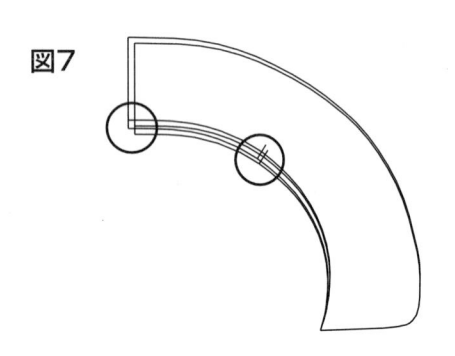

図7

マスターパターンの後ろ中心●印寸法の1.4％を後ろ中心で、サイドネックポイントでは●印の1.5％を縦方向にそれぞれグレーディングする。

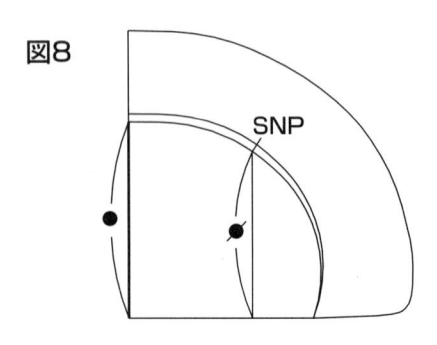

図8

2）ピッチ方式

原点を衿の前端（前中心位置）に決め、原点を基準に上下・左右方向にグレーディングする。

各部位のピッチは図8の●・●印寸法より縦方向のピッチを算出し、横方向はグレーディングした長さに合わせて、サイドネックポイントと後ろ中心のピッチを決める。

各部位（各コーナー）にピッチを設定する

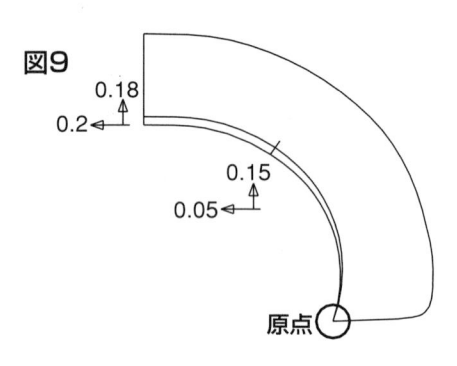

図9

ネスト図

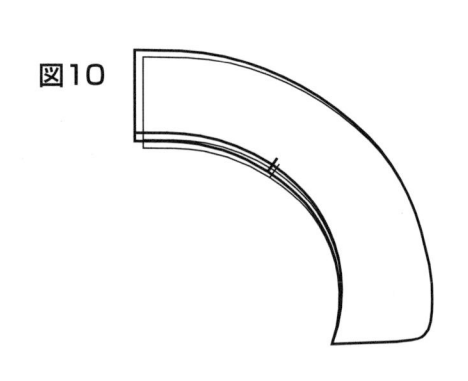

図10

（4）袖
1）切開線方式

16ページ「第1章 6（2）袖の切開線位置とグレーディング量（図7）」を参考に切開線を入れる。身頃と袖は縫い合わされつながった状態になるので、基本的には身頃と袖の切開線は同位置にするが、図1のように横切開線㋖と縦切開線ⓙとⓜを身頃と同じ位置に入れて切り開くと、㋖とⓙとⓜの切開線が離れ、図2の丸印位置のように袖山線のつながりが悪くなる。切開線㋖とⓙとⓜを図3のように同じ位置にして、つながりよい袖山線にする。

グレーディングピッチ
袖幅＝0.9cm
袖口幅＝0.9cm
袖山高さ＝0.35cm
肘丈＝0.65cm
袖丈＝1.0cm

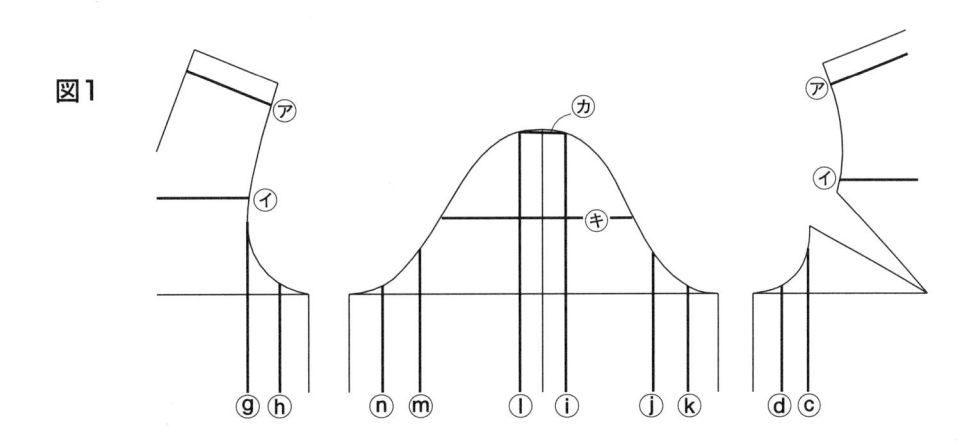

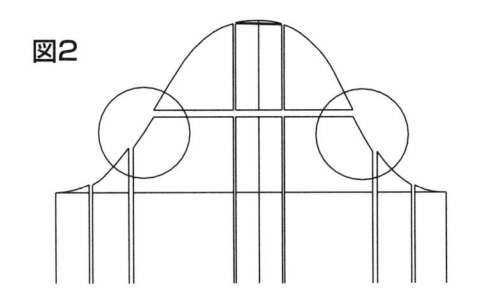

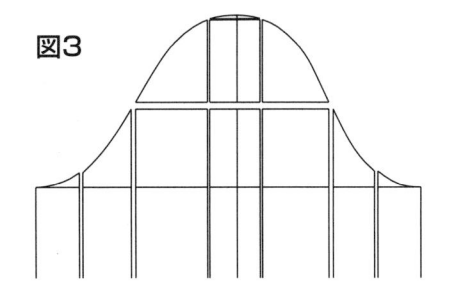

図1

図2

図3

切開線を入れる
図4

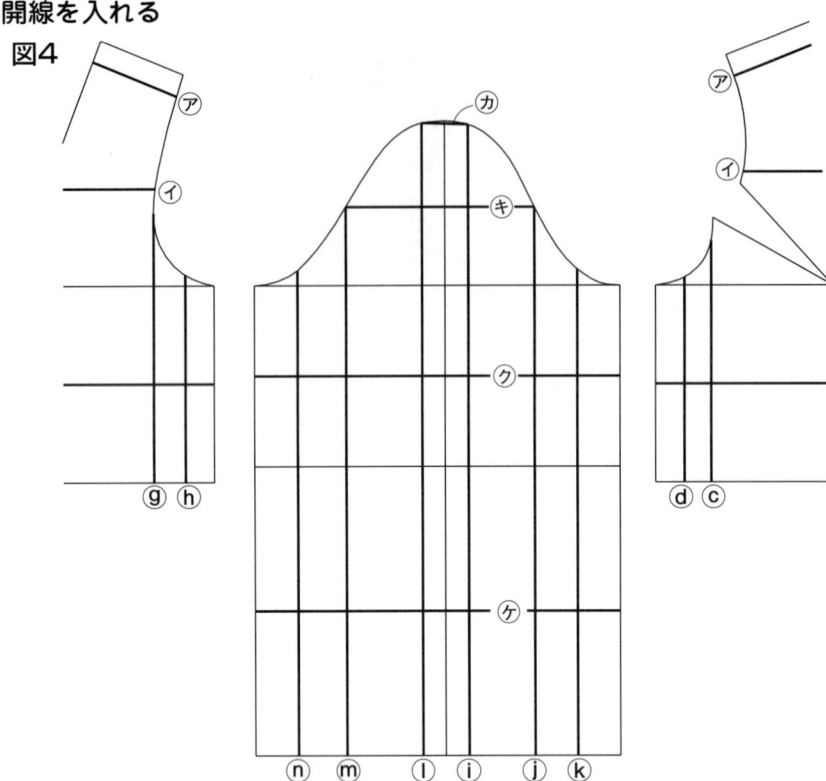

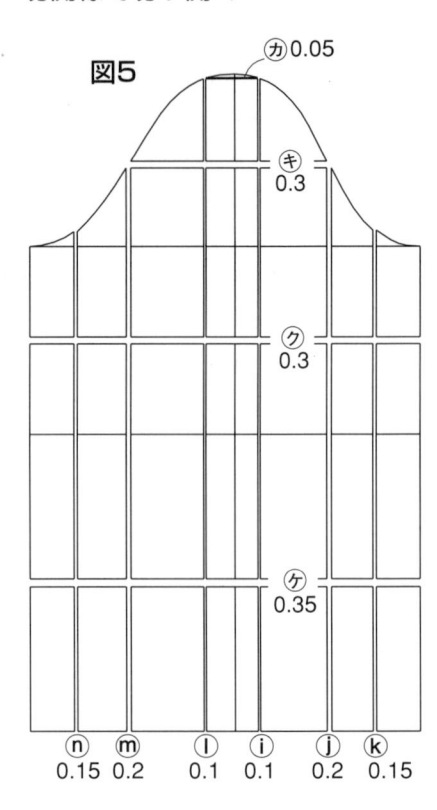

切開線で切り開く
図5 ㋕0.05
㋖0.3
㋗0.3
㋘0.35

ⓝ0.15 ⓜ0.2 ⓛ0.1 ⓘ0.1 ⓙ0.2 ⓚ0.15

2）ピッチ方式

原点を袖山垂直線と袖底水平線の交差位置に決め、原点を基準にして、上下・左右方向にグレーディングする。

各部位（各コーナー）のピッチは切開線方式のピッチをそれぞれ足した値になる。図6★マークの→0.3は図5のⓘ＋ⓙ、ⓛ＋ⓜをピッチとする。

例1：袖山の高さは切開線㋕（0.05cm）＋㋖（0.3cm）＝0.35cmで縦方向にグレーディングする。

各部位（各コーナー）にピッチを設定する

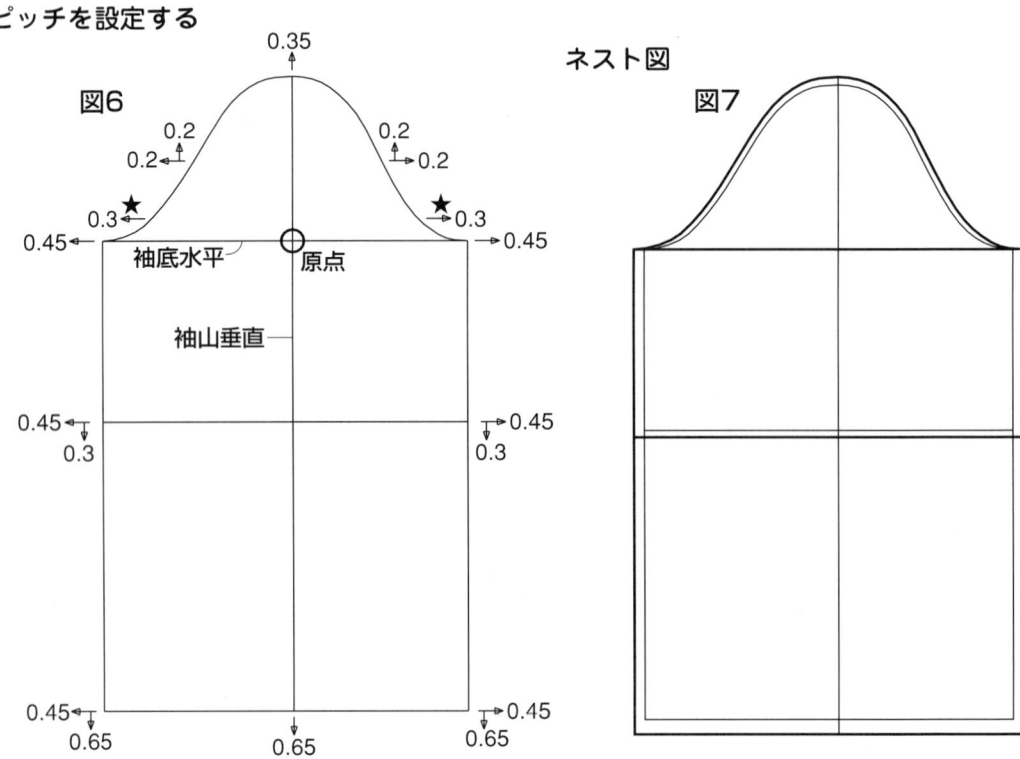

図6

ネスト図
図7

3) グレーディング手順の説明

- 用紙をマスターパターンの上にのせ、各部位のピッチを＋マークでしるし、用紙を動かしながら11号にグレーディングしていく。
- マスターパターンを写してネスト図にしてもよい。

グレーディング手順（袖1〜13）

1 マスターパターンの袖山垂直線と袖底水平線を基準線とする。マスターパターンと外側の紙の大きさは破線で表わす。

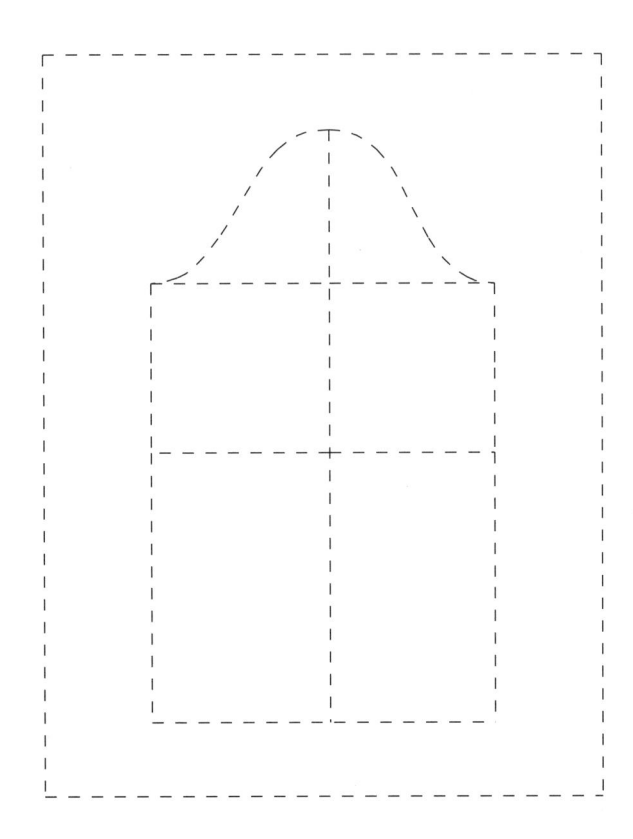

2 グレーディング用紙をマスターパターンの上にのせ、袖山垂直線と袖底水平線を写し、交差位置に確認のために各ピッチの目盛り線を引く。各部位のピッチを＋マークでしるす（ⓐ〜ⓚ）。各ピッチの線と＋マークの両方を合わせ、ずれないように写す。

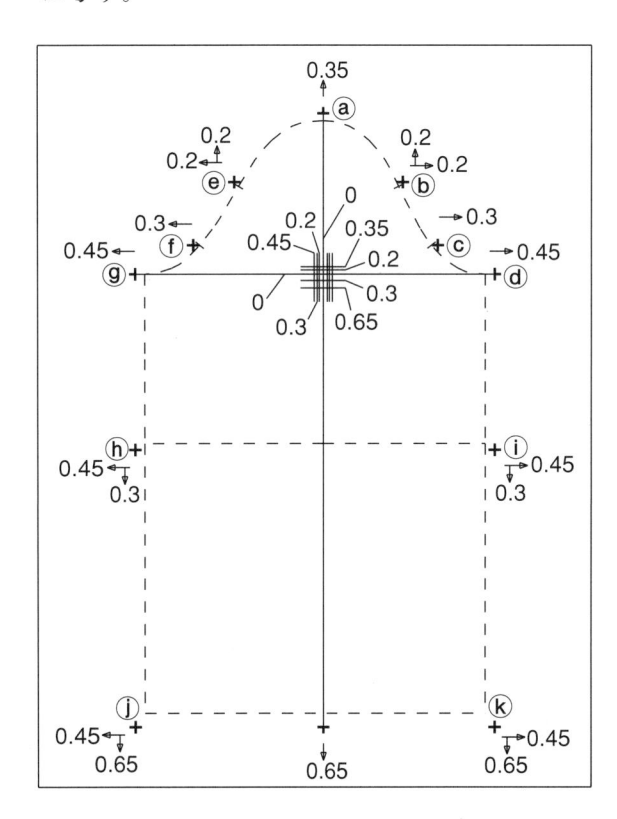

第2章 グレーディングの基本

3 ＋ⓐをマスターパターンの袖山頂点に合わせ、前後袖山線の一部を写す（縦線0と横線0.35が基準線に合っているか確認）。

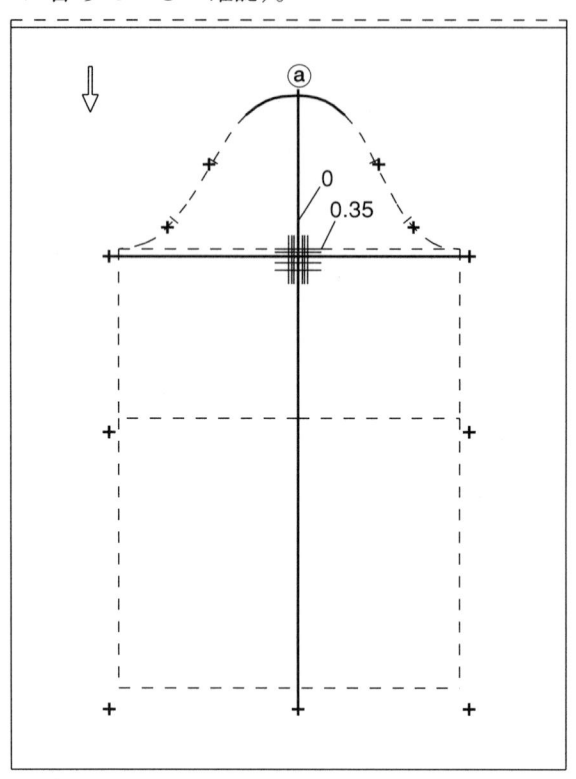

4 ＋ⓑをマスターパターンの袖山線に合わせ、袖山線の一部を写す（縦線0.2と横線0.2が基準線に合っているか確認）。

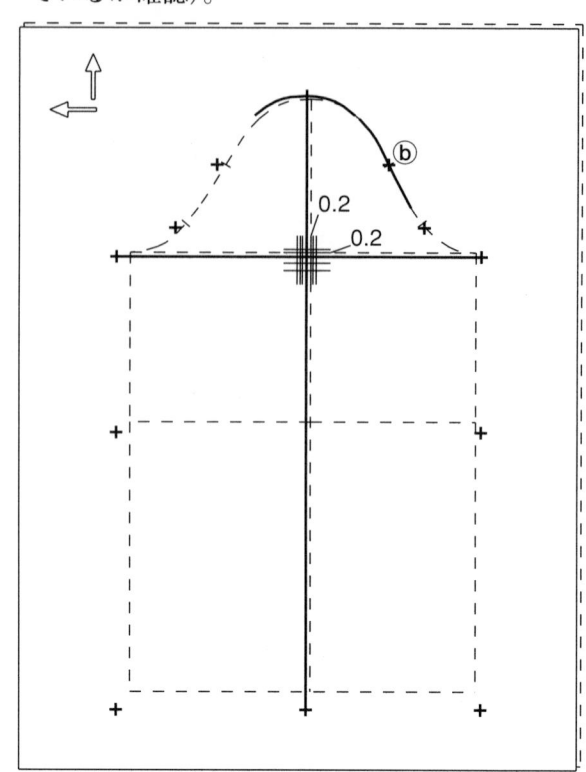

※用紙左上の矢印は用紙を動かす方向をしるす。

5 ＋ⓒをマスターパターンの袖山線に合わせ、袖山線の一部を写す（縦線0.3と横線0が基準線に合っているか確認）。

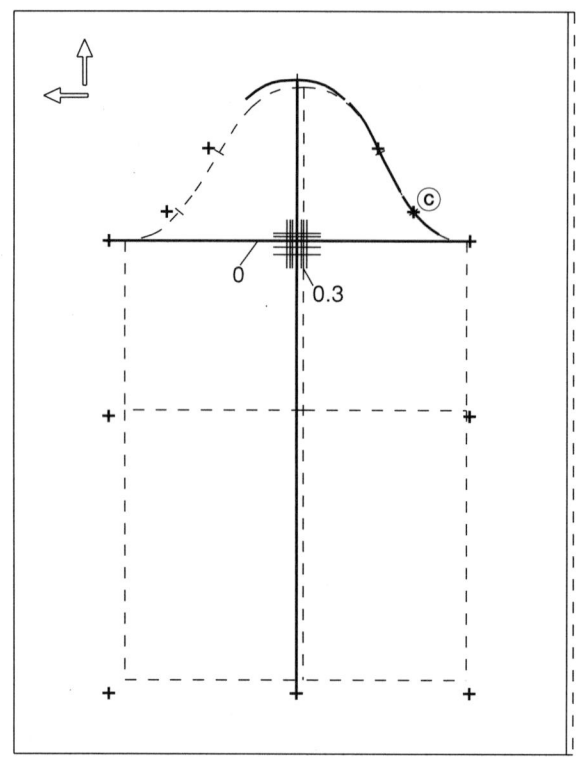

6 ＋ⓓをマスターパターンの袖底に合わせ、袖底線の一部と袖下線をⓚまで写す（縦線0.45と横線0が基準線に合っているか確認）。

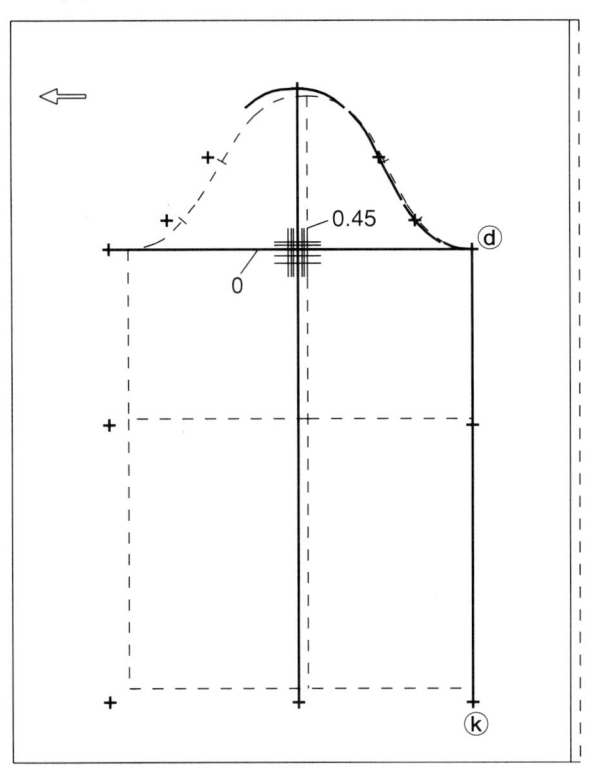

7 ＋ⓔをマスターパターンの袖山線に合わせ、袖山線の一部を写す（縦線0.2と横線0.2が基準線に合っているか確認）。

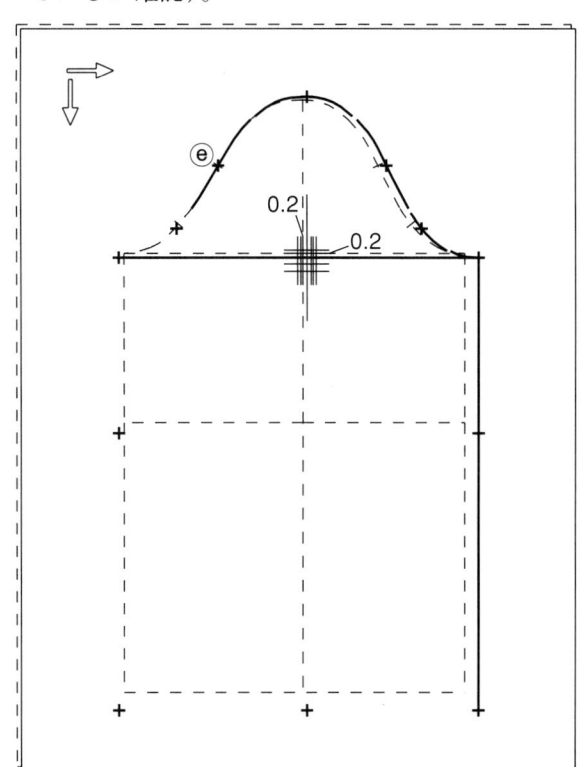

8 ＋ⓕをマスターパターンの袖山線に合わせ、袖山線の一部を写す（縦線0.3と横線0が基準線に合っているか確認）。

第2章　グレーディングの基本

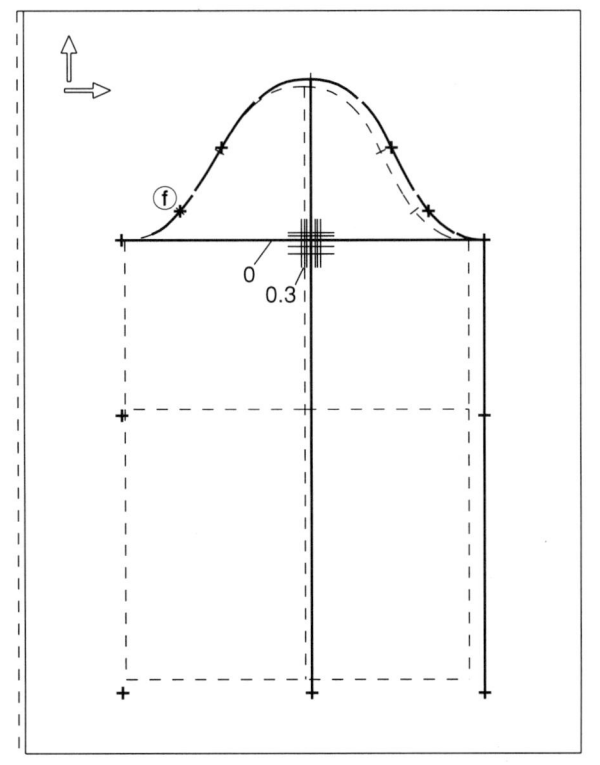

9 ＋⑧をマスターパターンの袖底に合わせ、袖底線の一部と袖下線を①まで写す（縦線0.45と横線0が基準線に合っているか確認）。

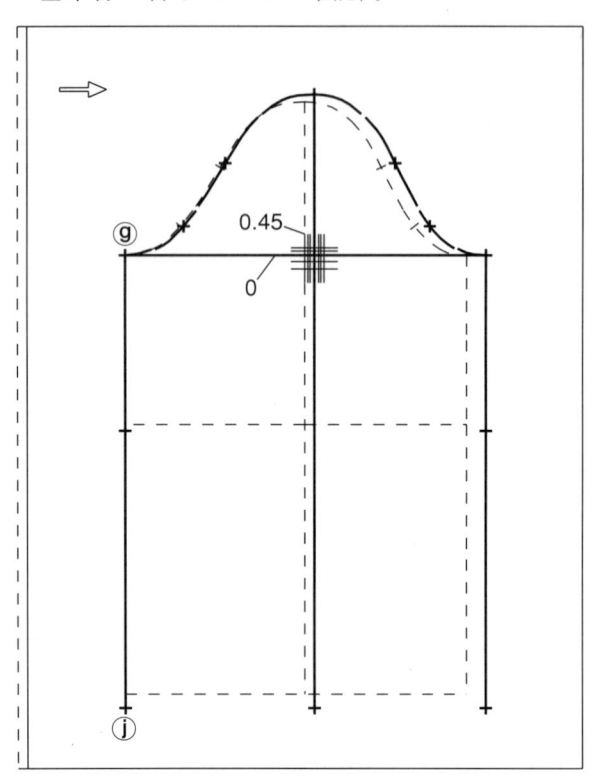

10 ＋ⓗをマスターパターンの肘線に合わせ、ⓗからⓘまで肘線を写す（縦線0.45と横線0.3が基準線に合っているか確認）。

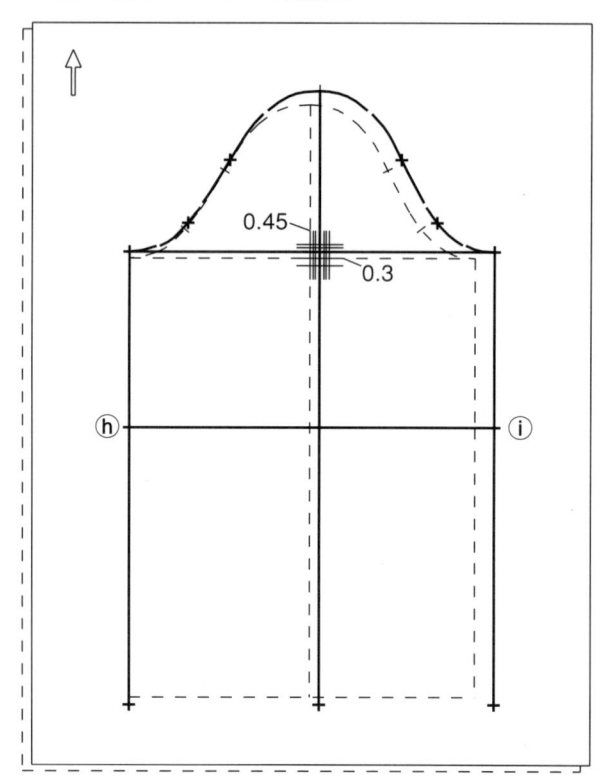

11 ＋①をマスターパターンの袖口線に合わせ、①からⓀまで袖口線を写す（縦線0.45と横線0.65が基準線に合っているか確認）。

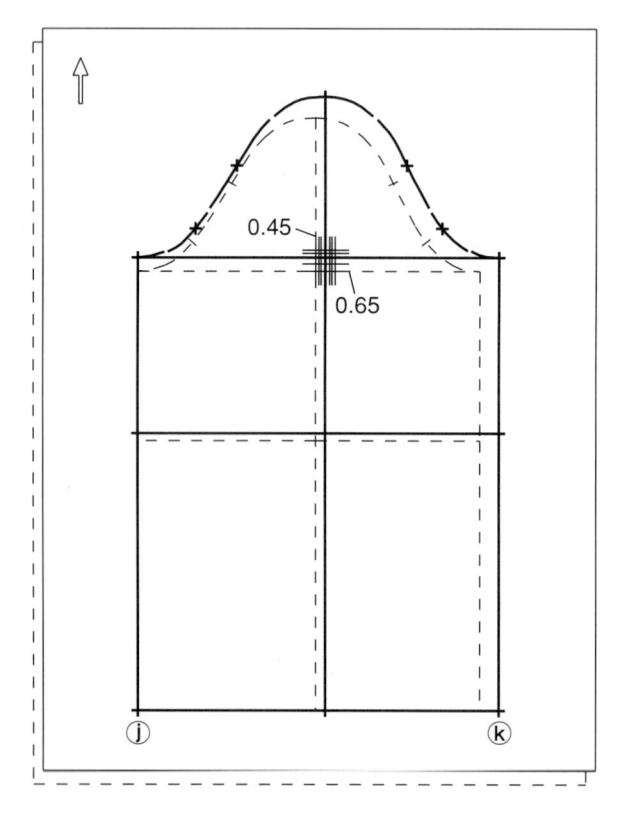

12 ライン修正前パターン。

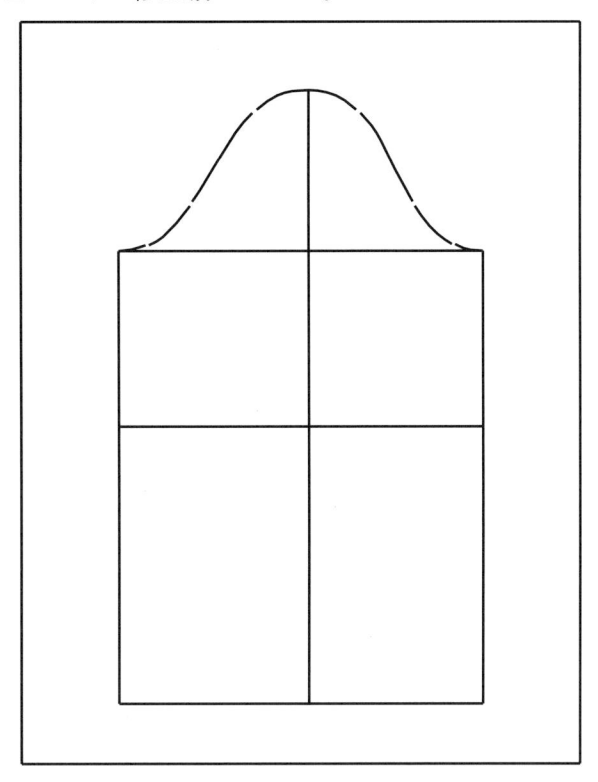

13 ネスト図

各部位が正確にグレーディングされているか確認する。ライン修正は、ずれた線の中間を目安につながりのよい線に修正する。

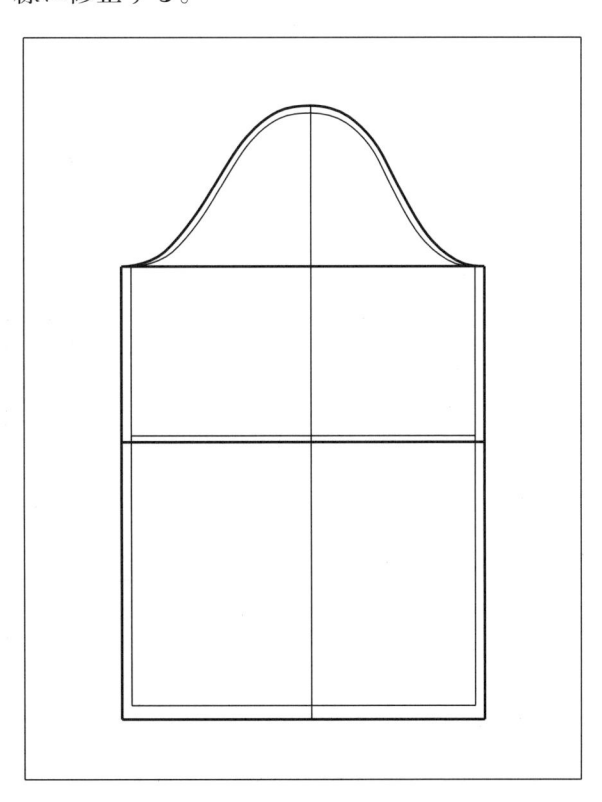

第2章 グレーディングの基本

3　基本的なスカートのグレーディング

・身頃の縦切開線位置と同じ位置で同じ分量を開き、グレーディングをする。ただし必ずしも同位置にはならない。簡略化したり省略したりする場合もある。
・基本的にはウエストダーツの分量と長さは変化させない。
・ファスナーやベンツの長さは変えない。

グレーディングピッチ
ウエスト（1周）＝3.0cm
ヒップ（1周）＝3.0cm
腰丈＝0.2cm
スカート丈＝1.0cm

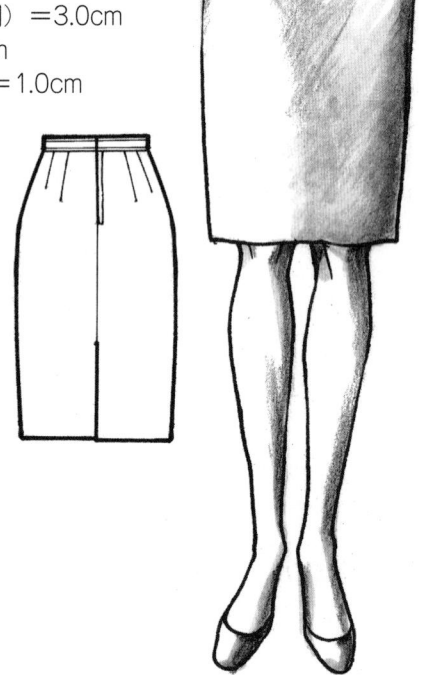

（1）タイトスカート
1）切開線方式
切開線を入れる

ⓐ・ⓓ・ⓔ・ⓗ：身頃と同位置。

ⓑ・ⓒ・ⓕ・ⓖ：ウエストダーツ位置に入れるため必ずしも身頃と同位置にはならない。

㋑：ダーツの長さを変化させないため、ダーツ止りの下に入れる。

㋣：ヒップラインと裾の中央に入れる。

図1

切開線で切り開く

ⓐ～ⓗは水平方向、㋔と㋕は垂直方向に切り開く。ファスナーやベンツの長さは変えないので、あき止り位置は移動し、マスターパターンと同寸法にする。ウエストダーツはダーツの止りで開いた分量の$\frac{1}{2}$の位置に移動し、ダーツと分量と長さを変化させない。㋕はスカート丈のピッチを1cmにするため、0.8cmピッチにする。

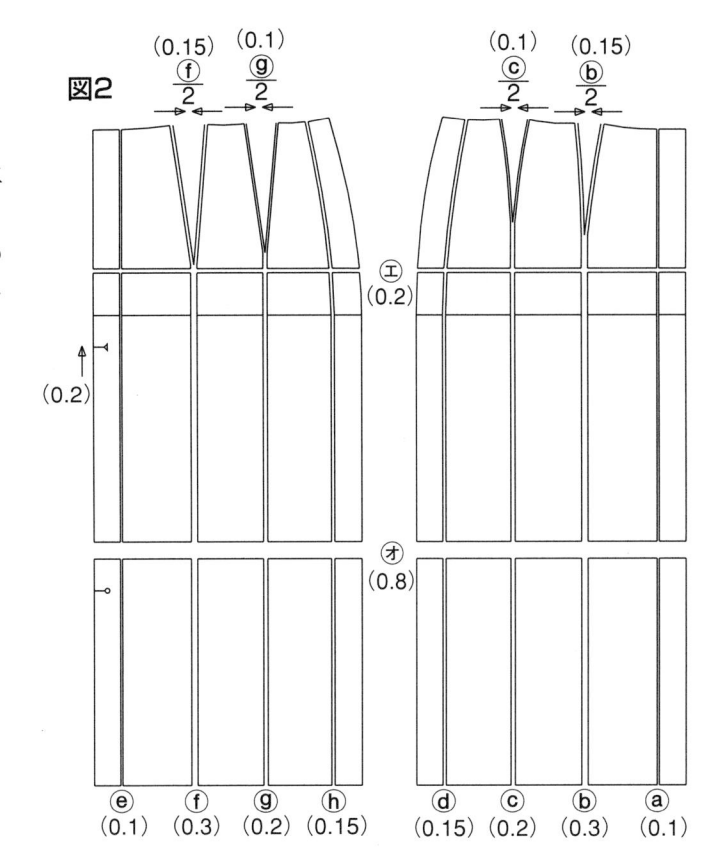

図2

2）ピッチ方式

原点を前・後中心線とヒップラインの交差した位置に決め、原点を基準に上下・左右方向にグレーディングする。

各部位（各コーナー）のピッチは切開線方式のピッチをそれぞれ足した値になる。ダーツの分量と長さは基本的に変化させない。

例1：ダーツは縦切開線ⓐ（0.1cm）＋$\frac{ⓑ}{2}$（0.15cm）＝0.25cmで横方向にグレーディングする。

各部位（各コーナー）にピッチを設定する

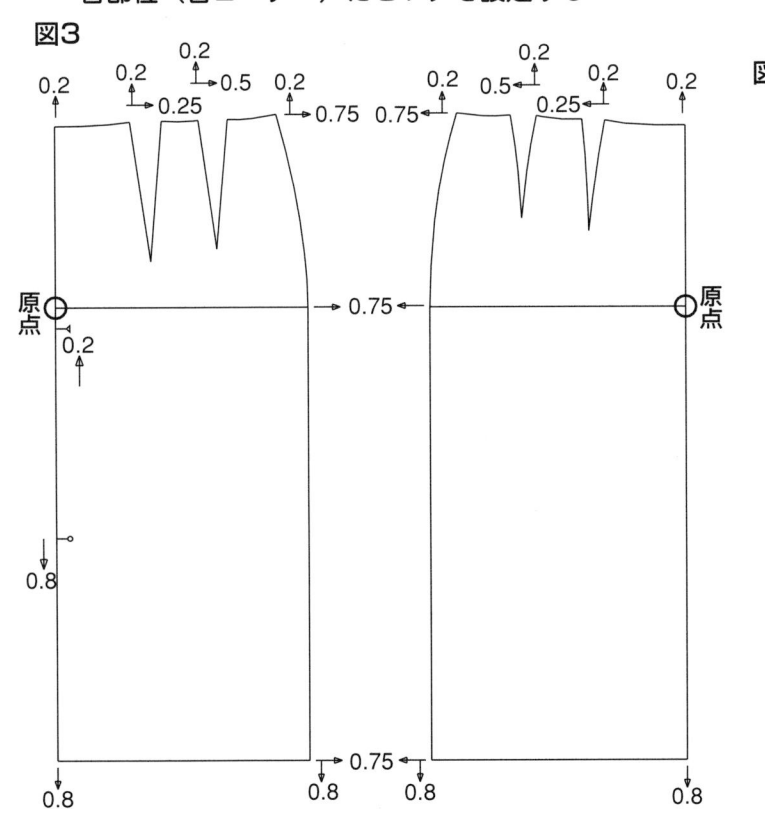

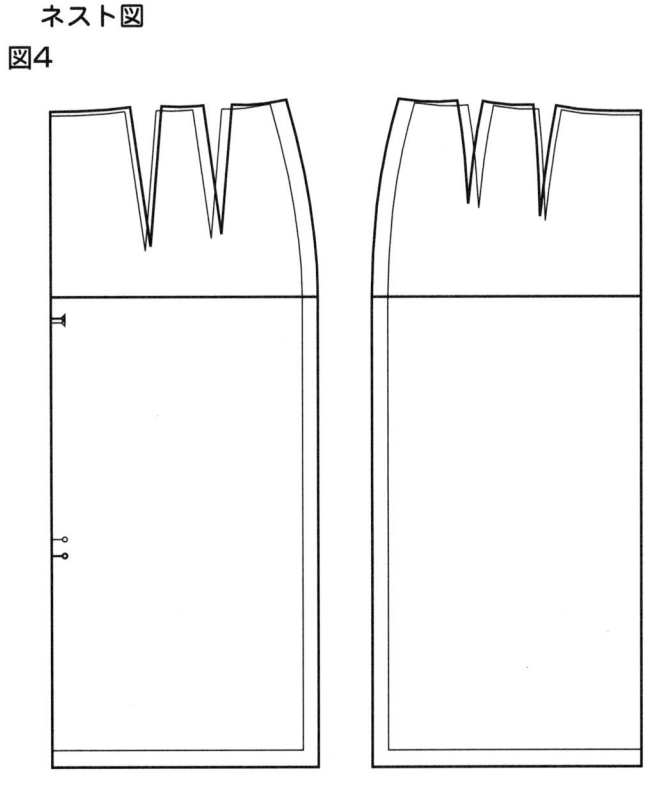

図3

ネスト図

図4

（2）Aラインスカート

　Aラインスカートやフレアスカートは、タイトスカートのように水平・垂直方向にグレーディングするだけでは、マスターパターンのシルエットをくずすことになる。着装時に水平になるヒップラインを基準として、水平・垂直方向にグレーディングする必要がある。ヒップラインの形状が正確に水平になっているか立体で確認しなければならない。

　脇線はマスターパターンに平行にグレーディングするのが一般的である。

1）切開線方式

切開線を入れる

- ⓐ・ⓓ・ⓔ・ⓗ：身頃と同位置。
- ⓑ・ⓒ・ⓕ・ⓖ：ⓐ〜ⓓ・ⓔ〜ⓗのヒップラインと裾の3等分位置を通り、ウエストダーツの分量を変化させないためダーツの両側に入れる。
- ㋓：ダーツの長さを変化させないため、ダーツ止りの下に入れる。
- ㋔：ヒップラインと裾の中央に入れる。

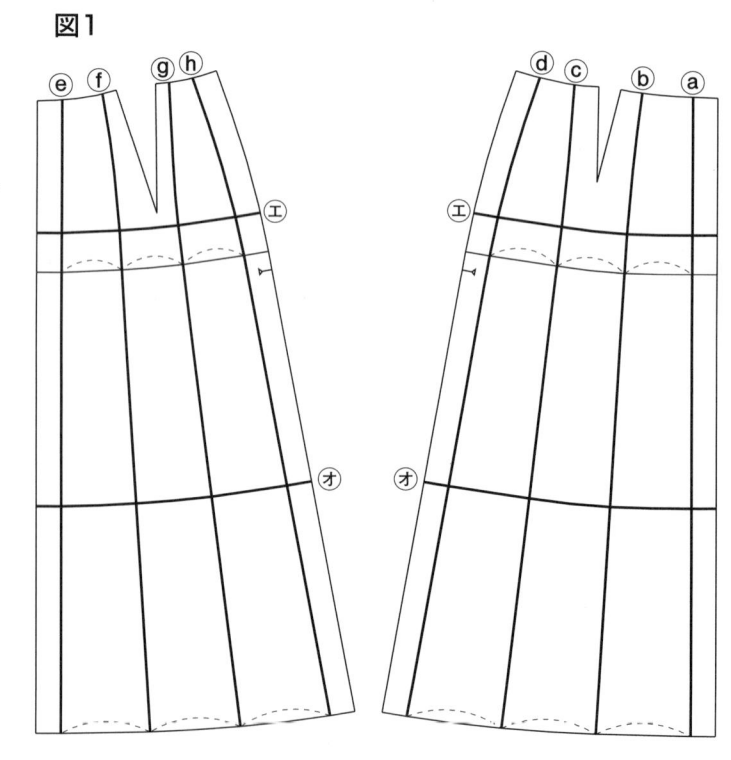

図1

切開線で切り開く

図2の矢印のように各切開線に対し直角方向に切り開く。ファスナーの長さは変えないので、あき止り位置は上へ移動し、マスターパターンと同寸法にする。

※今回は、ⓐ～ⓓ・ⓔ～ⓗのヒップラインと裾線の3等分位置を結んだ線が、ヒップラインに対してほぼ直角に入るため、53ページ図6の矢印のようにグレーディング方向を決めたが、必ずしも直角に入らないこともある。基本的にはヒップラインに対し直角を基準にする。また、放射状に広がっているパターンを切開線で切り開く場合は、ウエスト寸法を正確にグレーディングするため、ウエストから裾に向かって順次切開きを行なう。

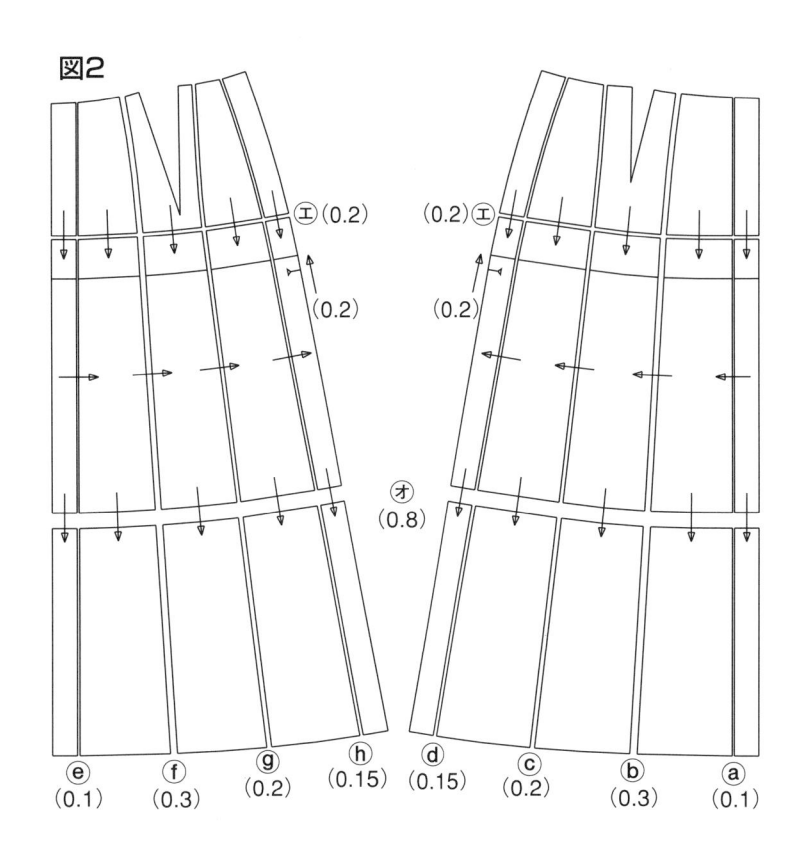

2）ピッチ方式（水平・垂直にグレーディングする考え方）

原点を前・後中心線とヒップラインの交差した位置に決め、原点を基準に上下・左右方向にグレーディングするが、縦方向のピッチは以下の方法で算出する。

脇位置斜め方向のグレーディングピッチ算出は、ヒップラインと裾線の$\frac{1}{2}$に引いた線に対して直角に0.75cmの線を引き、水平距離と垂直距離を測りピッチとする（図は正確な寸法をだすため7.5cmの線を引いて計測）。

ダーツ位置は$\frac{1}{4}$に引いた線に対して直角に4.0cmの線を引き、同様に計測する。脇の合い印は位置を考慮してグレーディングピッチを決める。

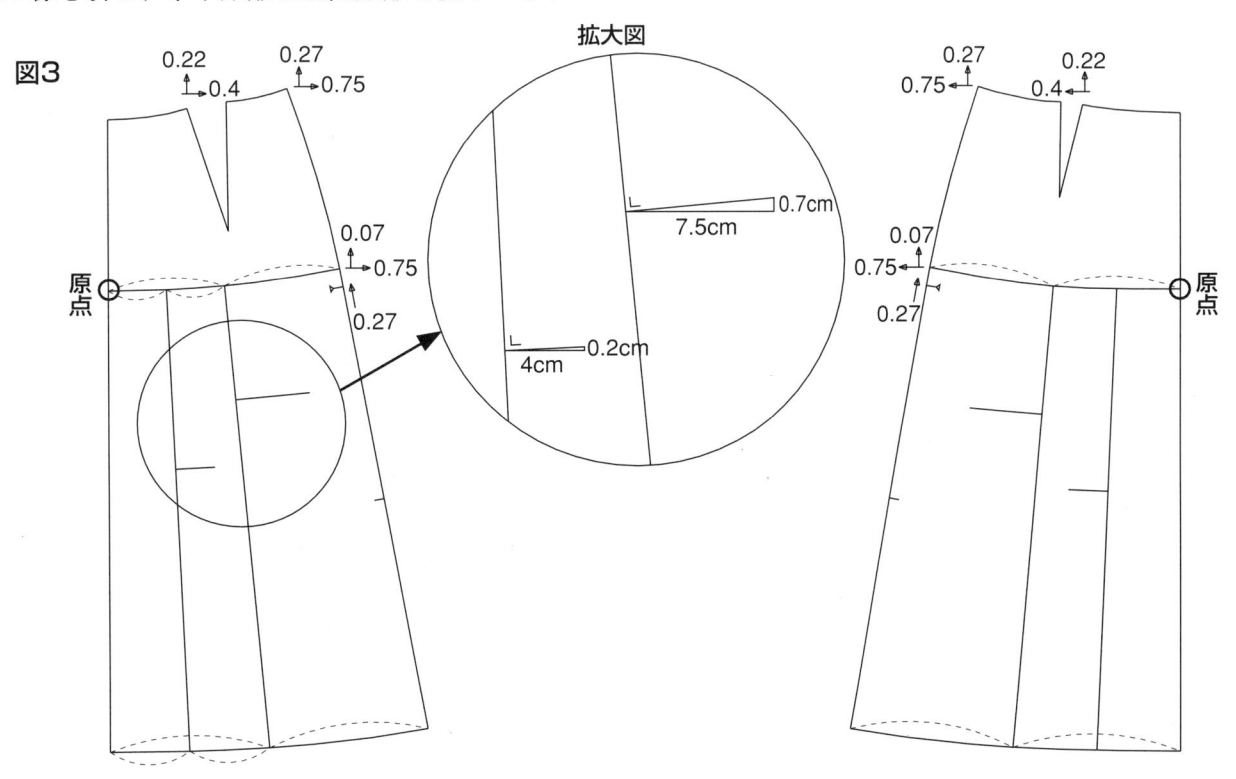

各部位（各コーナー）にピッチを設定する

　脇線と裾線は平行にグレーディングする。

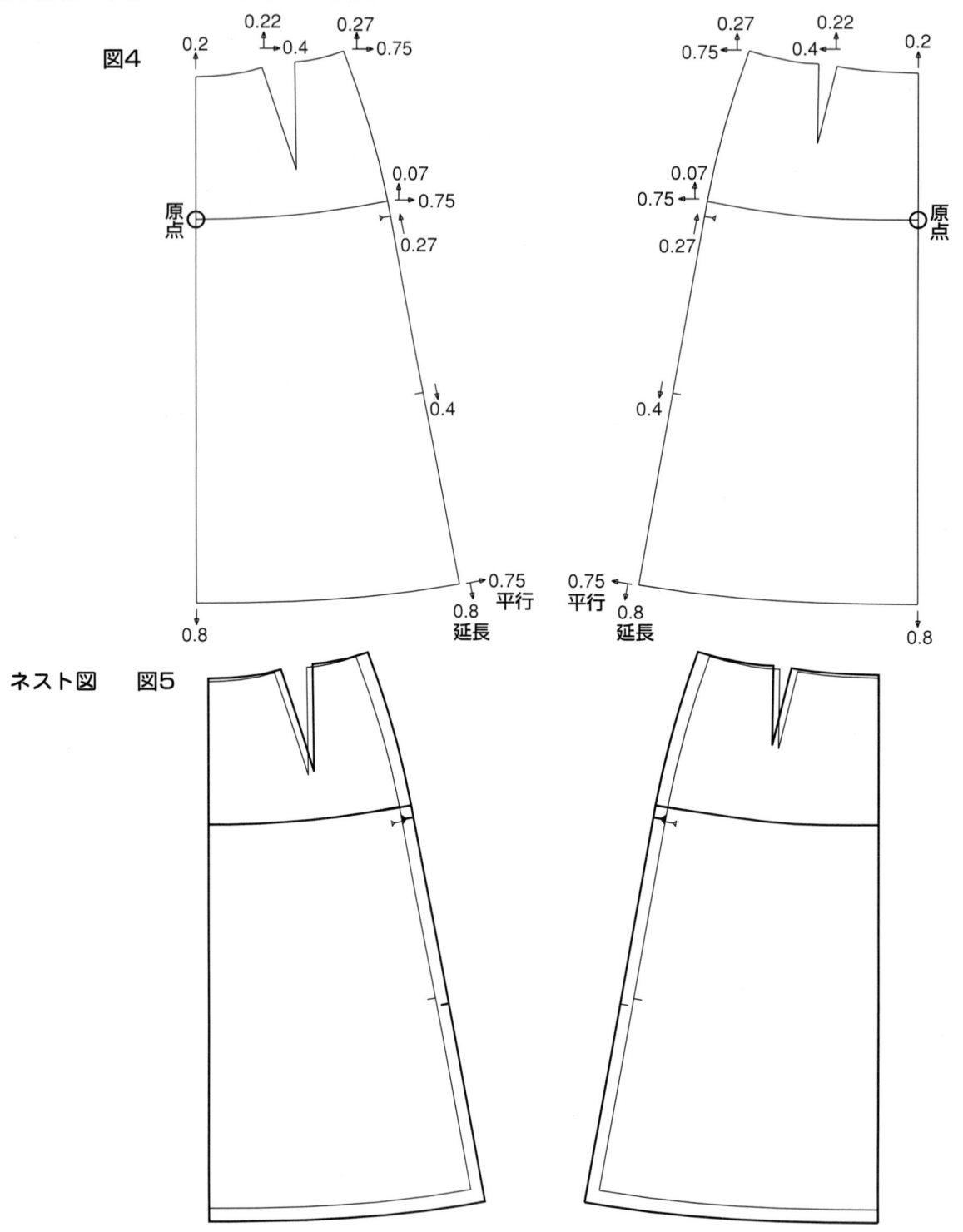

図4

図5　ネスト図

3) グレーディング手順の説明

・グレーディング手順の説明は前スカートで行ない、他のパーツをグレーディングするときはこれを参考にする。

・用紙をマスターパターンの上にのせ、各部位のピッチを＋マークでしるし、用紙を動かしながら11号にグレーディングしていく。マスターパターンを写してネスト図にしてもよい。また、前・後中心線とヒップラインに各ピッチの線を引き、線にずれがないか確認をしながら作業を行なう。

※各部位のピッチを＋マークでしるす（脇線と裾線の角にはピッチの＋マークをつけずにグレーディングした脇線を下に延長して位置決めをする。脇線の合い印も同様に考え、平行に線を引く）。

グレーディング手順（スカート1〜10）

1 マスターパターンのヒップラインを延長する。前中心線とヒップラインを基準線とする。マスターパターンと外側の紙の大きさは破線で表わす。

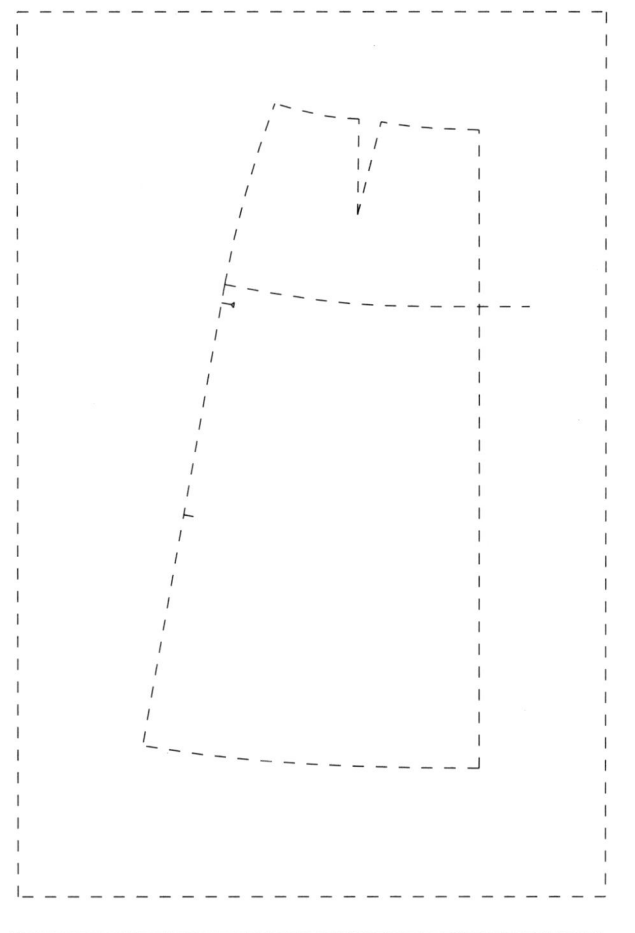

2 グレーディング用紙をマスターパターンの上にのせ、前中心線とヒップラインの一部を写し、交差位置に確認のために各ピッチの目盛り線を引く。
各部位のピッチを＋マークでしるす（ⓐ〜ⓖ）。各ピッチの線と＋マークの両方を合わせ、ずれないように写す。

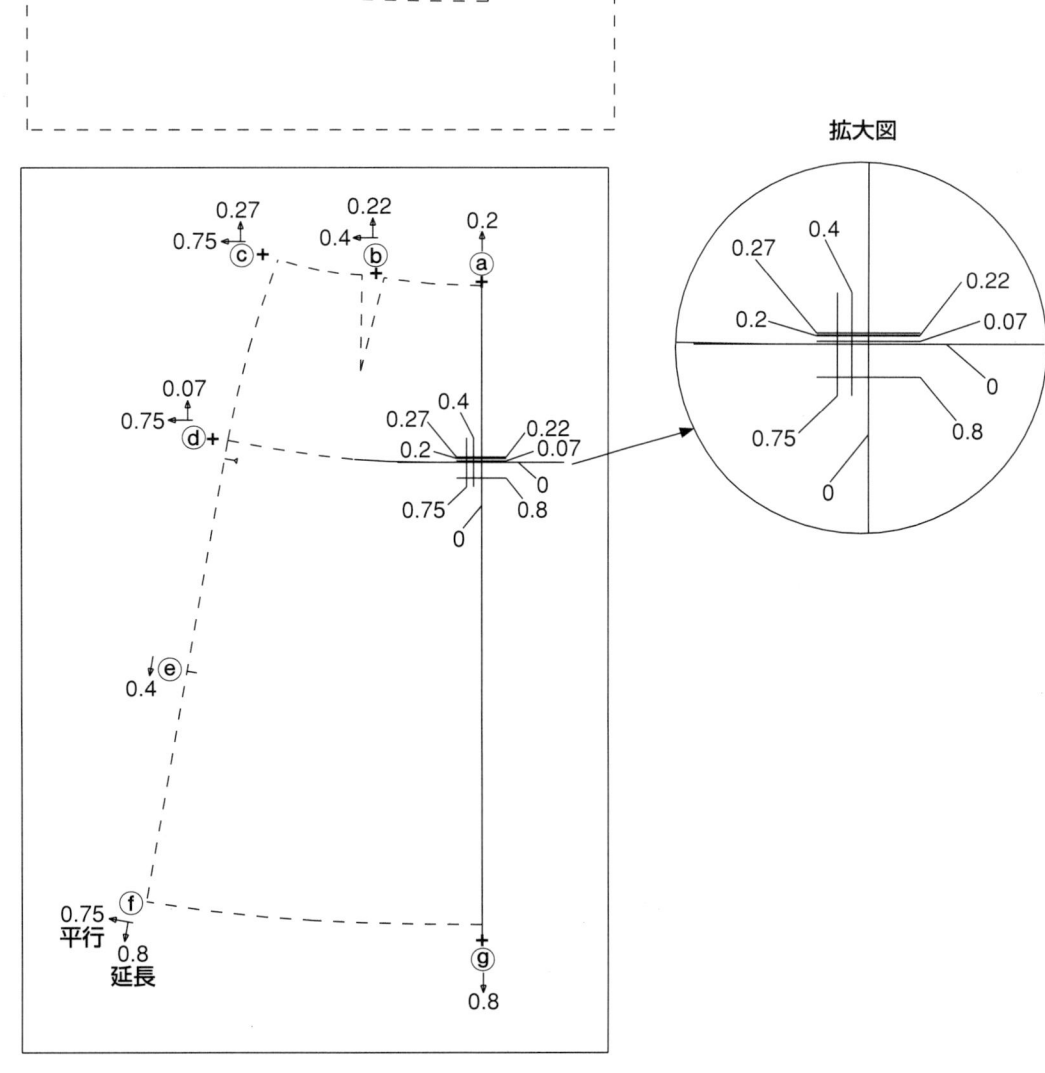

拡大図

第2章 グレーディングの基本 49

3 ＋ⓐをマスターパターンの前ウエスト位置に合わせ、ウエストラインの一部を写す（縦線0と横線0.2が基準線に合っているか確認）。

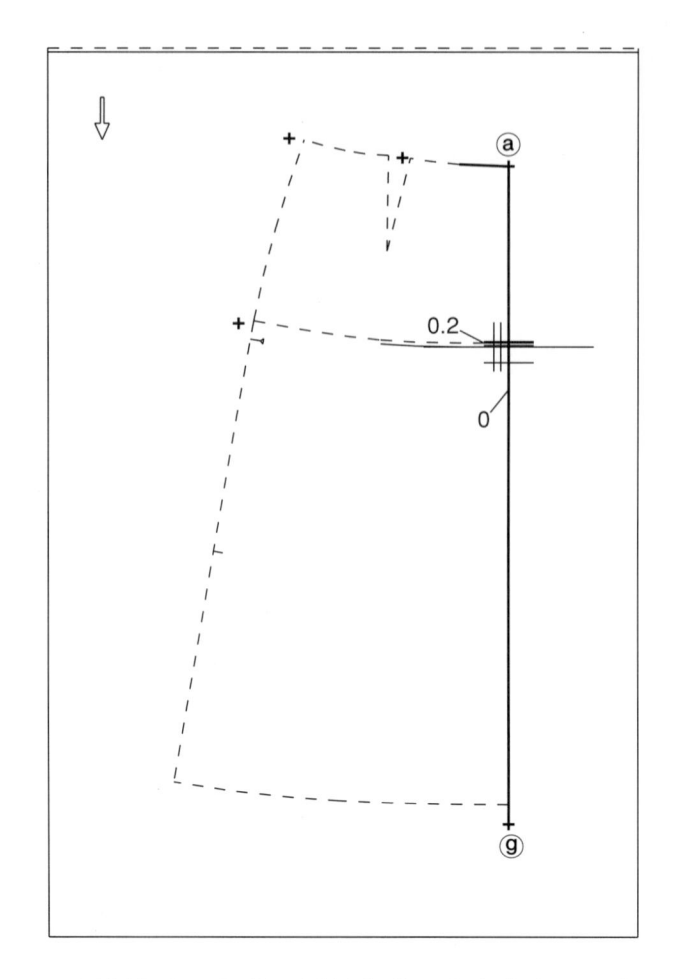

※用紙左上の矢印は用紙を動かす方向をしるす。

4 ＋ⓑをマスターパターンのダーツ位置に合わせ、ダーツとウエストラインの一部を写す（縦線0.4と横線0.22が基準線に合っているか確認）。

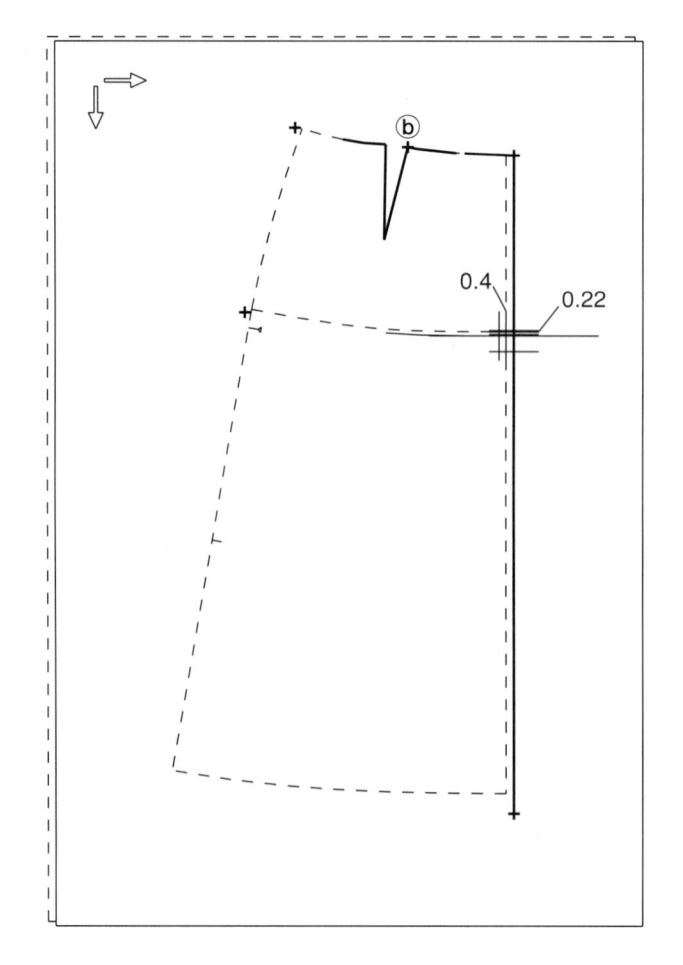

5 ＋ⓒをマスターパターンの脇位置に合わせ、ウエストラインと脇線の一部を写す（縦線0.75と横線0.27が基準線に合っているか確認）。

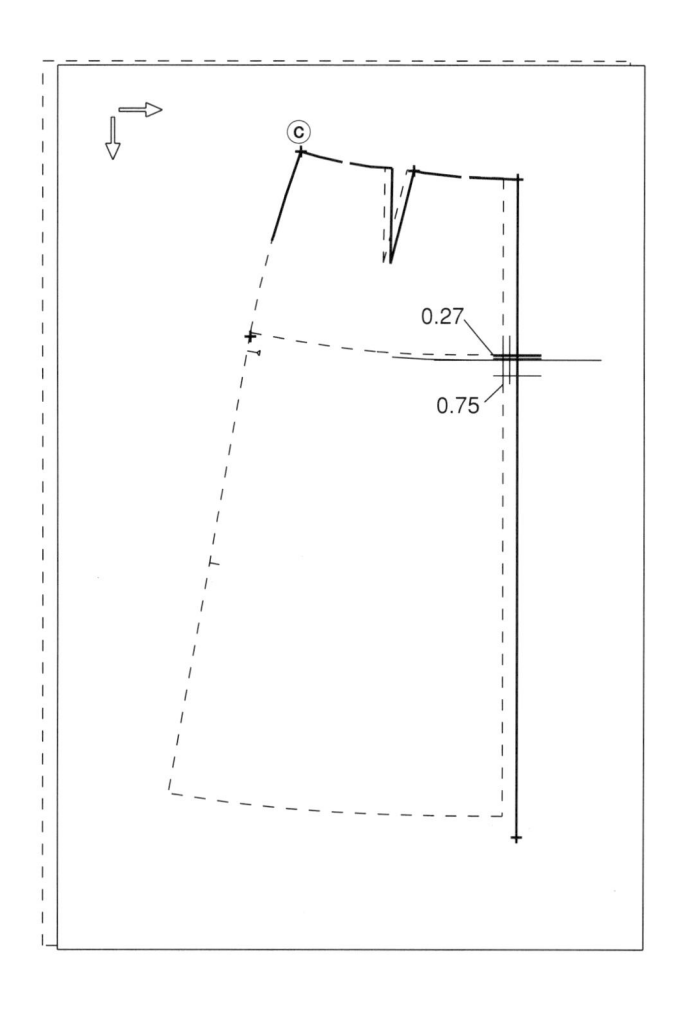

6 ＋ⓓをマスターパターンのヒップライン位置に合わせ、ヒップラインの一部とヒップラインから上と裾で0.8cm延長した脇線を写す（縦線0.75と横線0.07が基準線に合っているか確認）。

第2章　グレーディングの基本

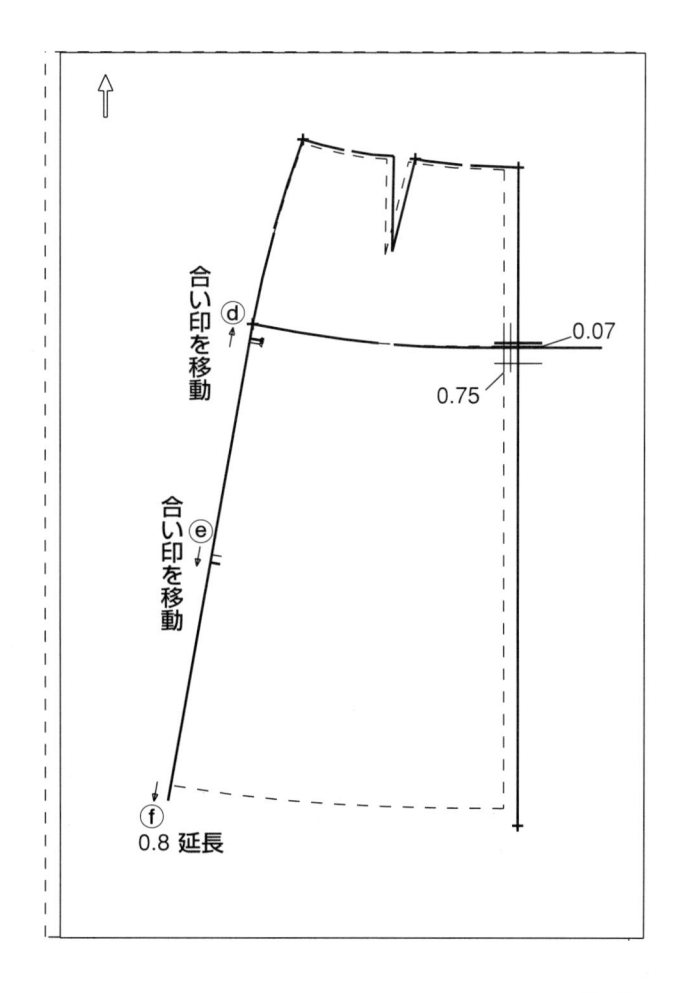

7 脇線の裾で0.8cm延長した位置ⓕをマスターパターンの脇線の裾位置に合わせ、裾線の一部を写す。

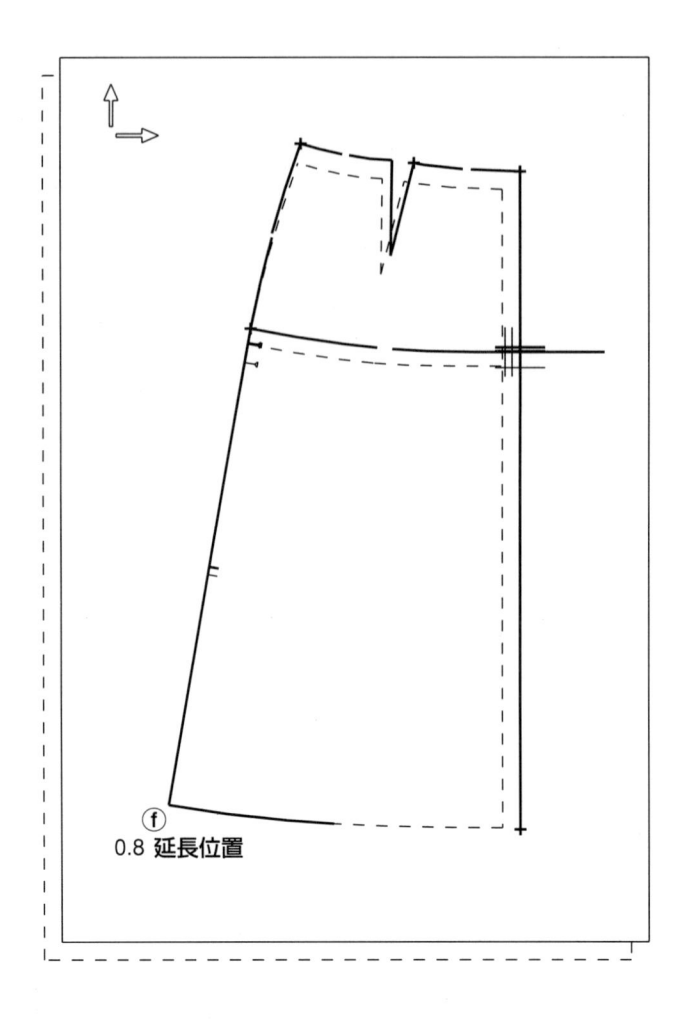

ⓕ 0.8 延長位置

8 ＋ⓖをマスターパターンの前裾位置に合わせ、裾線の一部を写す（縦線0と横線0.8が基準線に合っているか確認）。

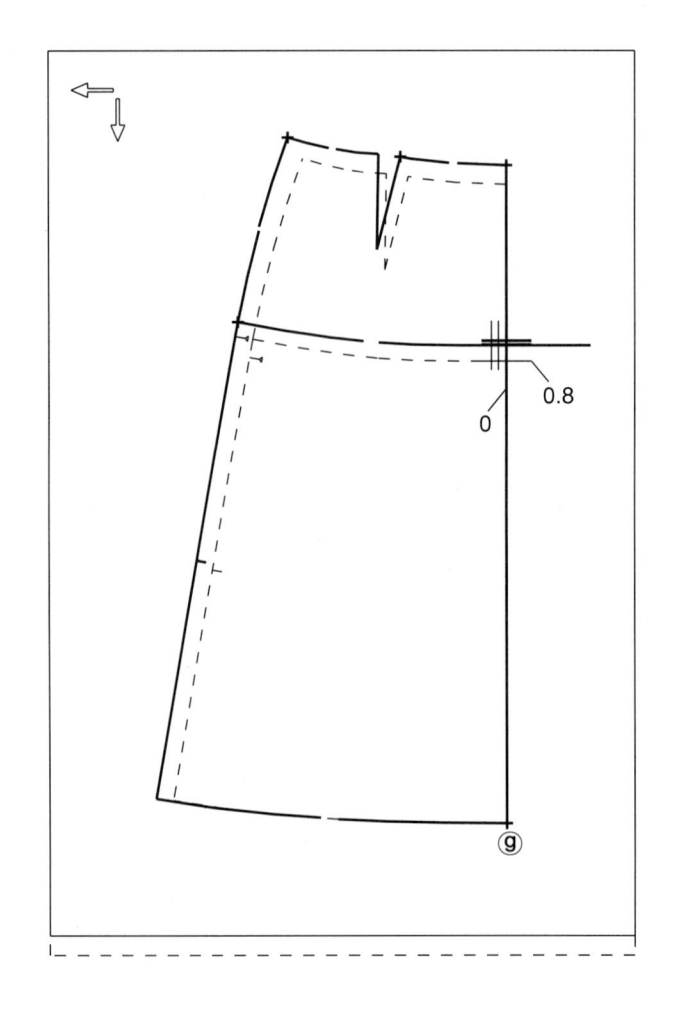

0
0.8
ⓖ

9 ライン修正前パターン。

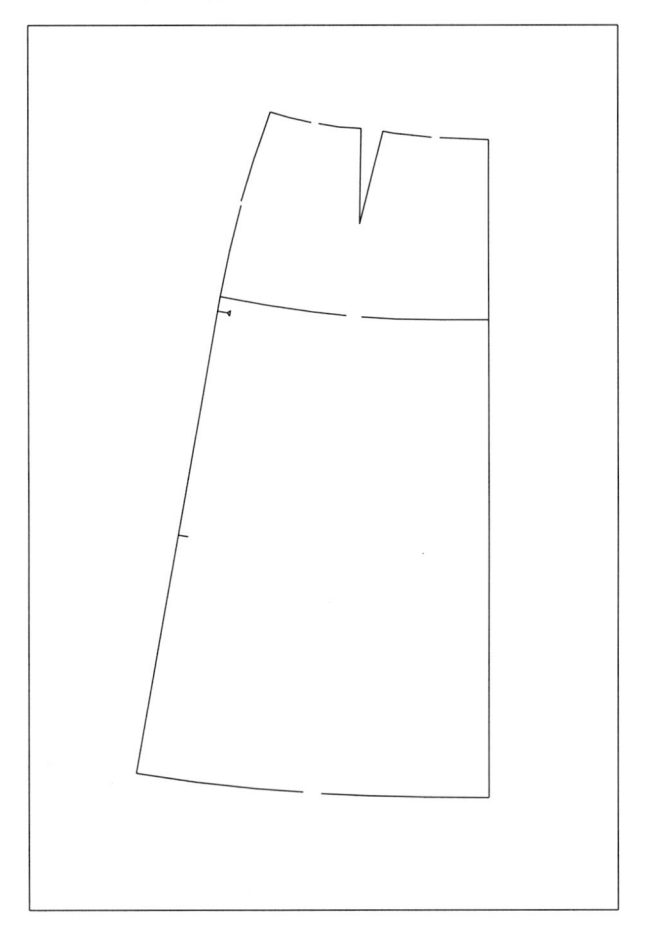

10 ネスト図

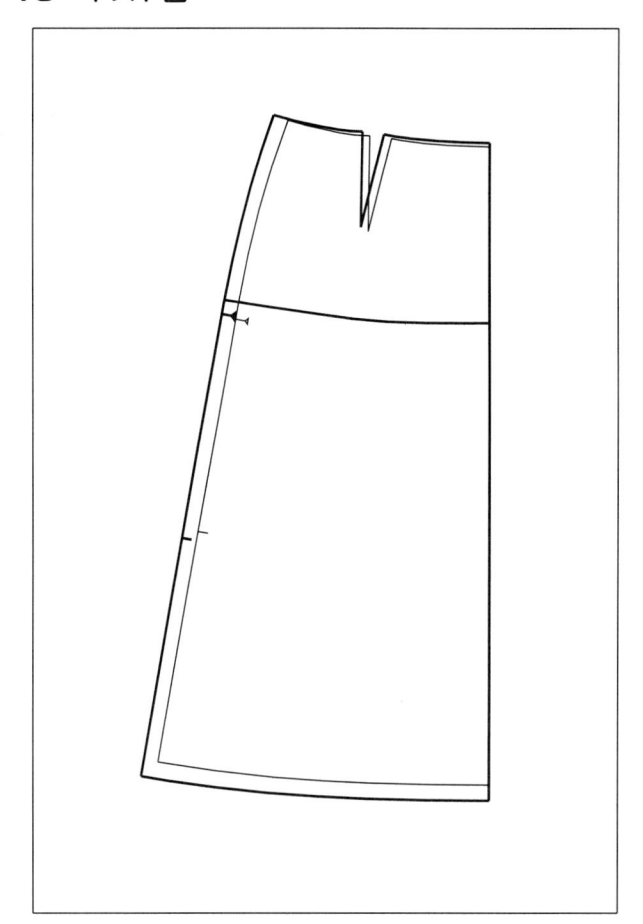

4）ピッチ方式（フレア方向にグレーディングする考え方）

47ページ「3（2）2）ピッチ方式（水平・垂直にグレーディングする考え方）（図3）」を参考にグレーディングピッチは案内線の方向で決める。横方向のダーツ位置は案内線Aの方向に、脇は案内線Bの方向にピッチを決め、さらに直角に縦のピッチを決める。

脇のヒップライン位置も同様に決めて、脇線と裾線はマスターパターンに平行に引く。脇合い印はヒップライン下のピッチの$\frac{1}{2}$を移動する。ファスナーの長さは変えないので、あき止り位置はマスターパターンと同寸法にする。

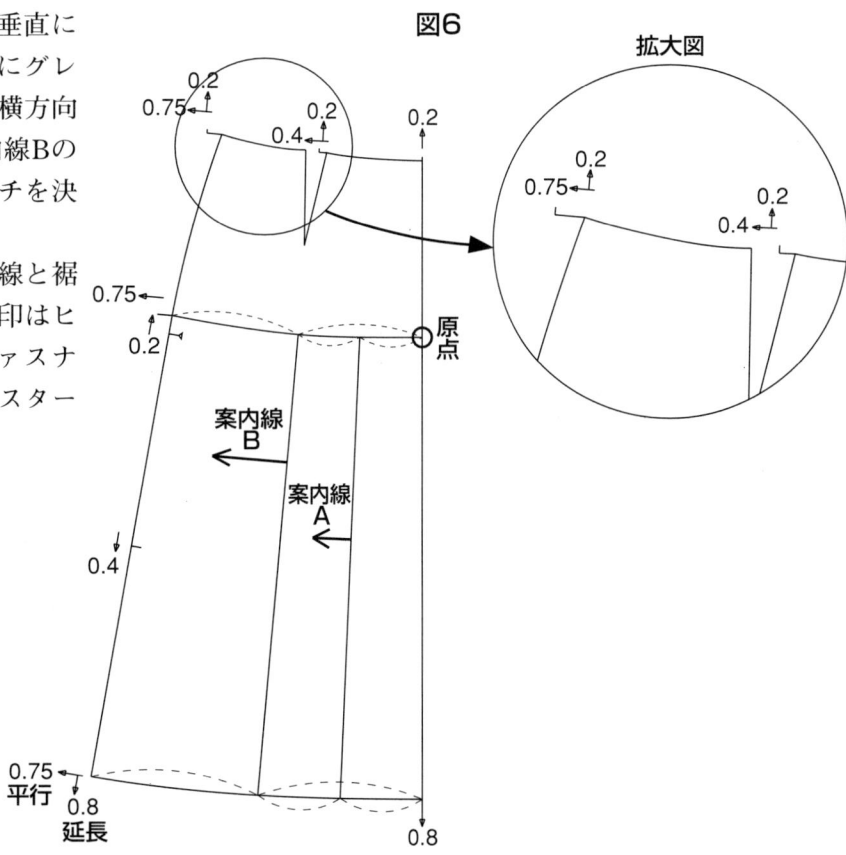

図6

拡大図

第2章 グレーディングの基本

（3）フレアスカート
1）切開線方式
前スカートで説明し、後ろスカートは同様に行なう。

切開線を入れる（図1）
- ⓐ・ⓓ：身頃と同位置。
- ⓑ・ⓒ：ⓐ～ⓓまでのヒップラインの3等分位置を通り、ヒップラインに直角に裾までと、ヒップラインから自然なカーブでウエストラインまで引く。
- ㋓：ウエストラインとヒップラインの中央に入れる。
- ㋔：ヒップラインと裾の中央に入れる。

切開線で切り開く（図2）
図の矢印のように各切開線に対し直角方向に切り開く。ファスナーの長さは変えないので、あき止り位置は上へ移動し、マスターパターンと同寸法にする。

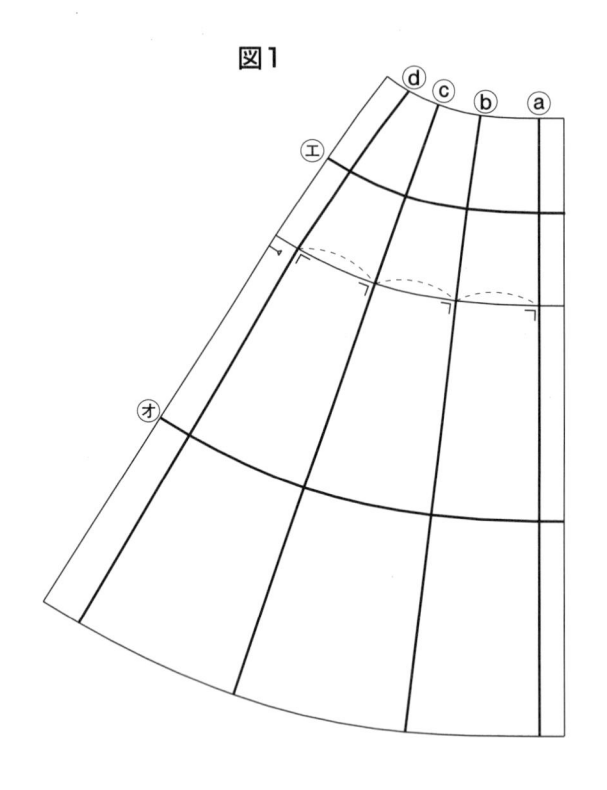

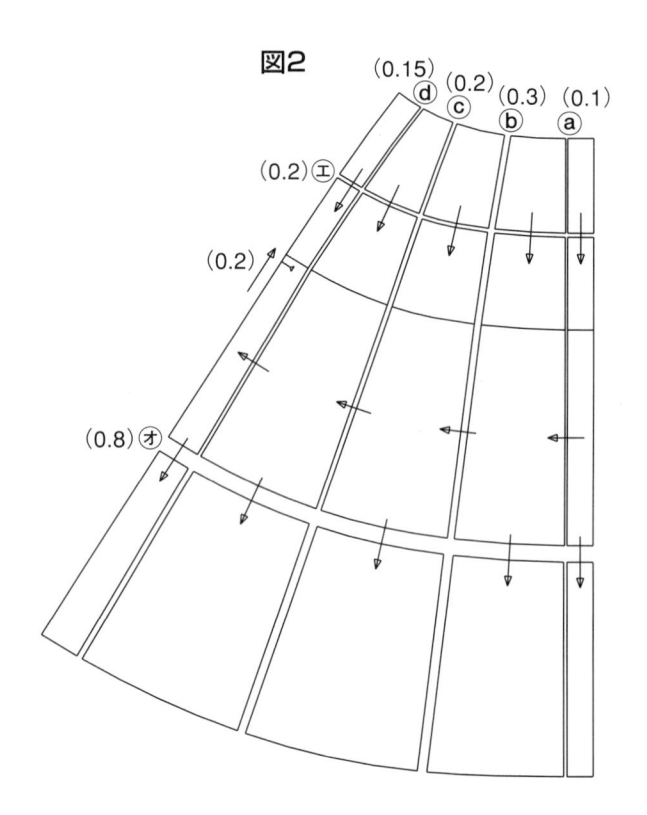

図1

図2

2) ピッチ方式（フレア方向にグレーディングする考え方）

53ページ「3（2）4）ピッチ方式（フレア方向にグレーディングする考え方）（図6）」と同様に考える。裾広がりの強いスカートは水平・垂直方向でピッチを求めるとシルエットをくずす可能性が増える。

ウエストラインの中央部分は、ヒップラインの$\frac{1}{4}$から直角に線を引き、その線に対して直角方向に決める（案内線A）。脇はヒップラインの$\frac{1}{2}$から直角に線を引き、その線に対して直角方向に決める（案内線B）。

脇線・裾線ともに平行にグレーディングする。

図3

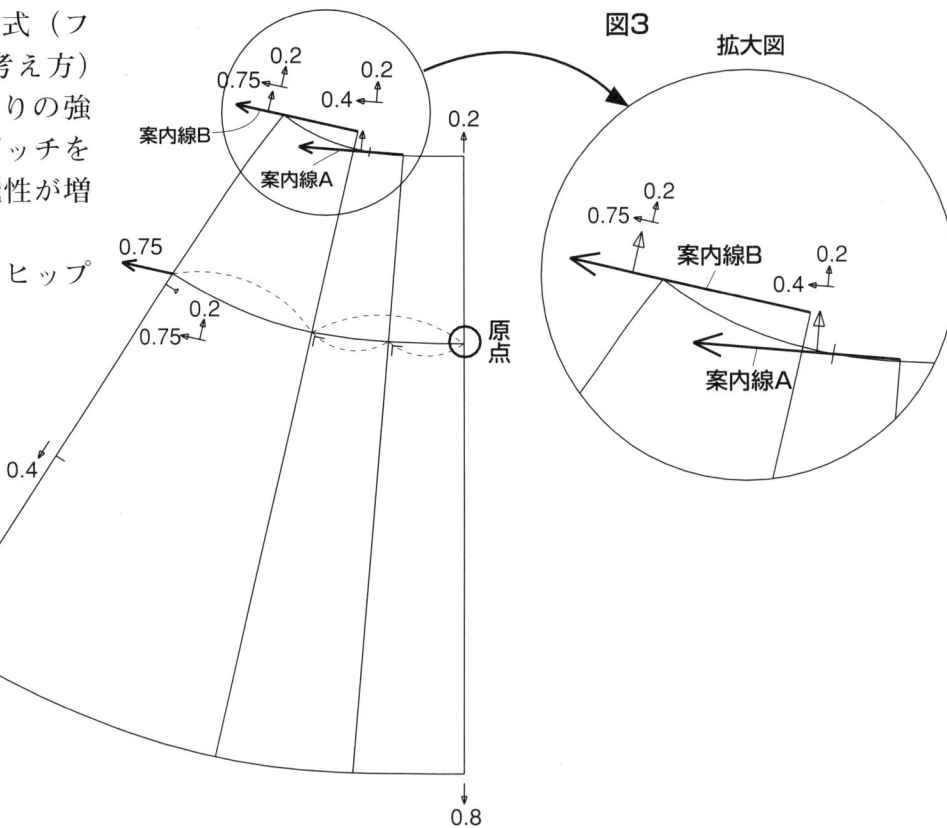

ネスト図

図4

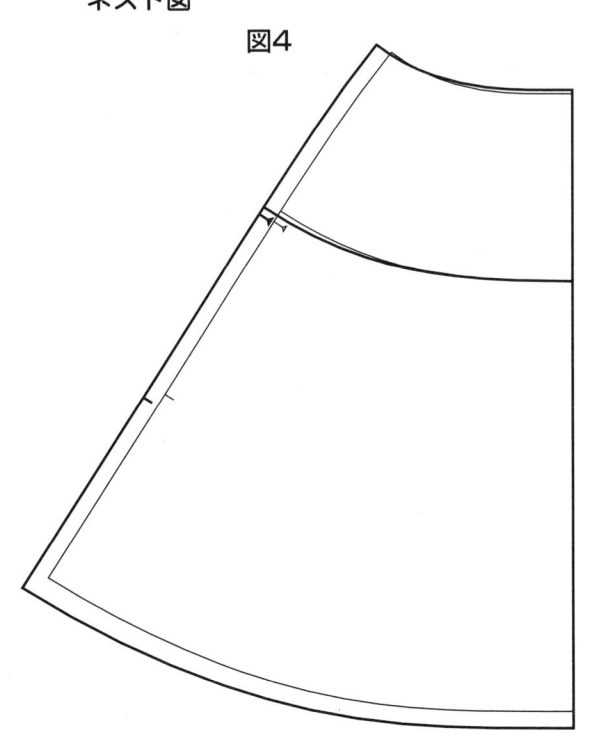

3) 平行処理方式

マスターパターンのウエスト寸法にグレーディング寸法を足した値になるように、マスターパターンのウエストラインに平行線を引き11号サイズのウエストラインにする。

脇線を延長してヒップライン・裾線・脇合い印は平行処理して、あき止りはマスターパターンと同寸法にする。

図5

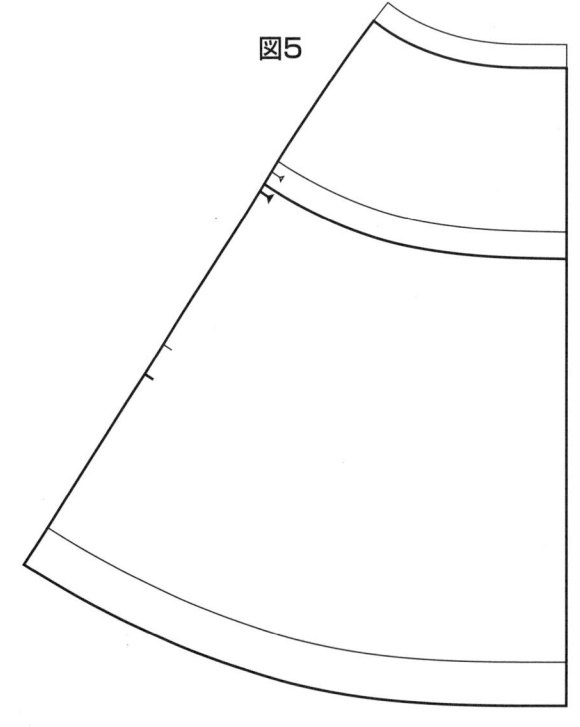

4 基本的なパンツのグレーディング

・パンツは膝下が地の目線（プレスライン）で左右対称になることが基本なので、地の目線を基準にして上下・左右方向にグレーディングする。ウエストやヒップ位置の幅のグレーディングピッチはスカートと同一にならない。

・基本的にはウエストダーツの分量と長さは変化させない。

(1) パンツ原型
1) 切開線方式

前後とも地の目線を基準にして、ウエストとヒップでは前後中心側に0.3cm、脇側に0.45cmグレーディングする。前中心から股ぐりの厚み（股上線位置）では0.15cmグレーディングし、地の目から計算すると脇と同じ分量の0.45cmのグレーディングピッチになる。

後ろも同様に行なうが、後ろ中心から股ぐりの厚み（股上線位置）を0.15cm＋0.15cmグレーディングし、地の目から計算すると0.6cmのグレーディングピッチになる。後ろの股ぐり厚みを前の厚み分量より少し多くグレーディングするのが一般的である。

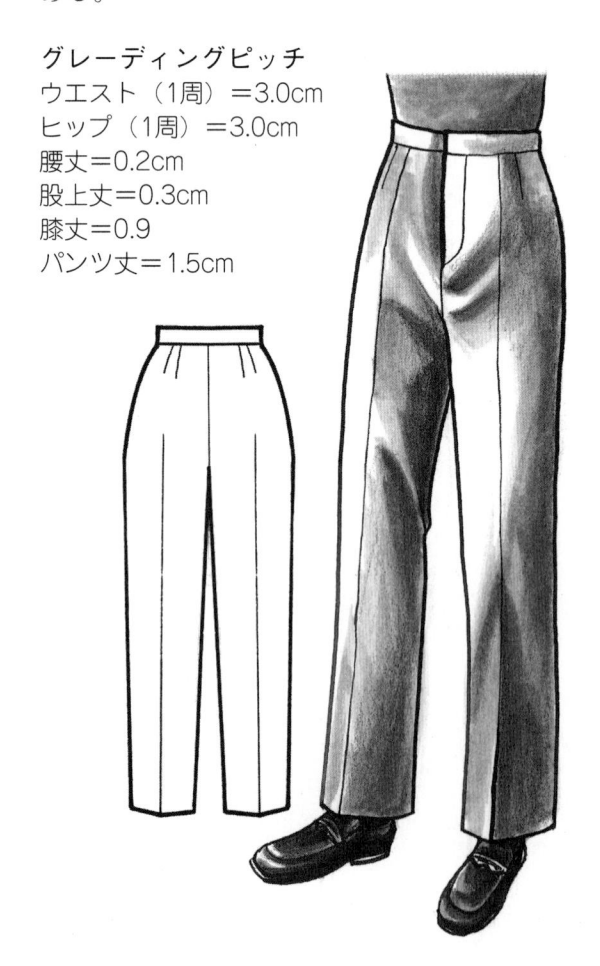

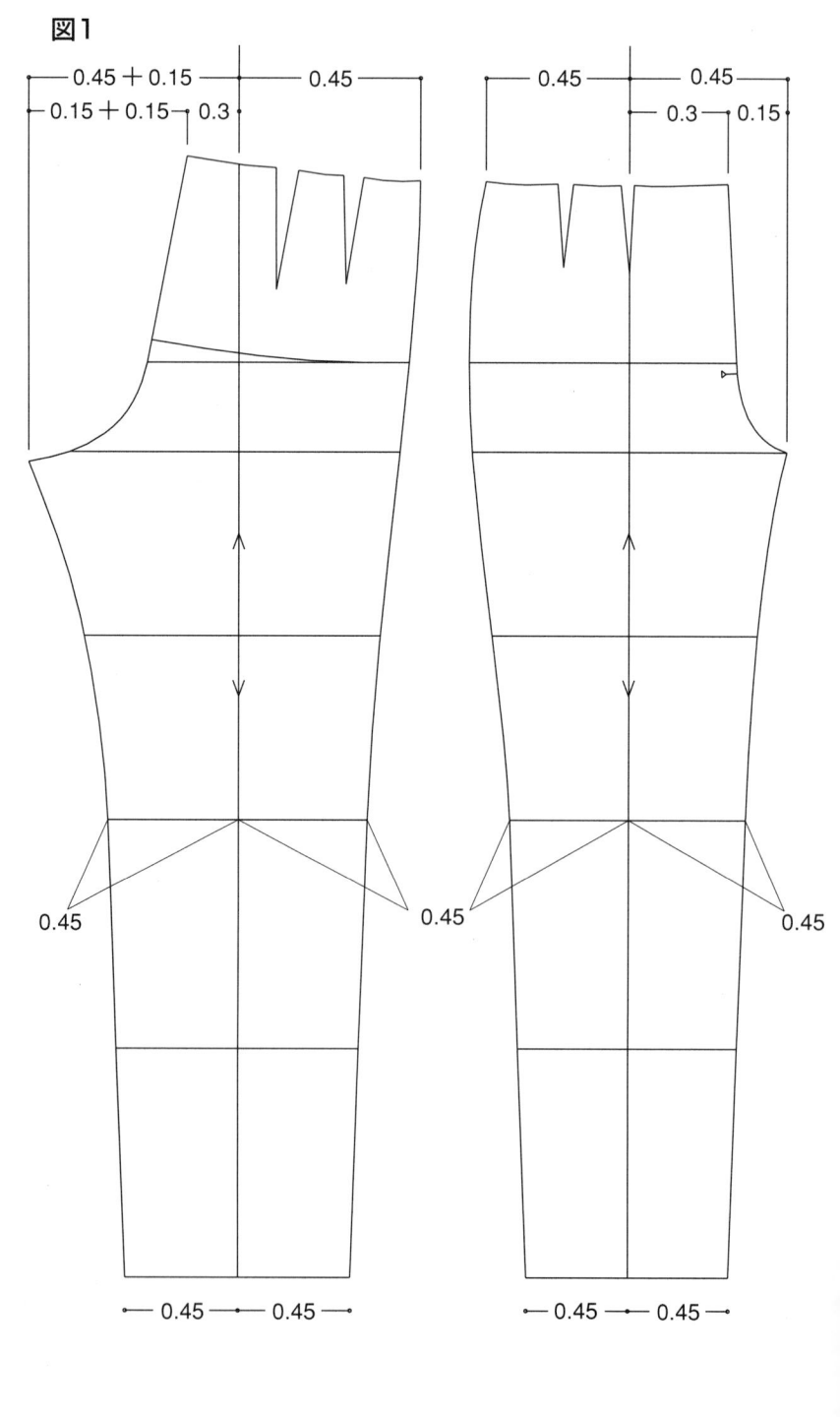

グレーディングピッチ
ウエスト（1周）＝3.0cm
ヒップ（1周）＝3.0cm
腰丈＝0.2cm
股上丈＝0.3cm
膝丈＝0.9
パンツ丈＝1.5cm

図1

切開線を入れる

ⓐ・ⓓ・ⓔ・ⓗ：身頃と同位置。

ⓑ・ⓕ：ダーツの間に入れる。

ⓒ・ⓖ：ダーツと脇の間に入れる。必ずしも身頃と同位置にならない。

ⓞ：前股ぐりから裾まで。

ⓟ：後ろ股ぐりから裾まで。

㋓：ダーツの長さを変化させないため、ダーツ止りの下に入れる。

㋔：ヒップラインと股上線の中央に入れる（このグレーディングピッチは㋓に加えてもよい）。

㋙：股上線と膝線の中央に入れる。

㋚：膝線と裾線の中央に入れる。

図2

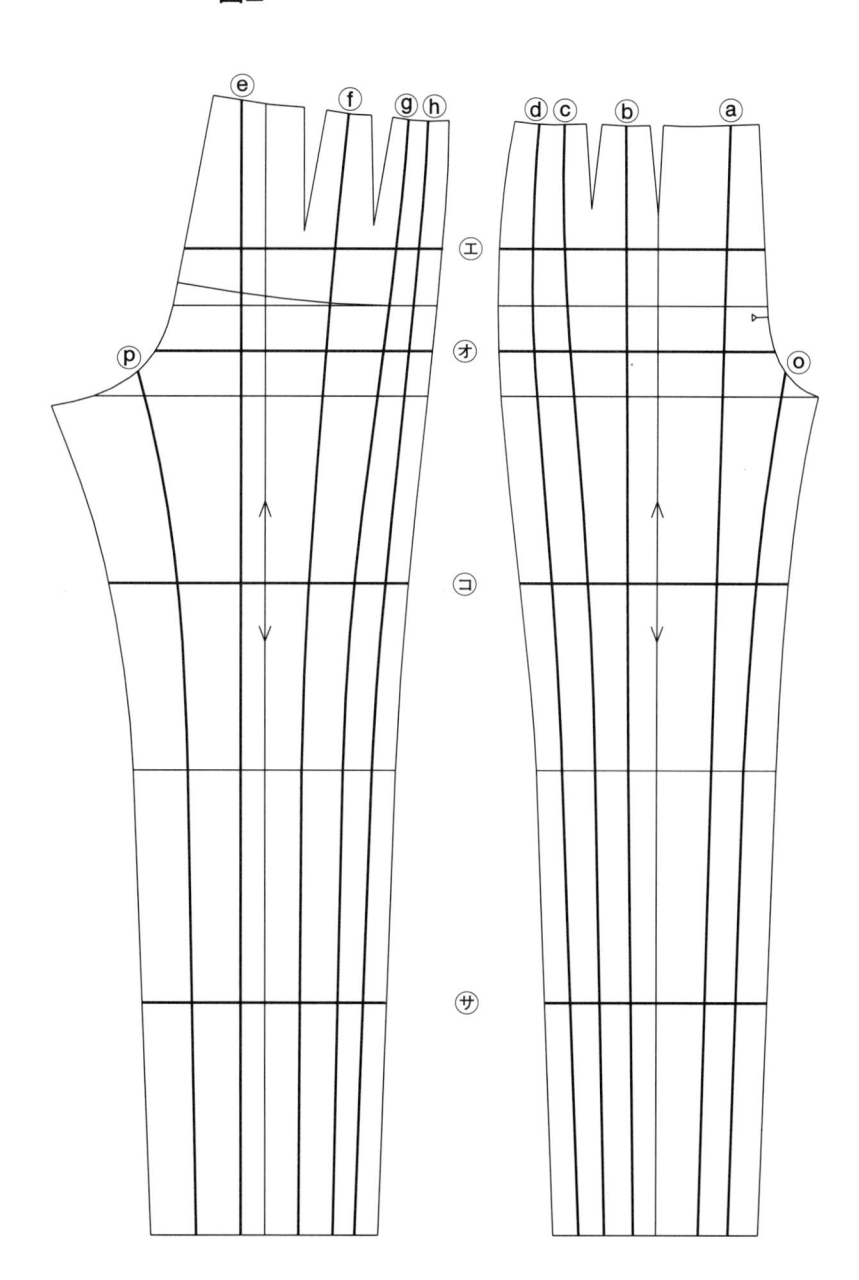

切開線で切り開く

ⓐ～ⓗ、ⓞ、ⓟは水平方向、㋓、㋔、㋙、㋚は垂直方向に切り開く。ファスナーの長さは変えないので、あき止り位置は上へ移動してマスターパターンと同寸法にする。

ⓟの切開きは横切開線㋙から、股ぐりまでは0.3cm、裾までは0.15cm水平方向に切り開く。

㋓はスカート同様0.2cm、㋔は0.1cm、㋙と㋚はパンツ丈のピッチを1.5cmにするため、各0.6cmピッチにする。

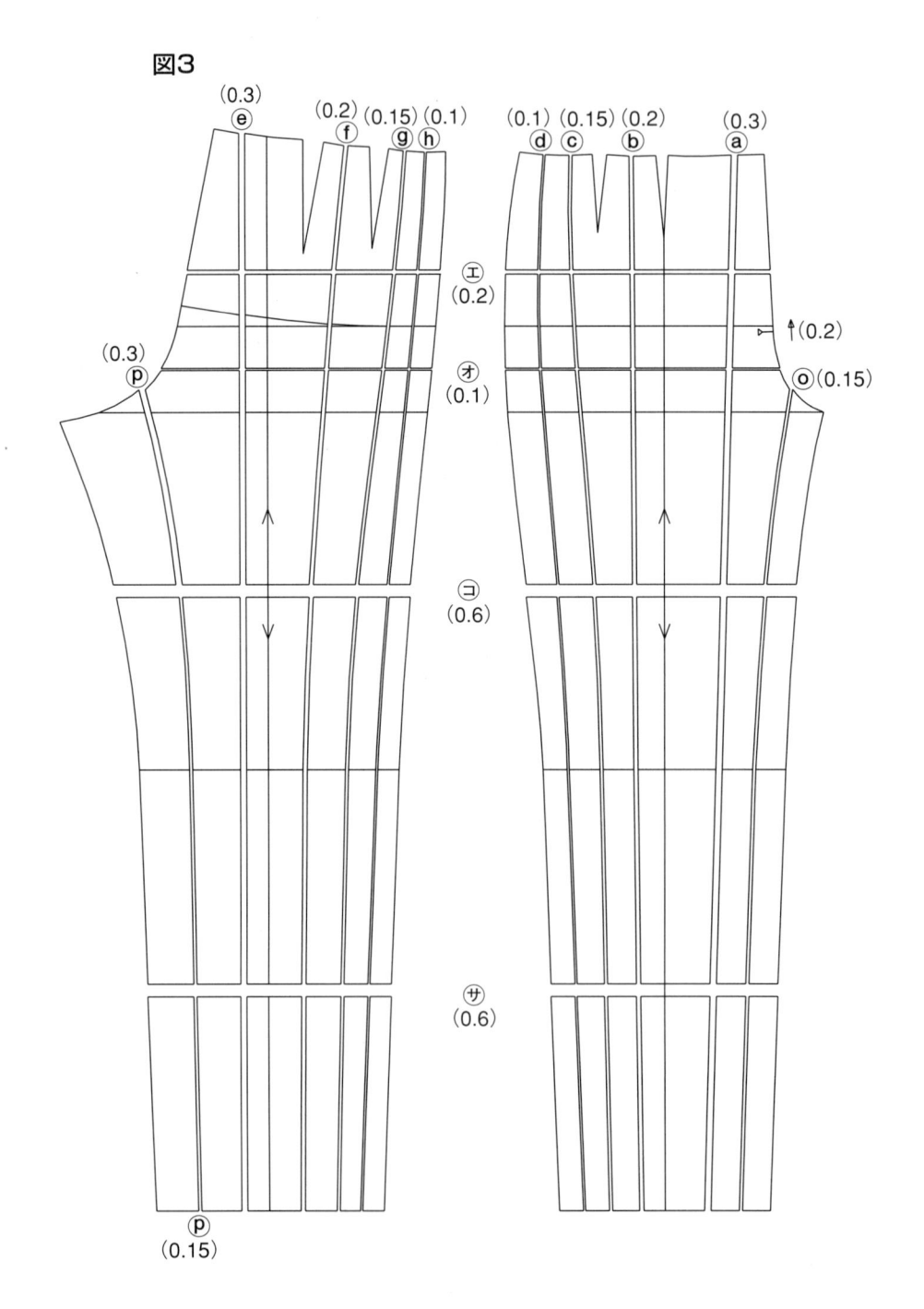

図3

2）ピッチ方式

原点を地の目線と股上の交差した位置に決め、原点を基準に上下・左右方向にグレーディングする。

各部位（各コーナー）にピッチを設定する

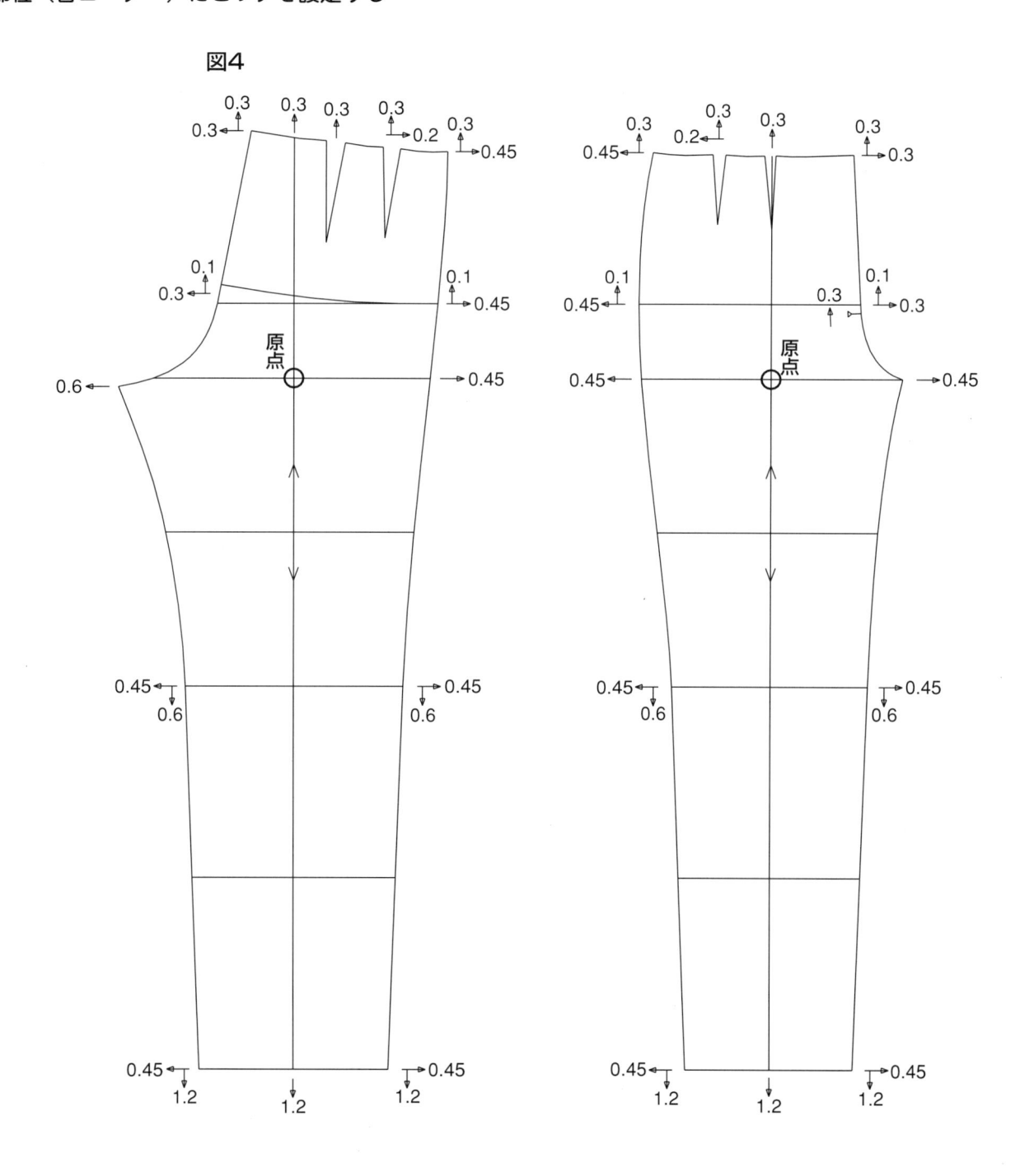

図4

ネスト図
図5

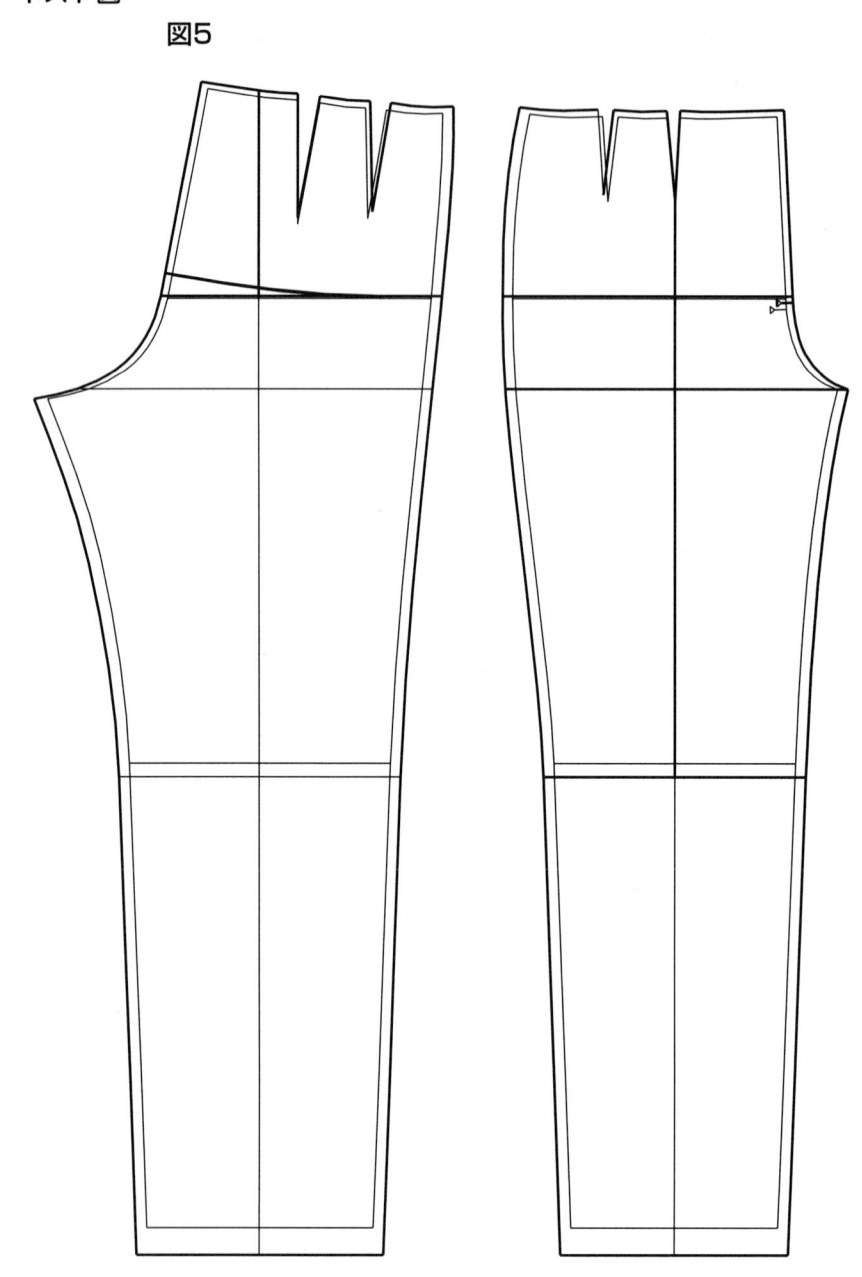

第3章

アイテムのグレーディング

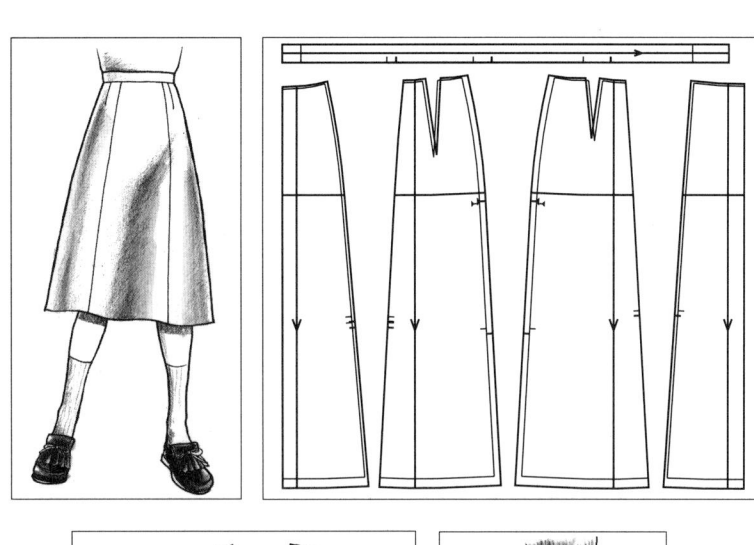

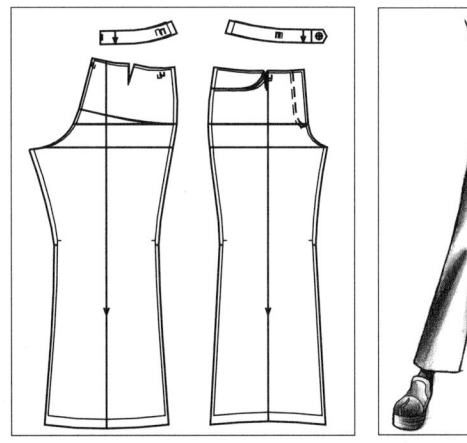

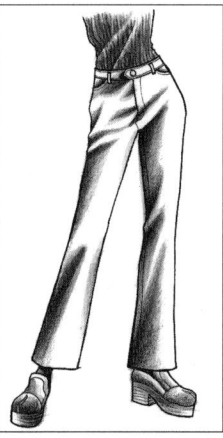

1 スカートのグレーディング
(1) ヨーク切替えのヒップボーンスカート

　ウエストヨークの丈のグレーディングは、切替え線がウエストラインからヒップラインまでのどの位置にあるかで決める。ヒップラインに近い位置に切替え線がある場合は丈のグレーディングをするが、ここでは中間位置にあるのでグレーディングは行なわない。

1）切開線方式
切開線を入れる（62、63ページ図1〜3）

- ⓐ・ⓓ・ⓔ・ⓗ：身頃と同位置で、前・後中心線と脇線に平行。
- ⓑ・ⓒ・ⓕ・ⓖ：ⓐ〜ⓓ、ⓔ〜ⓗのヒップラインと裾の3等分位置を通り、ヒップラインからウエストラインまでは、図1、2のようにヨークをスカートに合わせ、自然なカーブで入れる。後ろスカートも同様に行なう。
- ㋓：ヨーク幅を変化させないため、ヒップラインから切替え線の中央に入れる。
- ㋔：ヒップラインと裾の中央に入れる。

※前中心プリーツの幅はグレーディングしない。

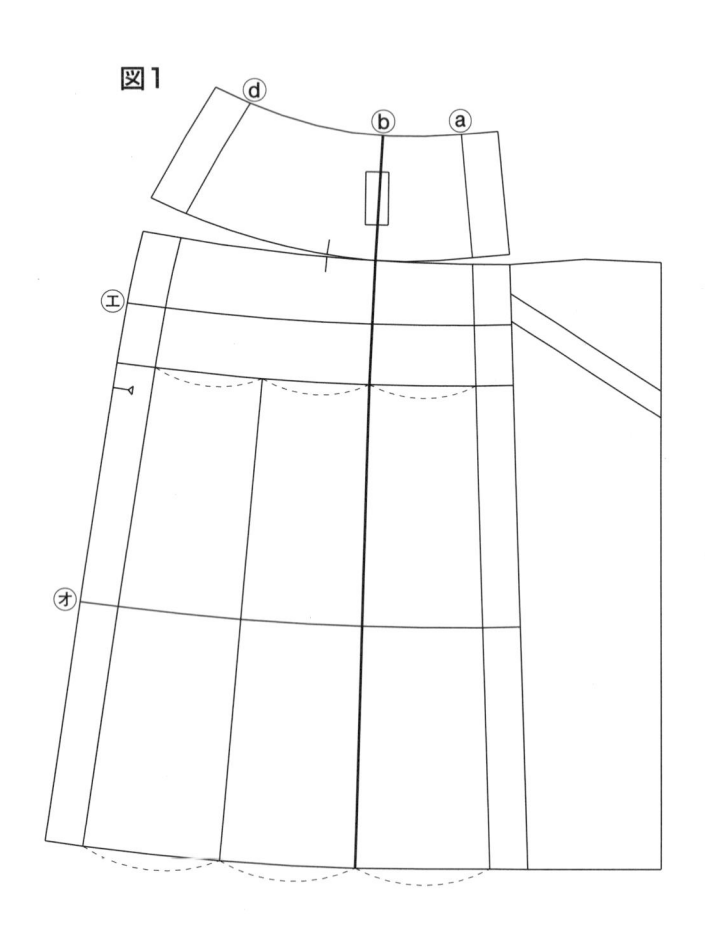

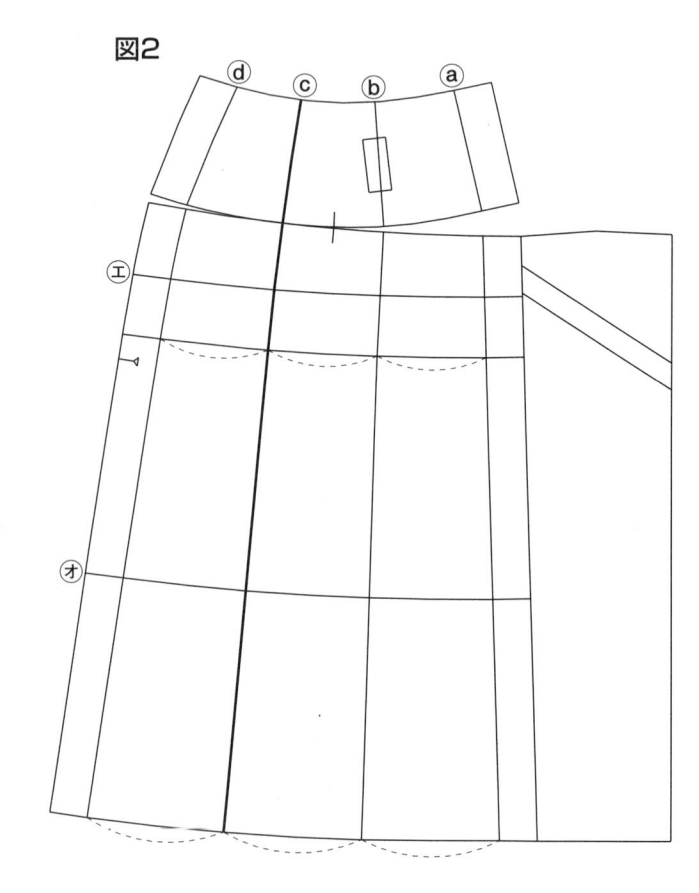

グレーディングピッチ
ウエスト（1周）＝3.0cm
ヒップ（1周）＝3.0cm
腰丈＝0.2cm
スカート丈＝1.0cm

図1

図2

図3

第3章　アイテムのグレーディング

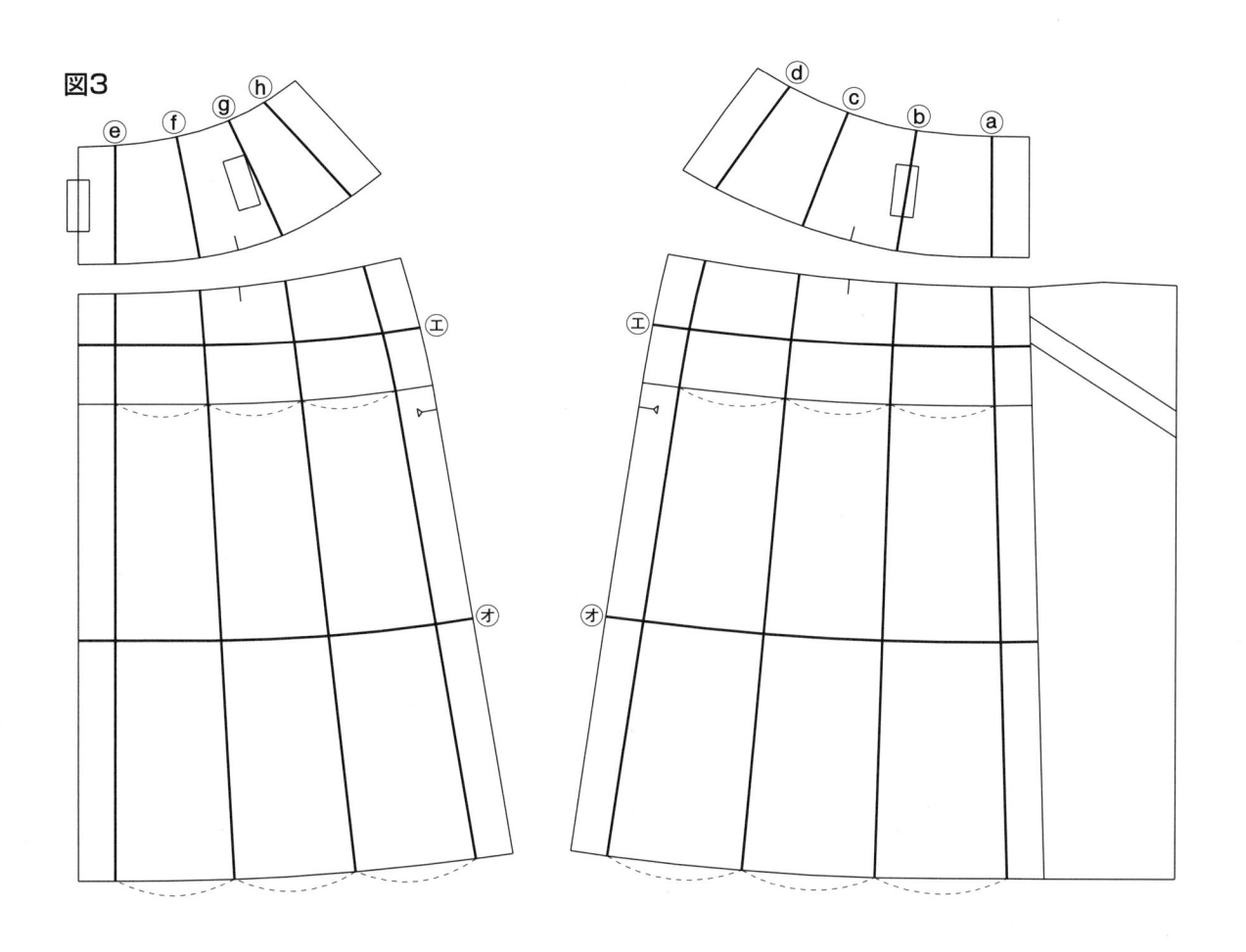

切開線で切り開く

図4の矢印のように各切開線に対し直角方向に切り開く。ファスナーの長さは変えないので、あき止り位置は上へ移動し、マスターパターンと同寸法にする。プリーツ幅は変えず裾だけ矢印方向にグレーディングする。

※ヒップラインと裾線の3等分位置を結んだ線が、ヒップラインに対してほぼ直角に入るため、図4の矢印のようにグレーディング方向を決めたが、必ずしも直角に入るとは限らない。基本的にはヒップラインに対し直角を基準にする。また、放射状に広がっているパターンを、切開線で切り開く場合は、ウエスト寸法を正確にグレーディングするため、ウエストから裾に向かって順次切開きを行なう。

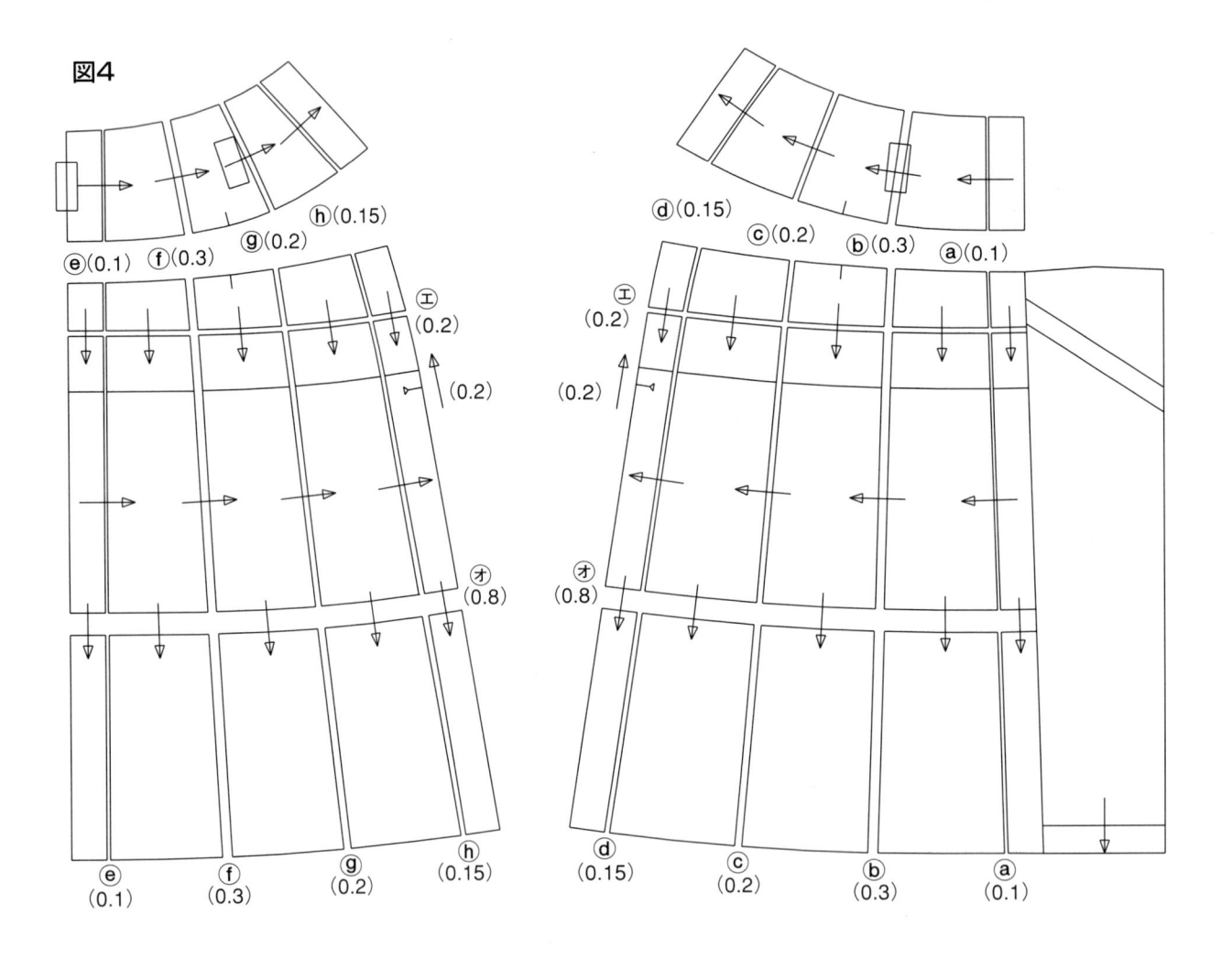

図4

2）ピッチ方式

スカート部分の原点は前・後中心線とヒップラインの交差した位置に決め、原点を基準に斜め方向にグレーディングする。

グレーディング方向とピッチの決め方

ヨーク切替え線の中央部分は、ヒップラインと裾線の$\frac{1}{4}$を結び、その線に対して直角方向に決める（案内線A）。脇の部分はヒップラインと裾線の$\frac{1}{2}$を結び、その線に対して直角方向に決める（案内線B）。縦方向は線A・Bから直角方向に決める。脇線は平行にグレーディングする。

ヨーク部分も同様に考える。原点は前中心とヨーク切替え線の交点にしているが、ウエストラインとの交点でもよい。丈のグレーディングは行なわない。

ベルトループつけ位置は切開線ⓑ位置にあるので切開線ⓑ(0.3cm)の$\frac{1}{2}$＋切開線ⓐ(0.1cm)＝0.25cmグレーディングする。

後ろスカートと後ろヨークも同様に行なう。ベルトループは切開線ⓕより脇側にあるので0.4cmグレーディングする。

図5

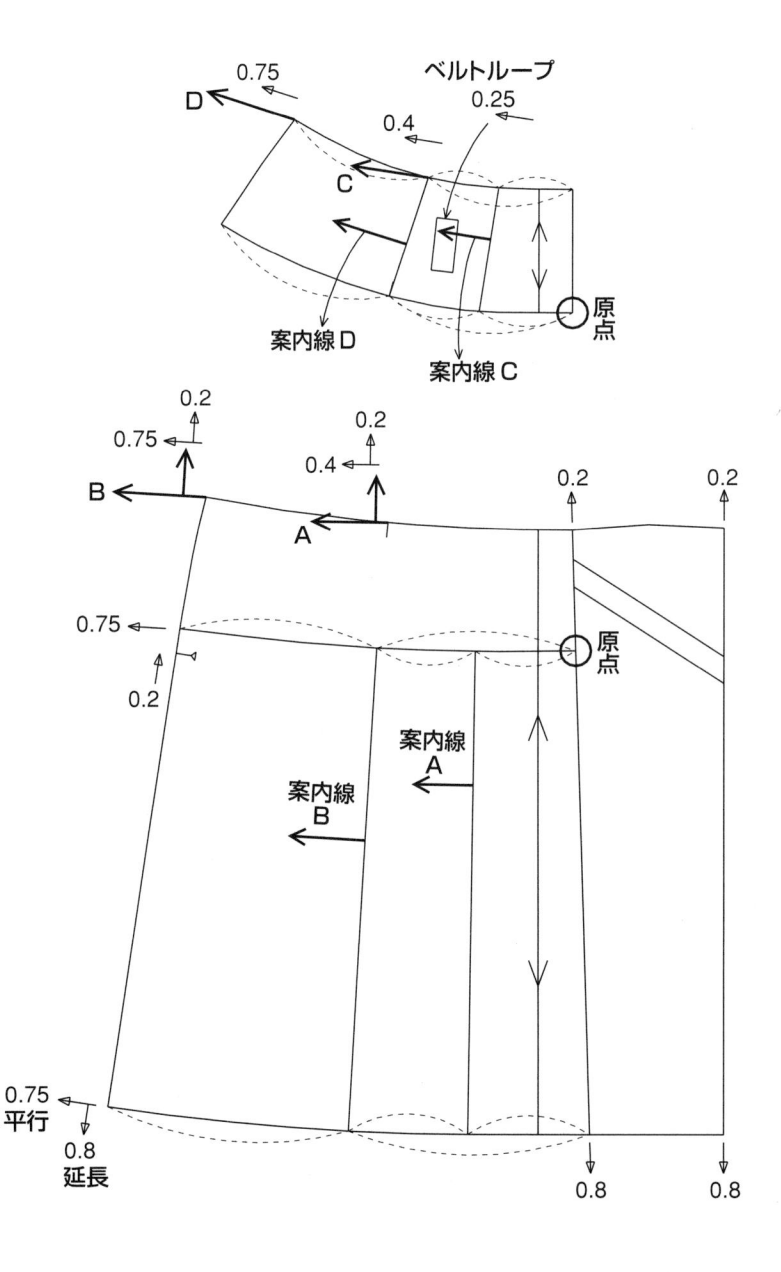

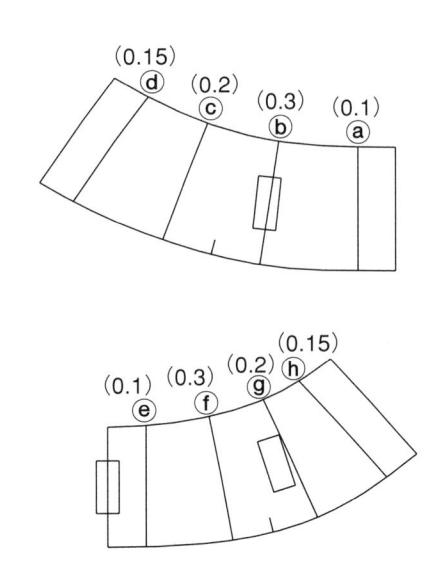

ネスト図

地の目線は11号の出来上り線まで延長する。

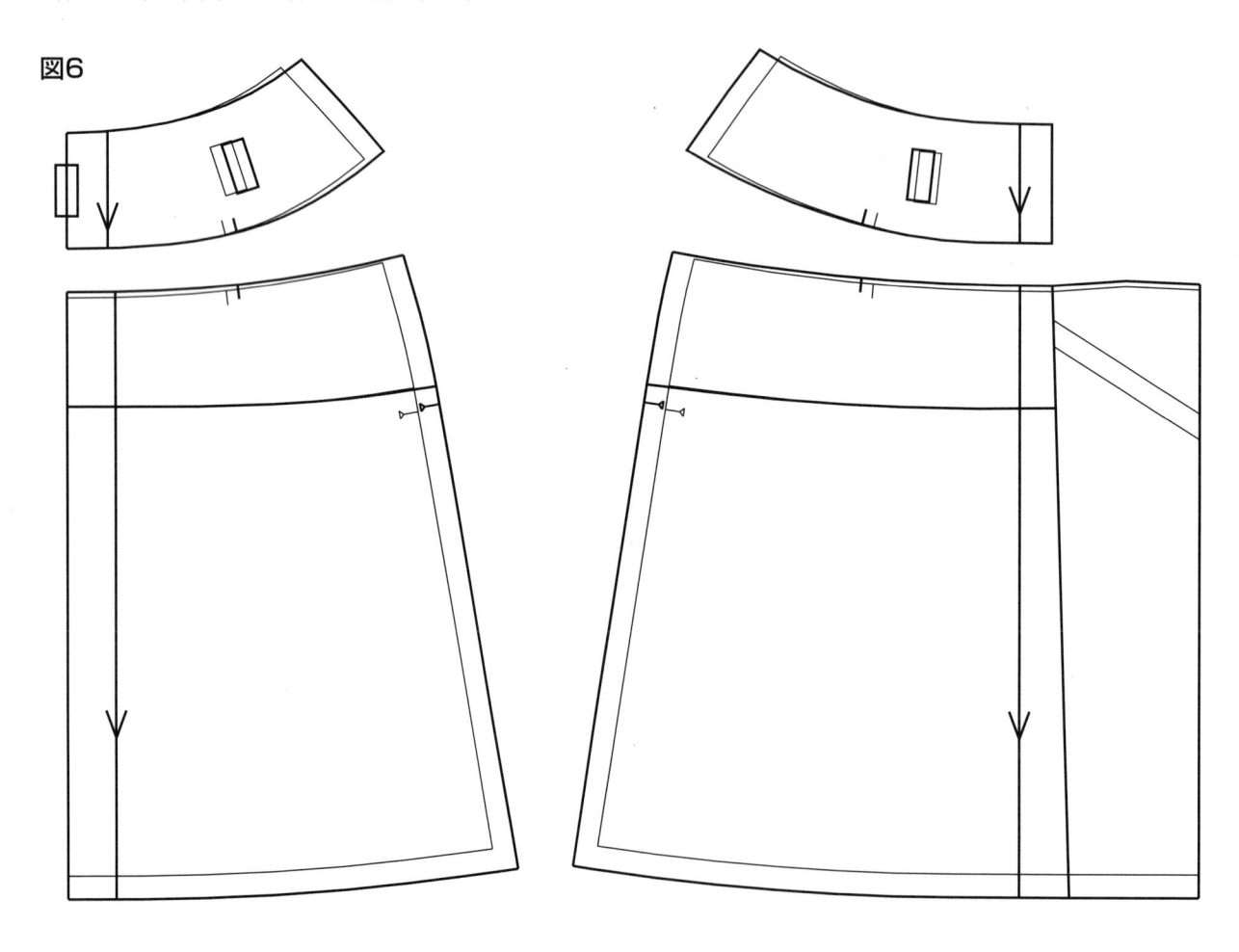

図6

(2) ゴアードスカート

ゴアードスカートは切替え線の位置により、幅のグレーディングピッチが変化する。

前・後脇スカートはヒップラインと裾線の$\frac{1}{2}$を結んだ線を基準線として水平・垂直方向にグレーディングする。このスカートのシルエットはAラインだが、前・後脇スカートを前・後スカートに合わせた状態にすると、前・後脇スカートはフレア方向にグレーディングされる。

グレーディングピッチ
ウエスト（1周）＝3.0cm
ヒップ（1周）＝3.0cm
腰丈＝0.2cm
スカート丈＝1.0cm

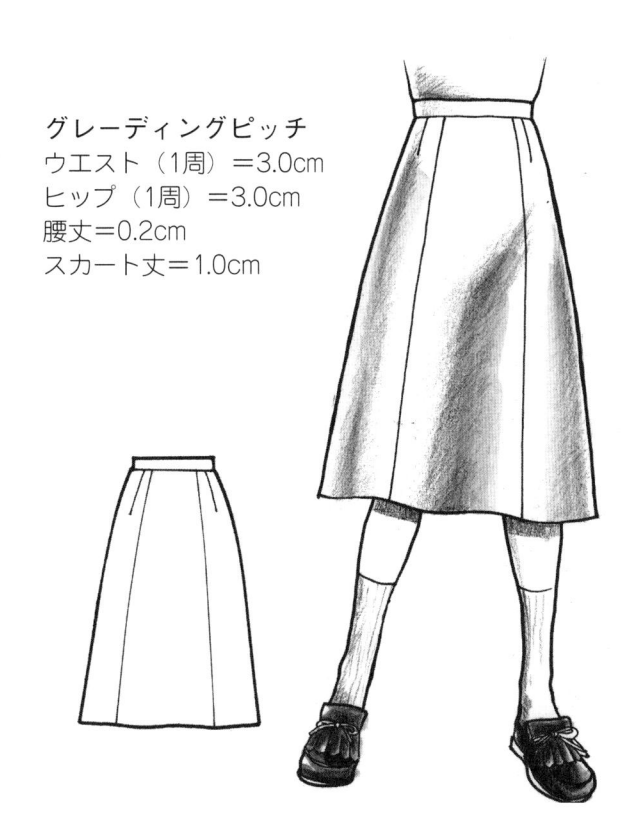

図1

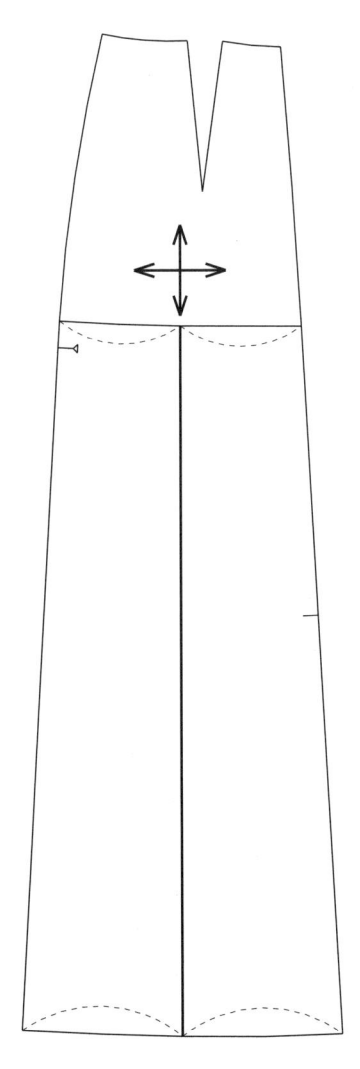

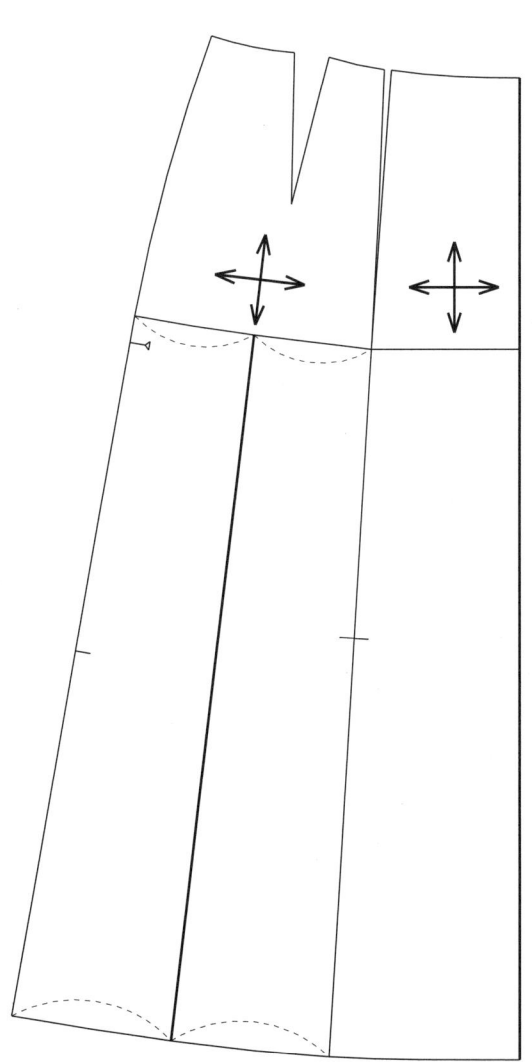

1）切開線方式
切開線を入れる

ⓐ・ⓓ・ⓔ・ⓗ：身頃と同位置で、前・後中心線と脇線に平行。

ⓑ・ⓕ：前・後中心スカートと前・後脇スカートでⓑとⓕの$\frac{1}{2}$ずつを幅でグレーディングする。

ⓒ・ⓖ：ダーツ止りから裾線まで。

㋓：ダーツの長さを変化させないため、ダーツ止りの下に入れる。

$\frac{㋔}{2}$：ヒップラインと合い印、合い印と裾の中央に入れる。ベルトは直線なので切開線で開く方法をとらない。

図2

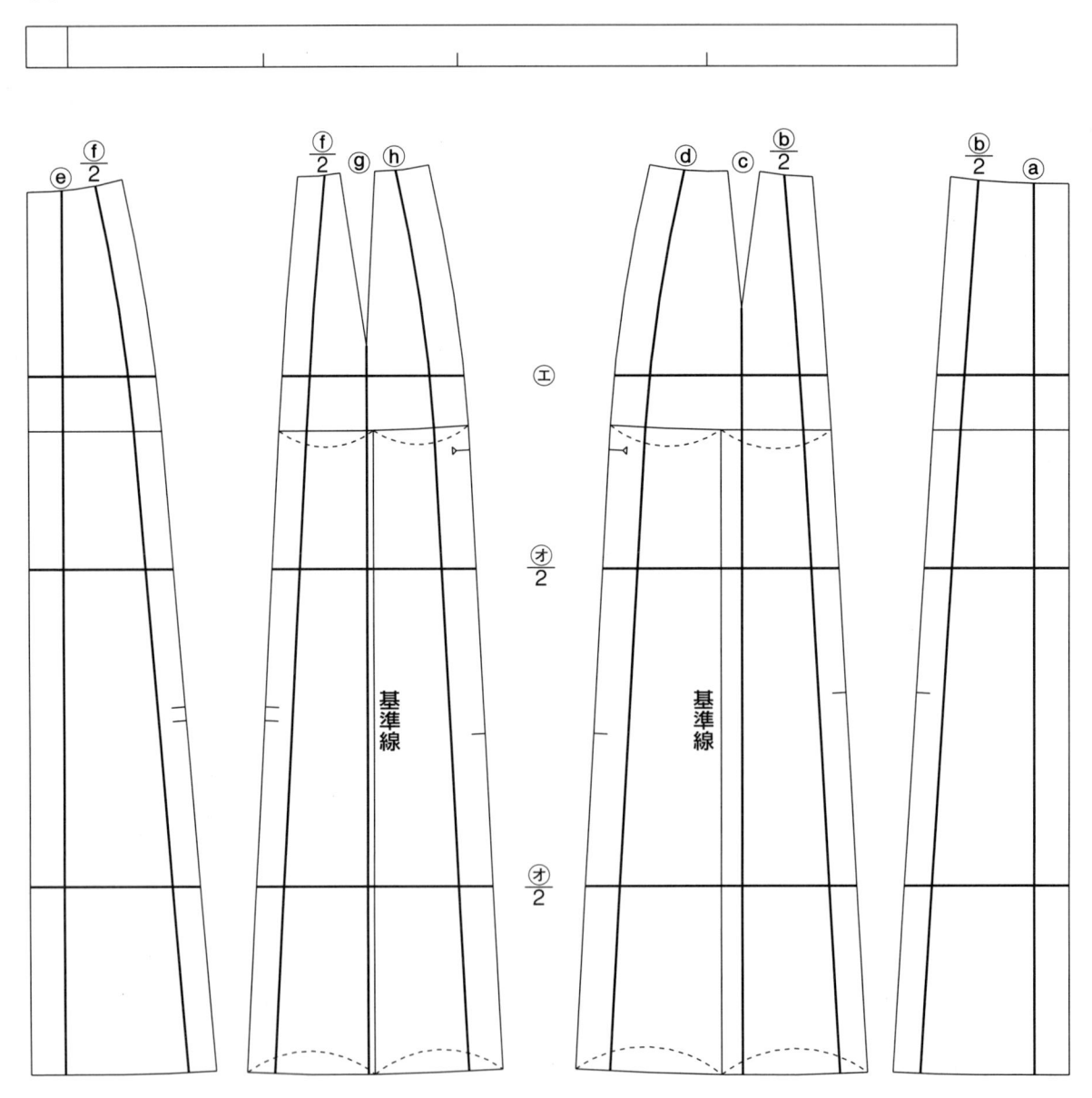

切開線で切り開く

水平・垂直方向に切り開く。ファスナーの長さは変えないので、あき止り位置は上へ移動しマスターパターンと同寸法にする。ダーツは分量と長さを変化させないため ⓒ・⑨ で開いた $\frac{1}{2}$ にダーツ止りを決め、ダーツ分量も ⓒ・⑨ の $\frac{1}{2}$ ずつ少なくする。

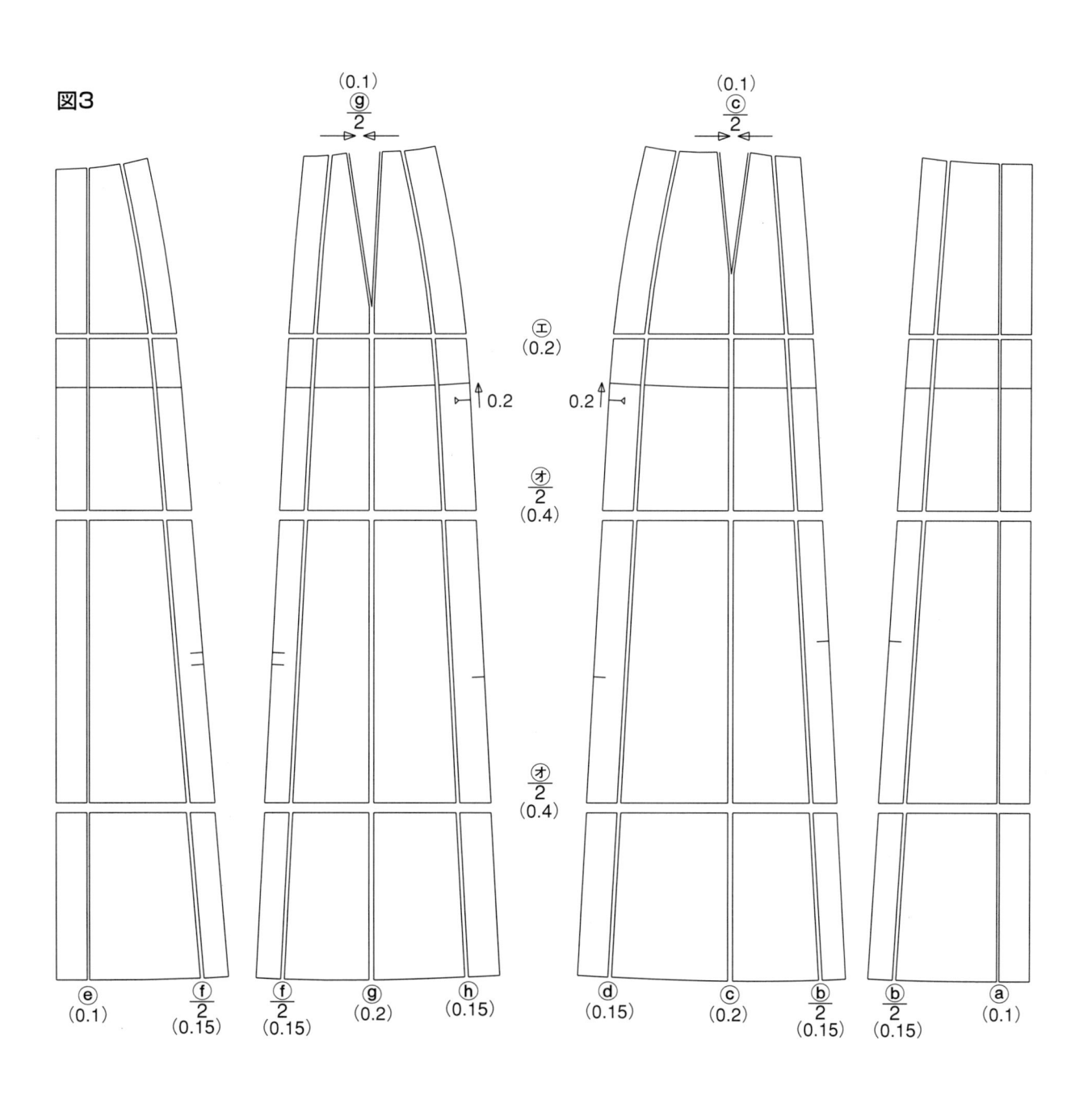

図3

2) ピッチ方式

前・後中心スカートの原点は前・後中心線とヒップラインの交差した位置に決め、原点を基準に上下・左右方向にグレーディングする。前・後脇スカートの原点はヒップラインと中心側切替え線の交差した位置に決め、基準線に対して上下・左右方向にグレーディングする。

※ベルト幅と持出し寸法はグレーディングしない。

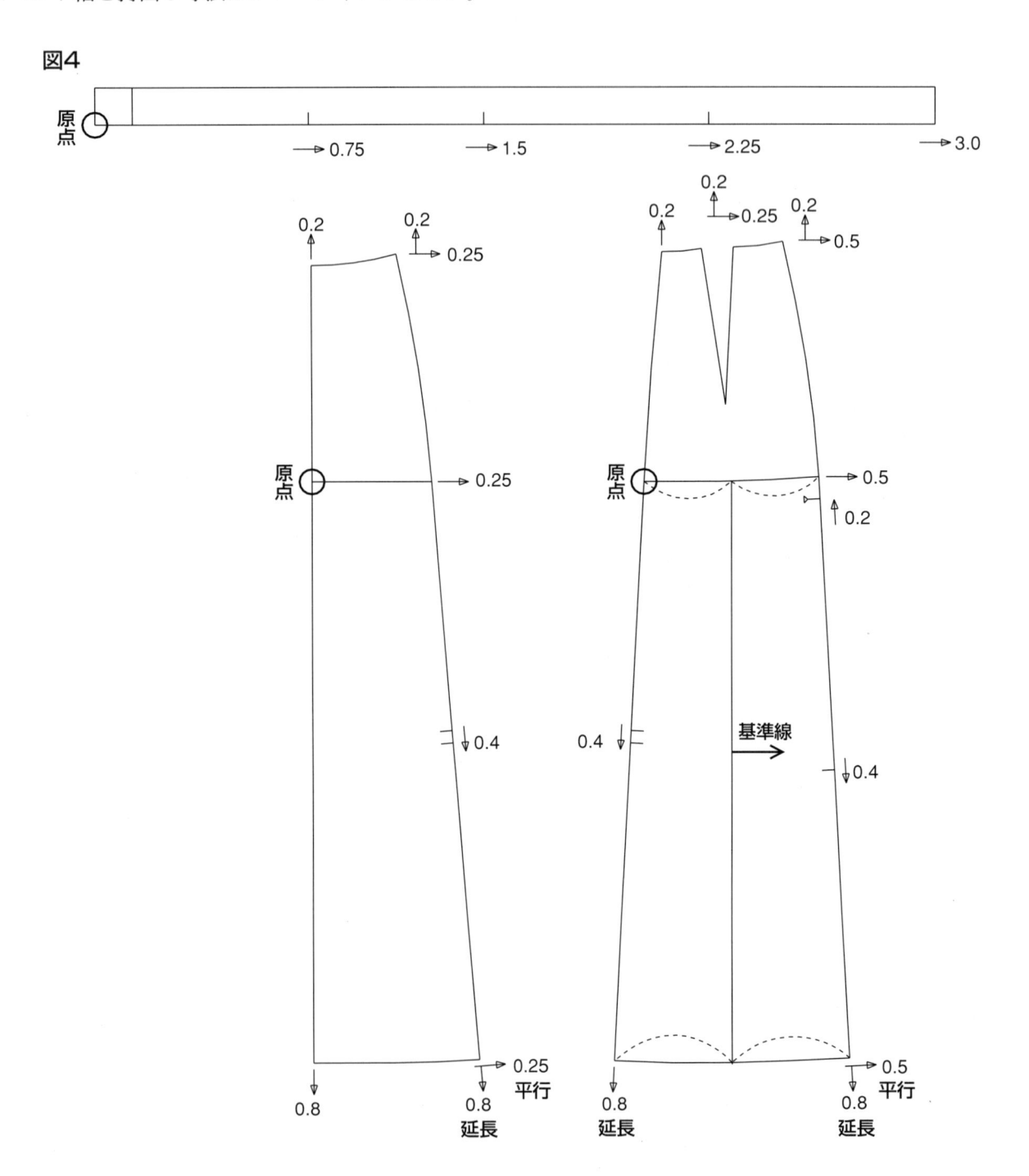

図4

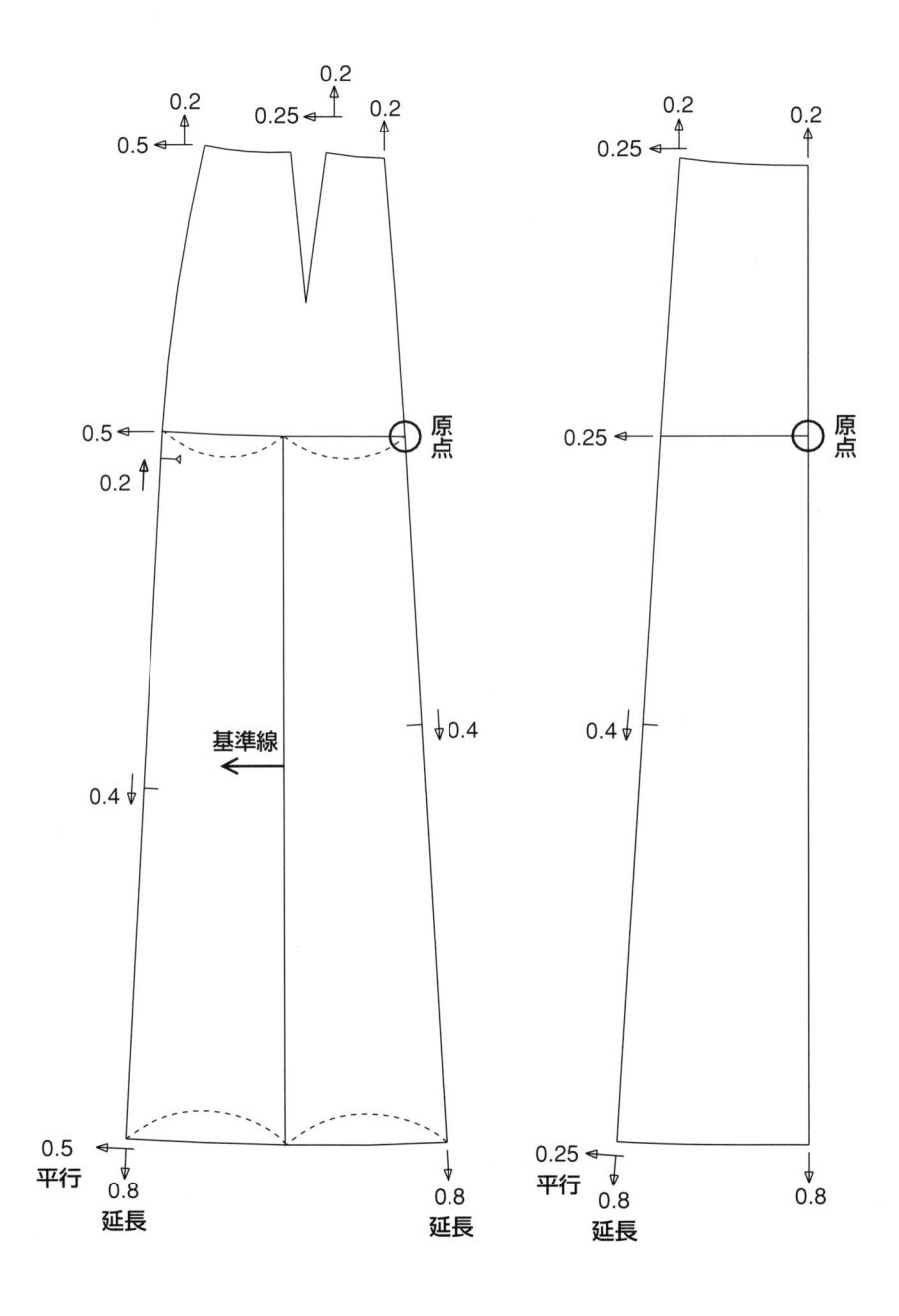

第3章　アイテムのグレーディング

ネスト図
地の目線は11号の出来上り線まで延長する。

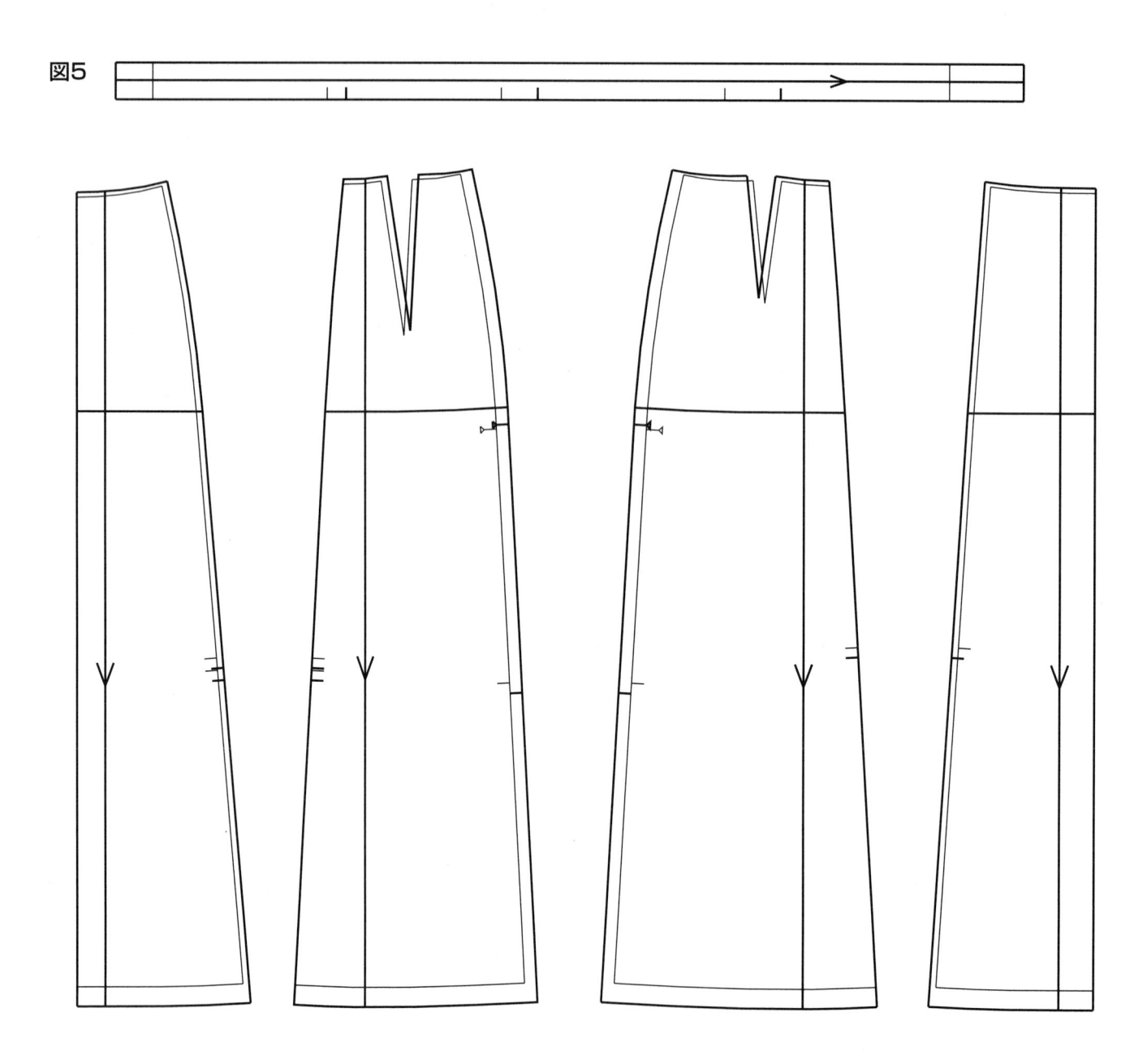

図5

前スカートと前脇スカートを一緒に動かしてグレーディングする方法

脇スカートを単独でグレーディングする方法と、前スカートと前脇スカートを一緒に動かし、グレーディングする方法がある。原点は前スカートにして、前脇スカートの切替え線は前スカートの切替え線と一緒にグレーディングする（後ろスカートも同様に行なう）。

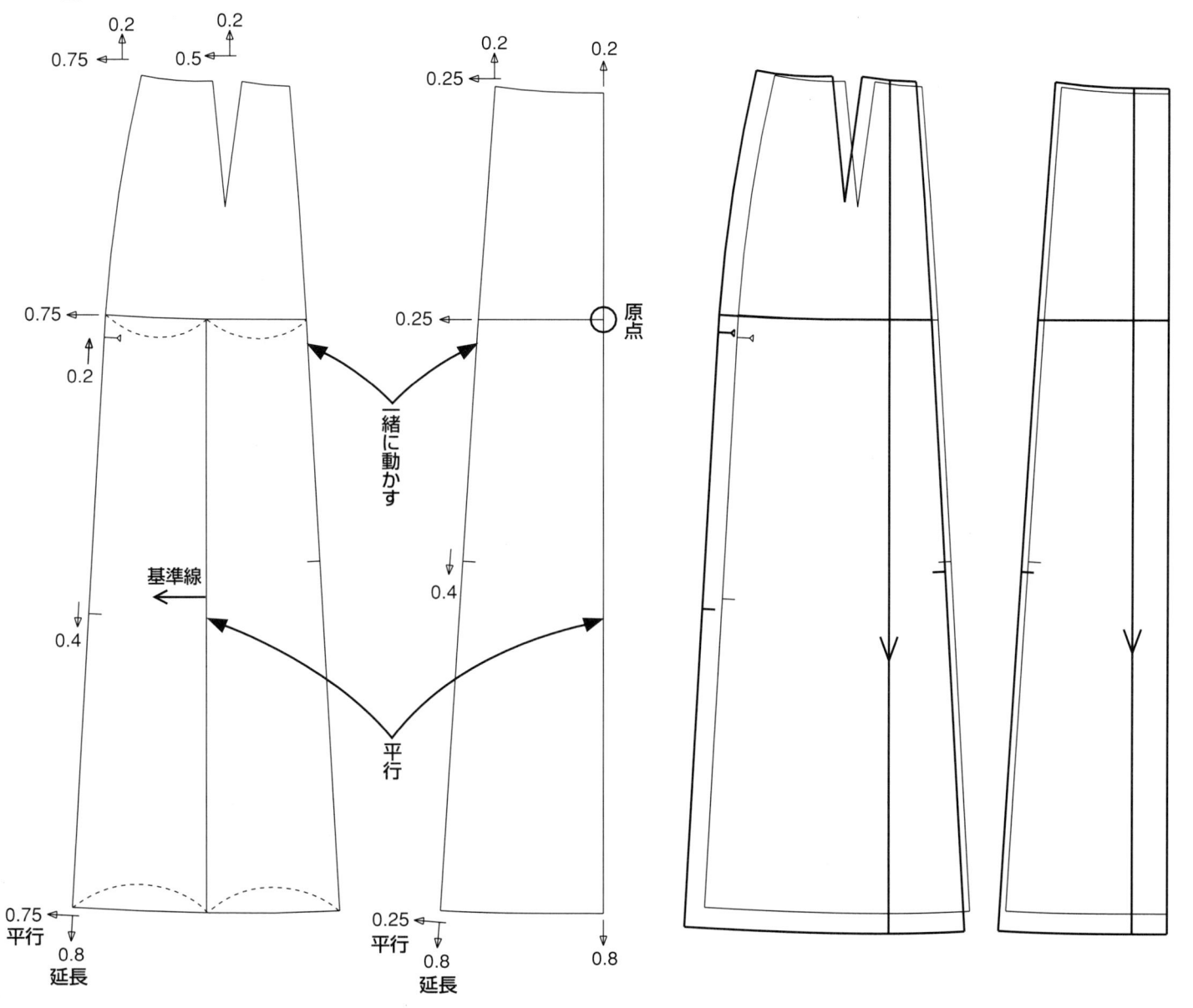

図6

（3）ギャザースカート

ギャザースカートはウエスト寸法から見たギャザー分量の倍率を一定に保つため、幅のグレーディングピッチはギャザー分量の倍率により変化する。マスターパターンのウエストベルト寸法の3倍がスカートのウエスト寸法になっているので、ウエストのグレーディングピッチが3cmであれば3倍（9cm）ピッチになり、$\frac{1}{4}$スカートで2.25cmのピッチになる。今回のギャザースカートは、ヒップラインが水平に近いので水平・垂直方向にグレーディングする。

グレーディングピッチ
ウエスト（1周）=3.0cm
ヒップ（1周）=3.0cm
腰丈=0.2cm
スカート丈=1.0cm

1）切開線方式

切開線を入れる

　ⓠ・ⓡ：ウエストラインの$\frac{1}{2}$から裾まで垂直線を
　　　　引く。
　ⓔ：ウエストラインとヒップラインの中央に入れる。
　ⓞ：ヒップラインと裾の中央に入れる。

※ベルトは直線なので切開線で開く方法をとらない。

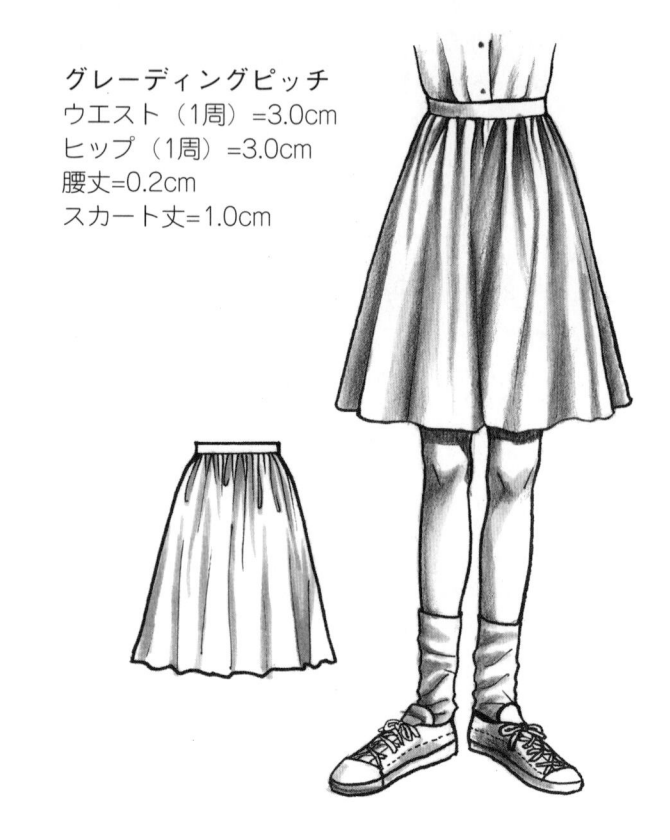

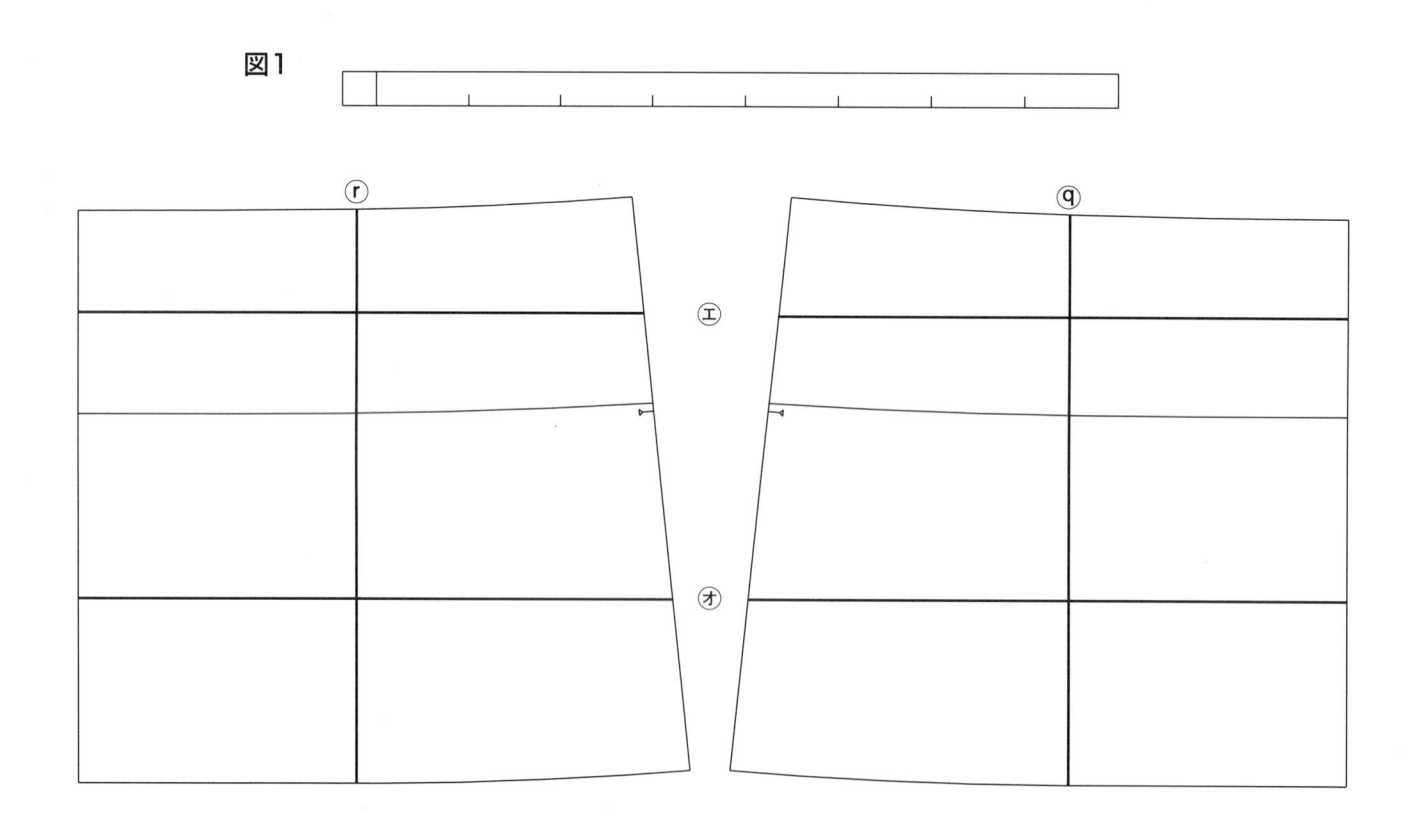

図1

切開線で切り開く

水平・直角方向に切り開く。ⓠ・ⓡで開く分量は3cmピッチで開く0.75cmの3倍の寸法（2.25cm）で開く。ファスナーの長さは変えないので、あき止り位置は上へ移動しマスターパターンと同寸法にする。

図2

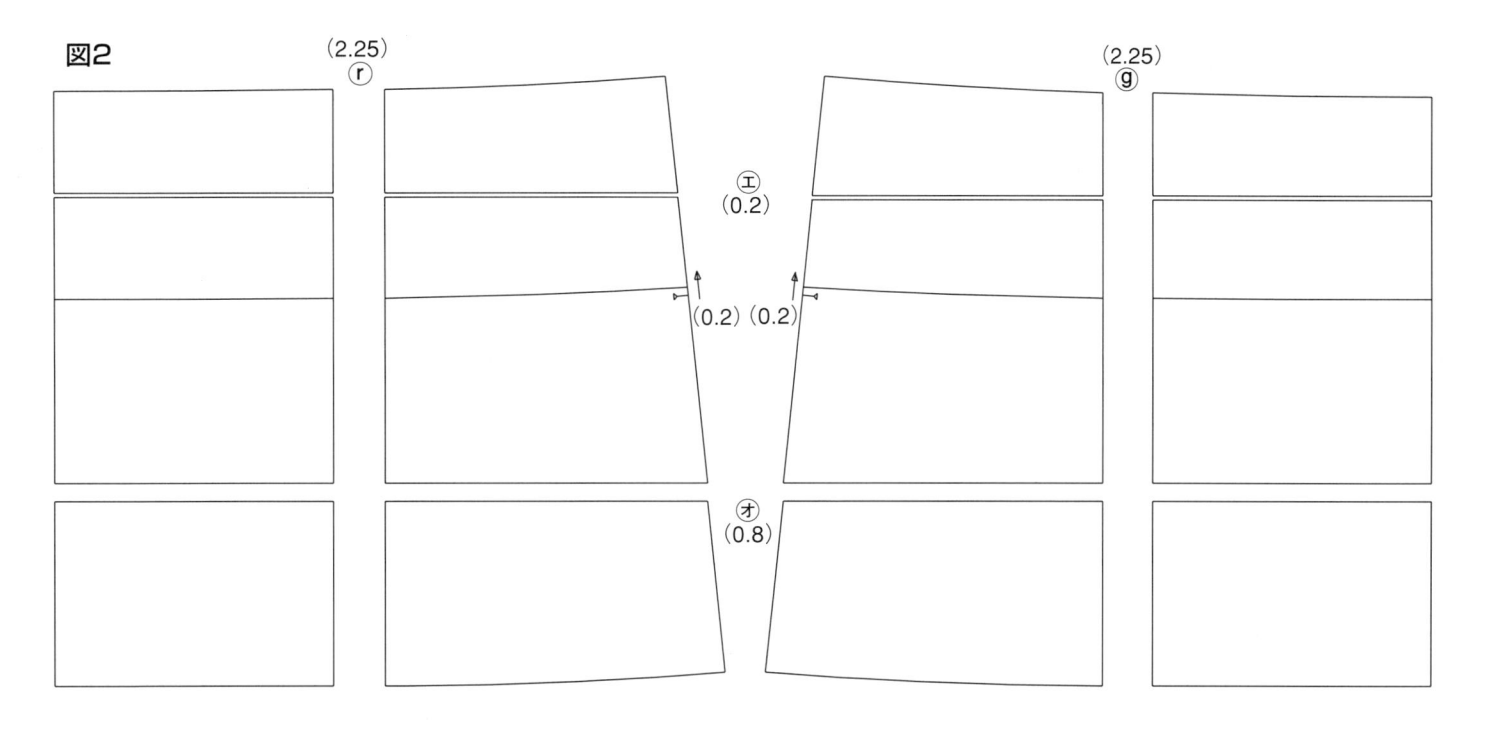

2）ピッチ方式

原点は前・後中心線とヒップラインの交差した位置に決め、上下・左右方向にグレーディングする。

※ベルト幅と持出し寸法はグレーディングしない。

図3

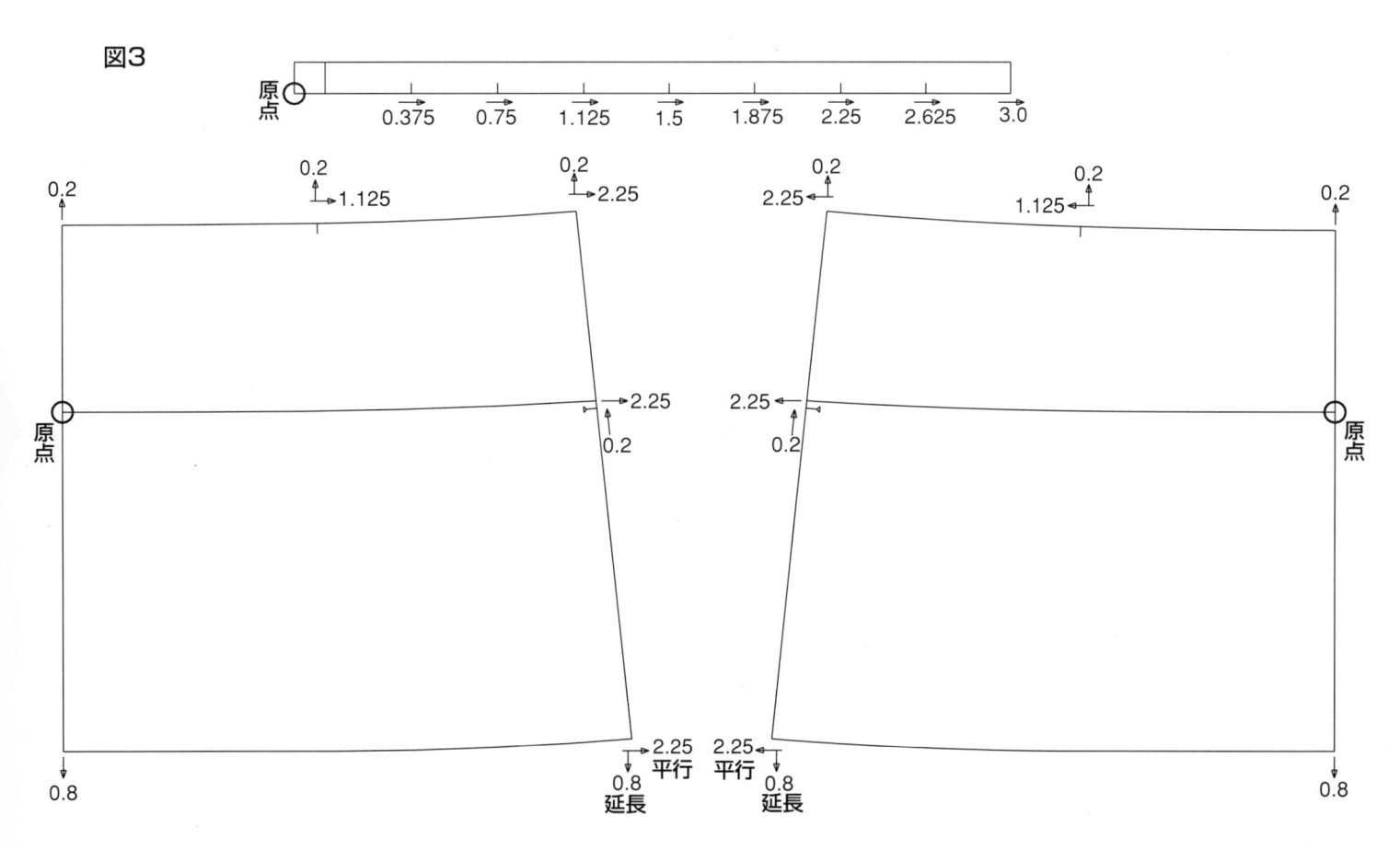

ネスト図

地の目線は11号の出来上り線まで延長する。

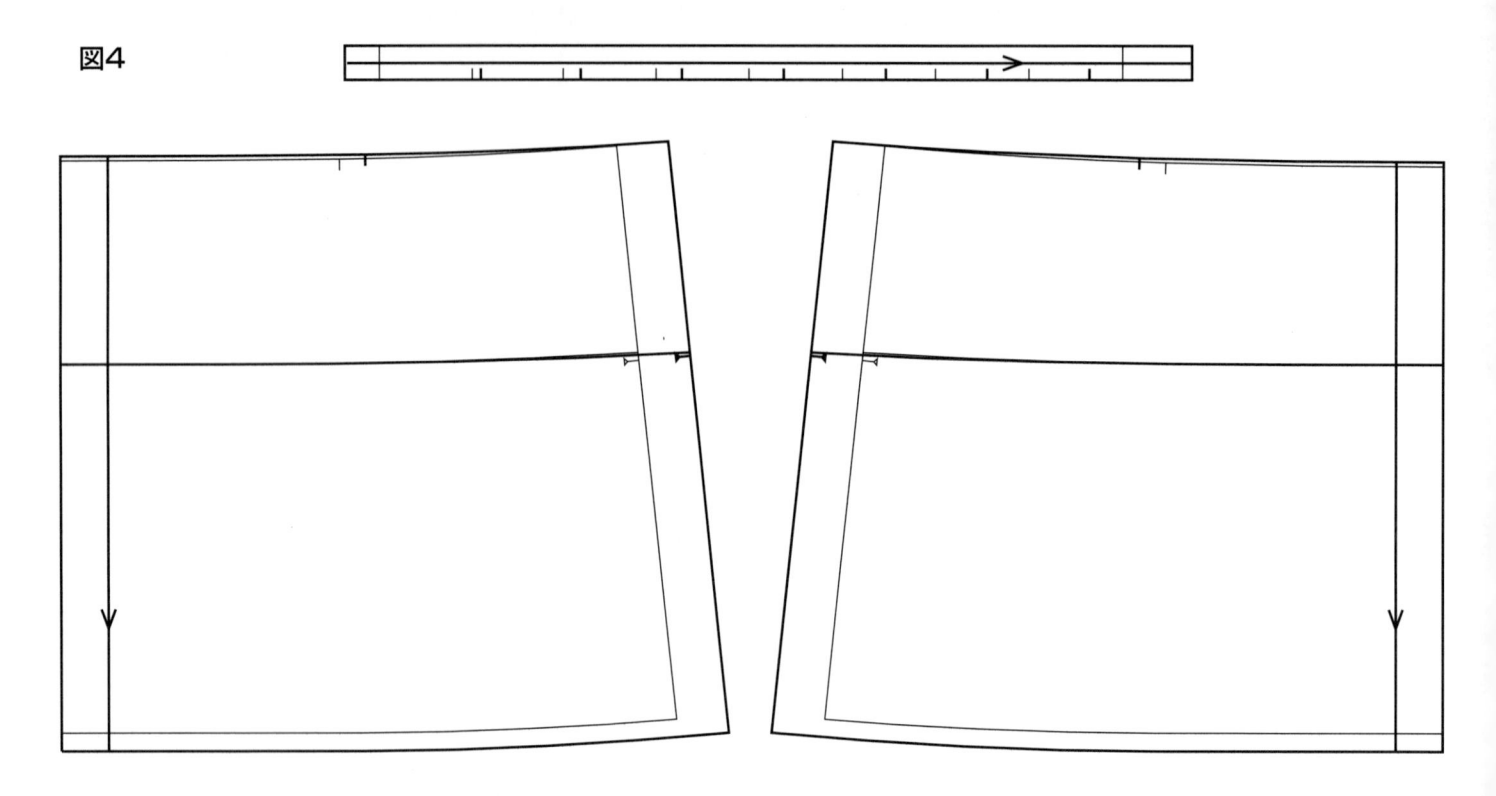

図4

今回のような四角いパターンのグレーディングを簡単に行なう方法として、脇線とヒップラインの交点を原点にして前・後中心線ウエストライン、裾線を平行にグレーディングし、ヒップラインは前・後中心線まで延長する。ファスナーの長さを変えないので、あき止り位置は上へ移動してマスターパターンと同寸法にする。

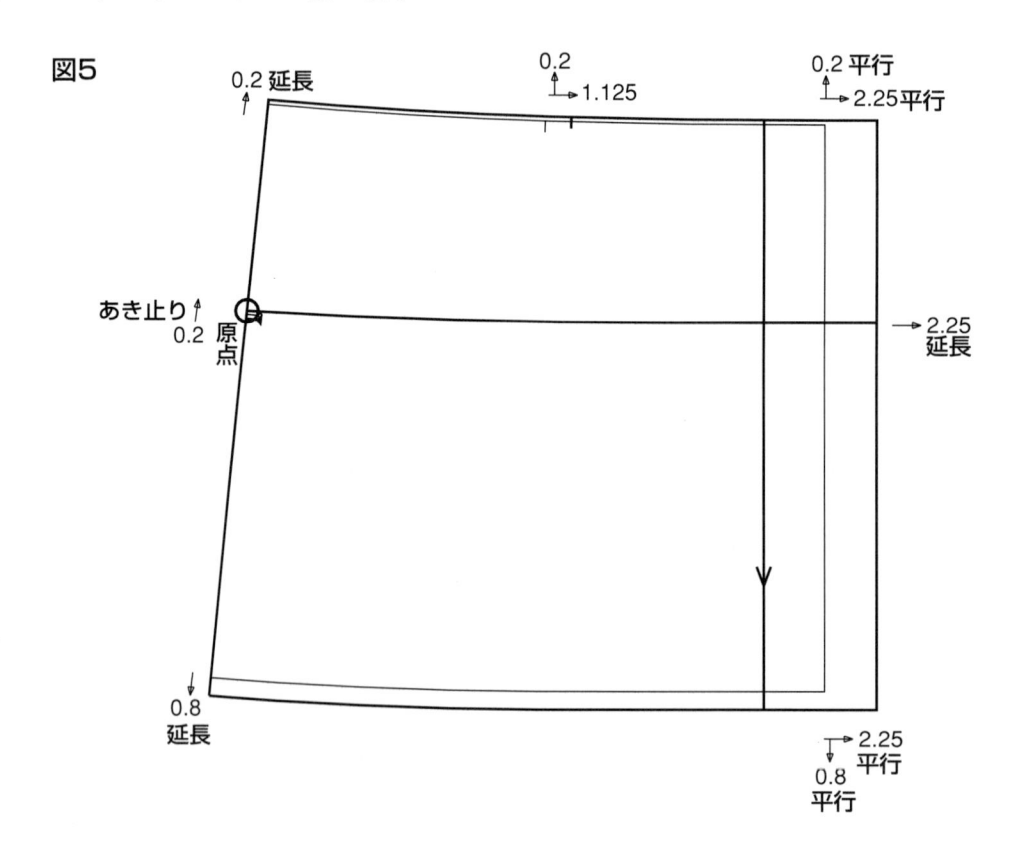

図5

(4) キュロットスカート

前・後中心線から脇までのグレーディングは、Aラインスカート（46ページ「第2章 3（2）Aラインスカート」参照）とシルエットが同じなので同様にグレーディングを行なう。内股部分はパンツと同様に考えるが裾広がりのシルエットをくずさぬように斜め方向にグレーディングする。

グレーディングピッチ
ウエスト（1周）=3.0cm
ヒップ（1周）=3.0cm
腰丈=0.2cm
股上丈=0.3cm
スカート丈=1.0cm

1）切開線方式

切開線を入れる

- ⓐ・ⓓ・ⓔ・ⓗ：身頃と同位置で、前後中心線と脇線に平行。
- ⓑ・ⓒ・ⓕ・ⓖ：ⓐ～ⓓ、ⓔ～ⓗのヒップラインと裾の3等分位置を通り、ウエストダーツの分量と長さを変化させないためダーツの両側に入れる。
- ㋓：ダーツの長さを変化させないため、ダーツ止りの下に入れる。
- ㋔：ヒップラインと股ぐりの底の中央に入れる。
- ㋙：㋔と裾の中央に入れる。
- ⓞ・ⓟ：前・後中心線から股ぐり厚みの$\frac{1}{2}$と裾の厚みの$\frac{1}{2}$に入れる。

※ベルトは直線なので切開線で開く方法をとらない。

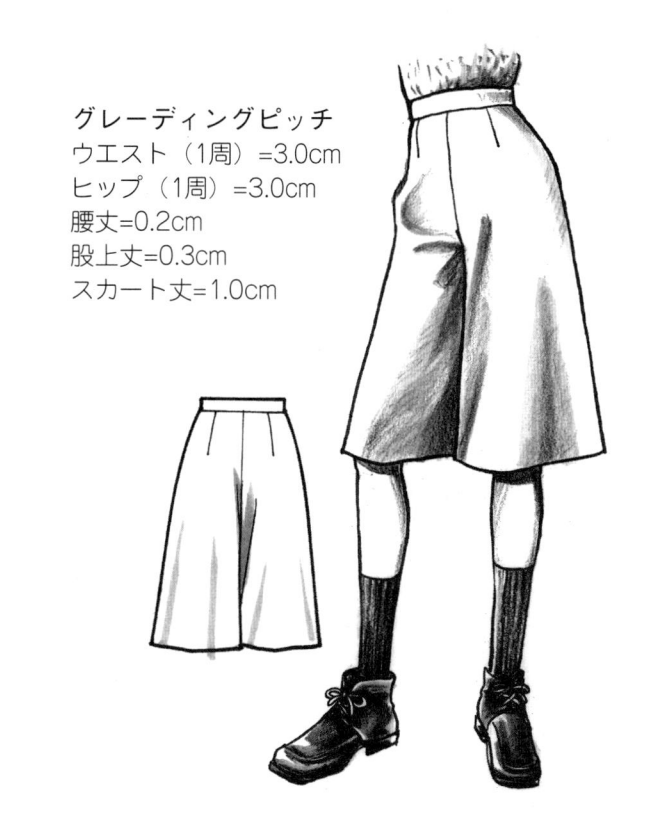

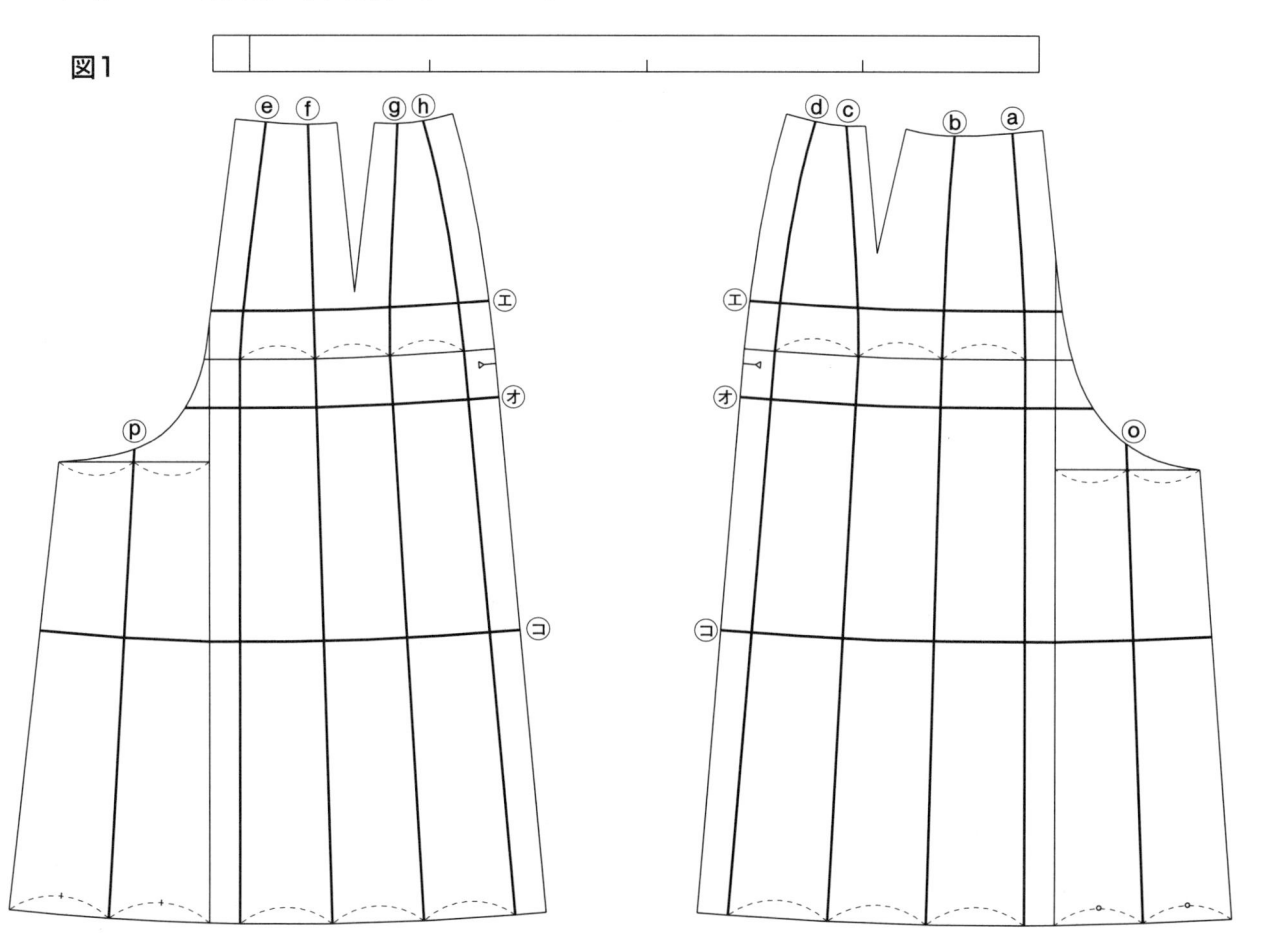

図1

切開線で切り開く

図の矢印のように各切開線に対し直角方向に切り開く。ファスナーの長さは変えないで、あき止り位置は上へ移動し、マスターパターンと同寸法にする。ⓞは0.3cmとし、後ろ股ぐりの厚み分量は前股ぐりの厚み分量より広いので、ⓟは0.4cmと設定する。

※ⓞ・ⓟの切開き分量は、キュロットスカートとしての厚み分量を考慮して設定する。

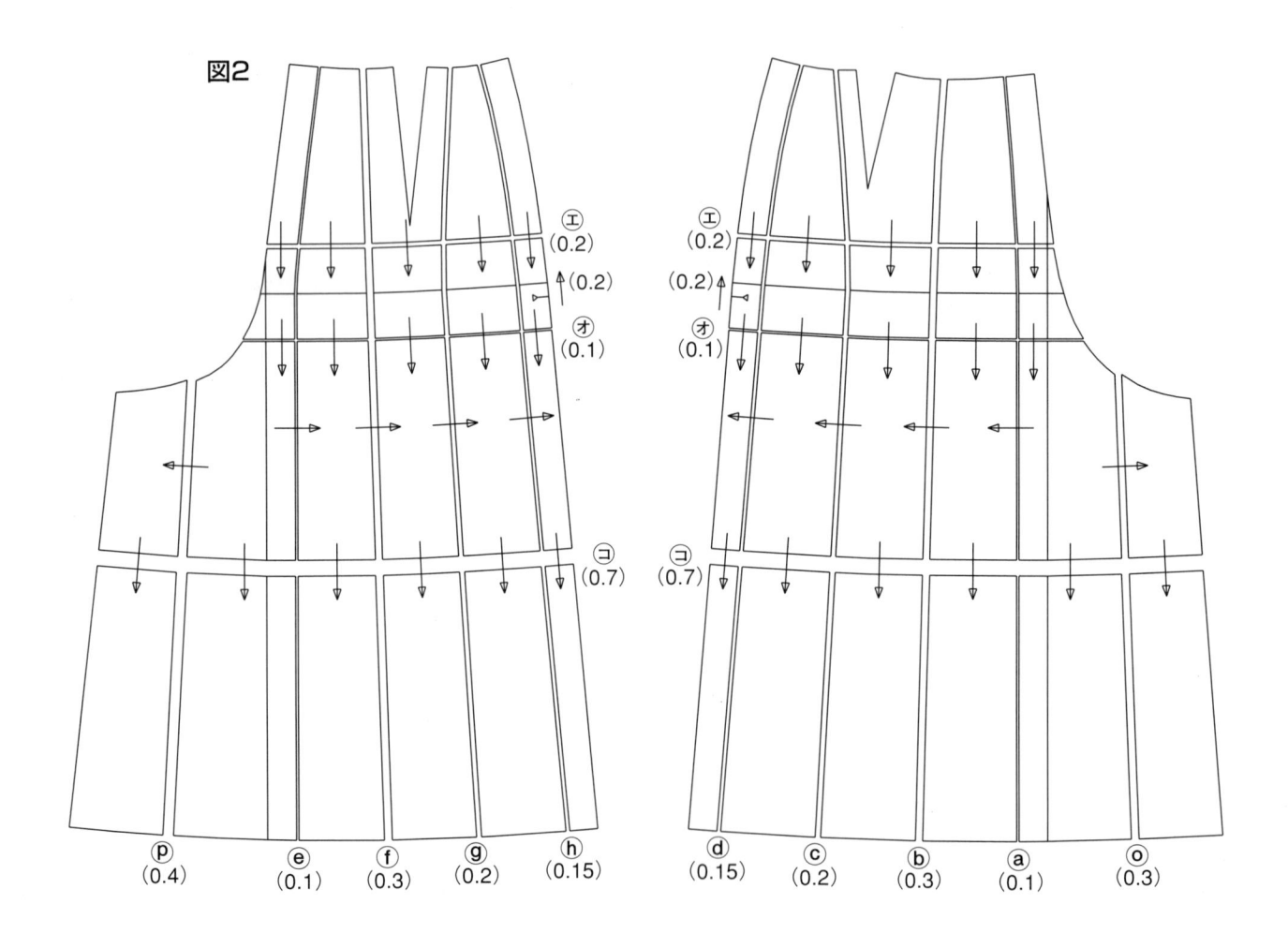

図2

2) ピッチ方式

原点を前・後中心線とウエストラインの角に決め、原点を基準に斜め方向にグレーディングする。

グレーディング方向の決め方

ダーツ位置はヒップラインと裾線の $\frac{1}{4}$ に引いた線に対して直角線（案内線A・D）を引き、その線の方向にグレーディングする。脇も同様に $\frac{1}{2}$ に引いた線に対して直角線（案内線B・E）を引き、その線の方向にグレーディングする。股ぐり厚みは $\frac{1}{2}$ の線を引き、その線に対して直角線（案内線C・F）を引き、その方向にグレーディングする。

※ベルト幅と持出し寸法はグレーディングしない。

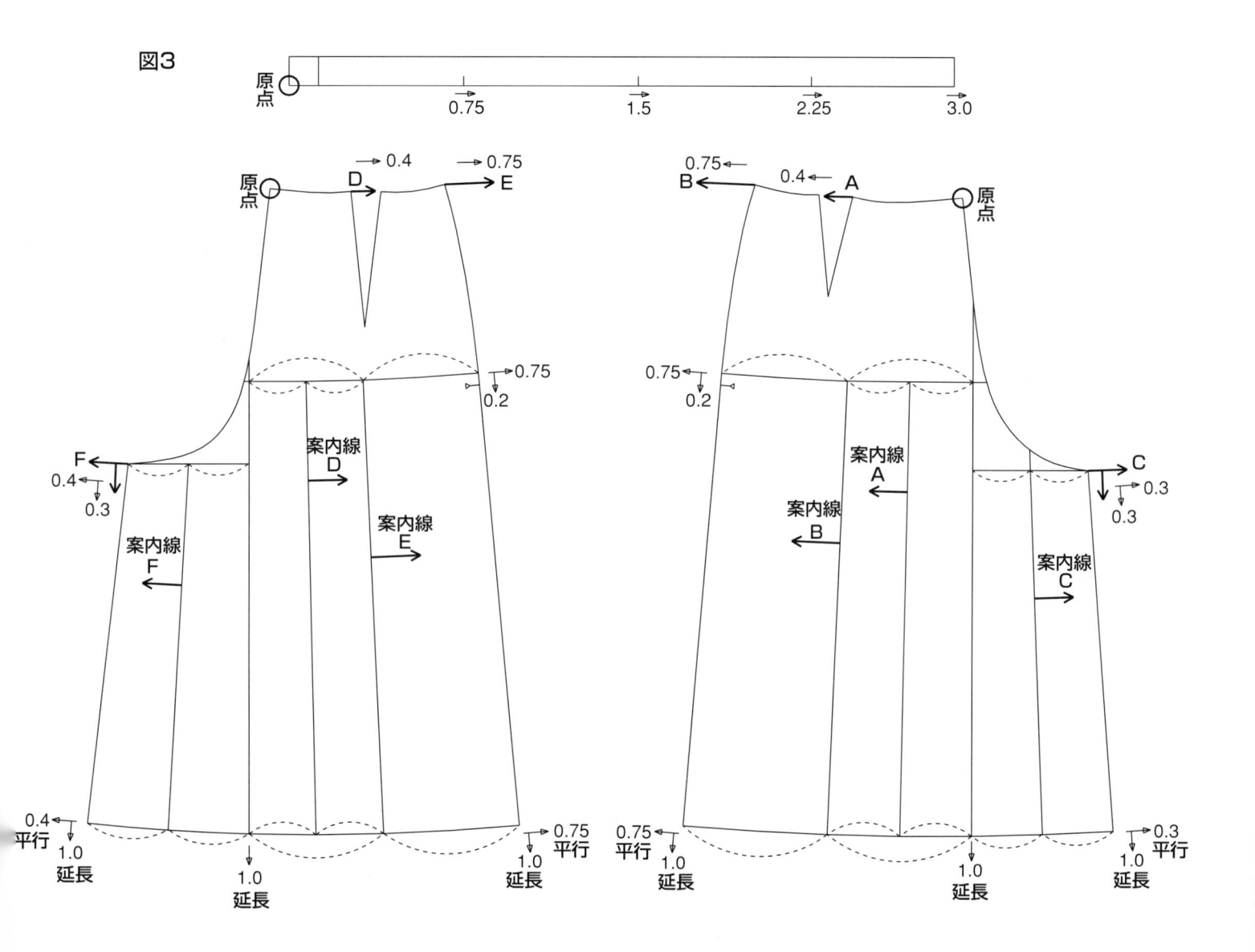

図3

ネスト図
地の目線は11号の出来上り線まで延長する。

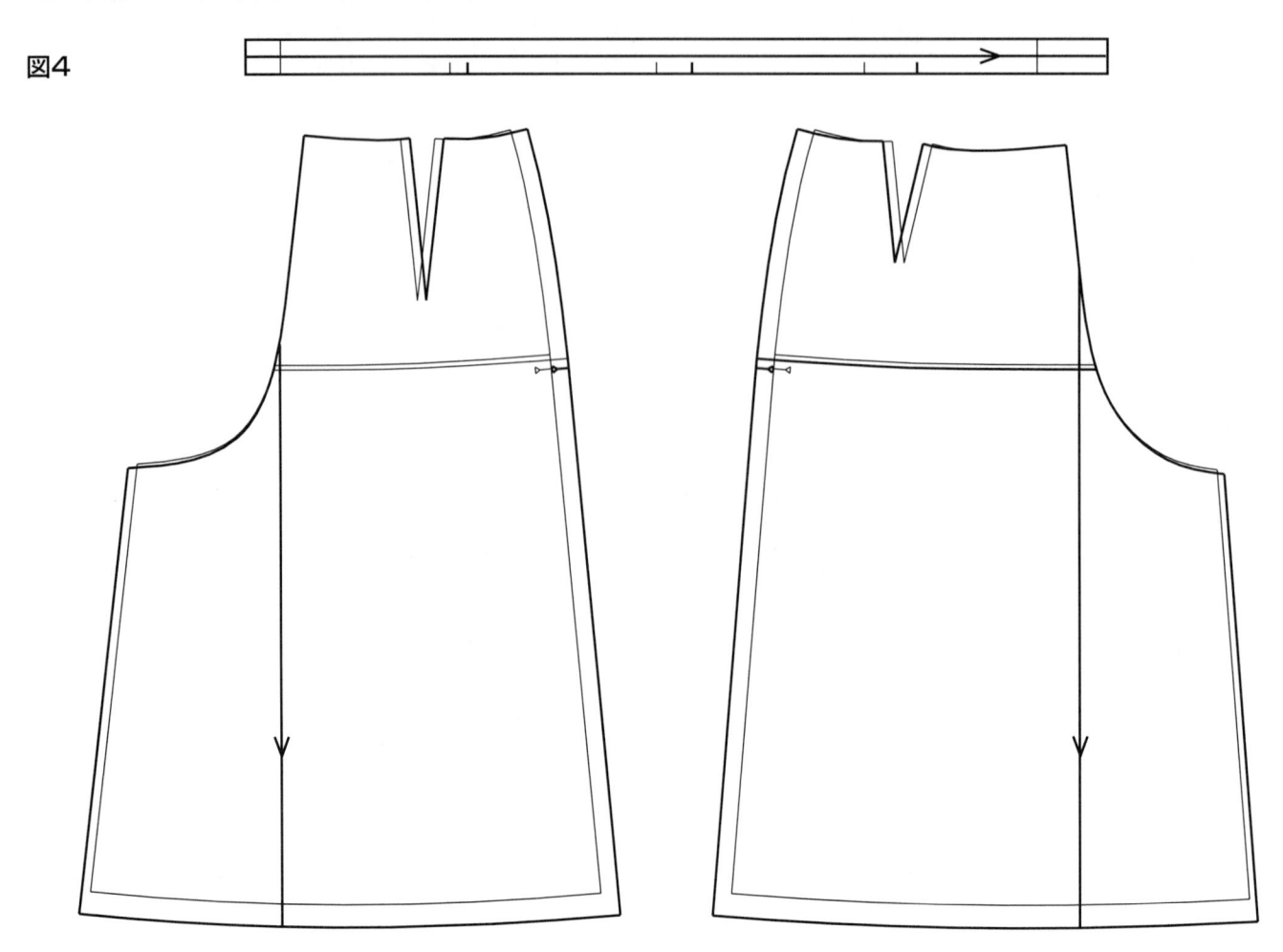

図4

2 パンツのグレーディング
（1）ストレートパンツ（脇斜めポケット）

基本的にはウエストダーツの分量と長さは変化させない。

脇斜めポケット位置はポケット口がウエストの脇からどれくらい離れているかで、ポケット口から脇までの間をグレーディングするかしないかを決める。今回は脇から3cmなのでグレーディングはしないが、グレーディングするときはポケット口の傾斜を変化させずに行なう。

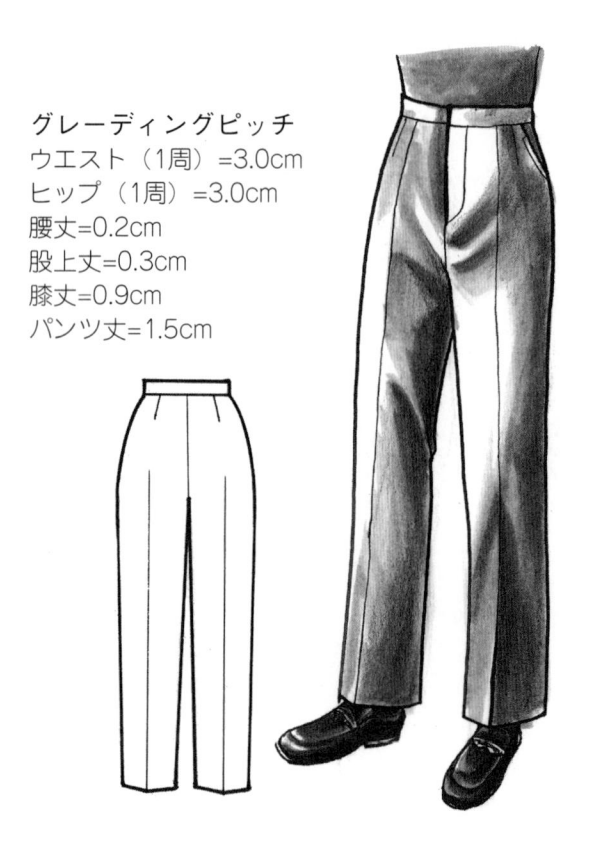

グレーディングピッチ
ウエスト（1周）=3.0cm
ヒップ（1周）=3.0cm
腰丈=0.2cm
股上丈=0.3cm
膝丈=0.9cm
パンツ丈=1.5cm

1）切開線方式

56ページ「第2章 4 基本的なパンツのグレーディング」と同様に考えるが、ポケット位置、ダーツ位置により切開線の位置とグレーディングピッチは変化する。

切開線を入れる

- ⓐ・ⓓ・ⓔ・ⓗ：身頃と同位置あたりに入れるが、ポケット位置には入れない。
- ⓑ・ⓒ・ⓕ・ⓖ：前はダーツ位置が脇寄りにあるため、前地の目線とダーツの間に切開線を入れ、前中心からダーツまでのグレーディンピッチを基本型より多めにする。後ろはダーツ位置とダーツから脇までに入れる。必ずしも身頃と同位置にはならない。
- ⓞ：前股ぐりから裾まで。
- ⓟ：後ろ股ぐりから裾まで。
- ㋑：ダーツの長さを変化させないため、ダーツ止りの下に入れる。また、前パンツはポケット口線を変化させないためにポケット口線の下に入れる。
- ㋔：ヒップラインと股上線の中央に入れる。
- ㋙：股上線と膝合い印の中央に入れる。
- ㋚：膝合い印と裾線の中央に入れる。

※ベルトは直線なので、切開線で開く方法をとらない。

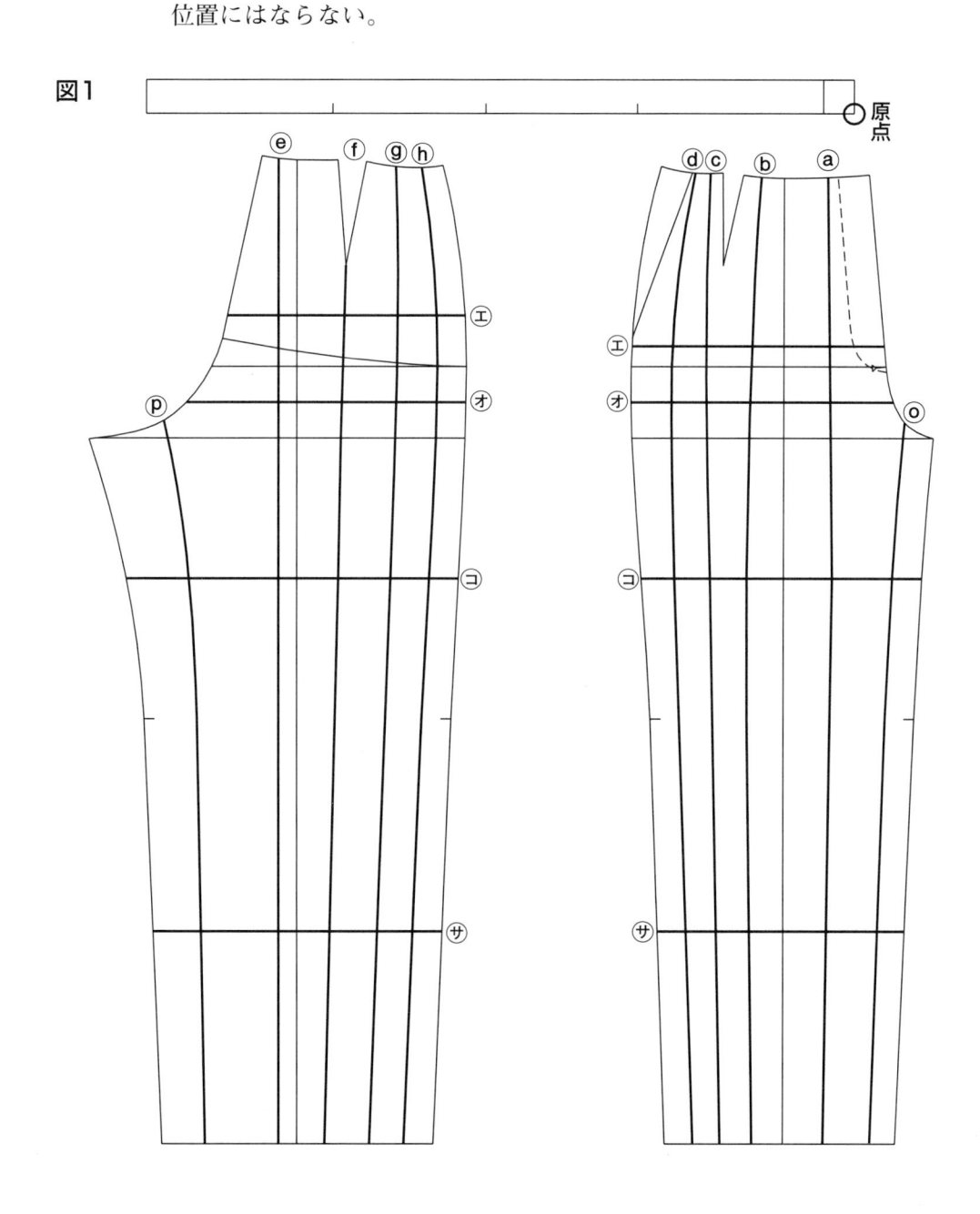

図1

切開線で切り開く

ⓐ～ⓟは水平方向、㋔～㋚は垂直方向に切り開く。前ウエストダーツはそのままで、後ろのダーツは切開線で開いた分量の中央に移動し、ダーツの分量と長さを変化させない。

㋔は0.2cm、㋕は0.1cm、㋙・㋚はパンツ丈のピッチを1.5cmにするため、各0.6cmピッチにする。ファスナーの長さを変えないので、あき止り位置は上へ移動。マスターパターンと同寸法にする。

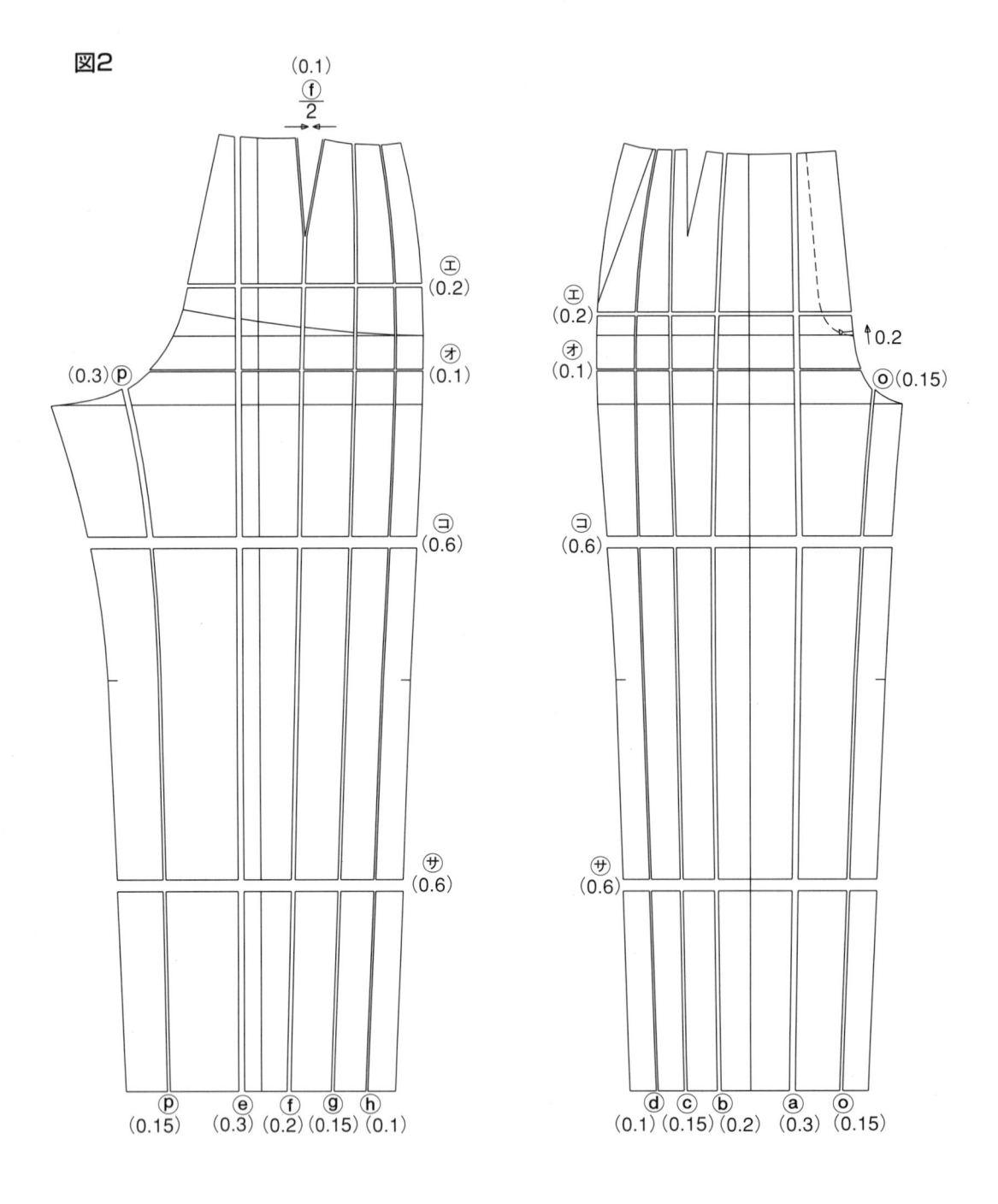

図2

2）ピッチ方式

原点を地の目線と股上の交差した位置に決め、原点を基準に上下・左右方向にグレーディングする。

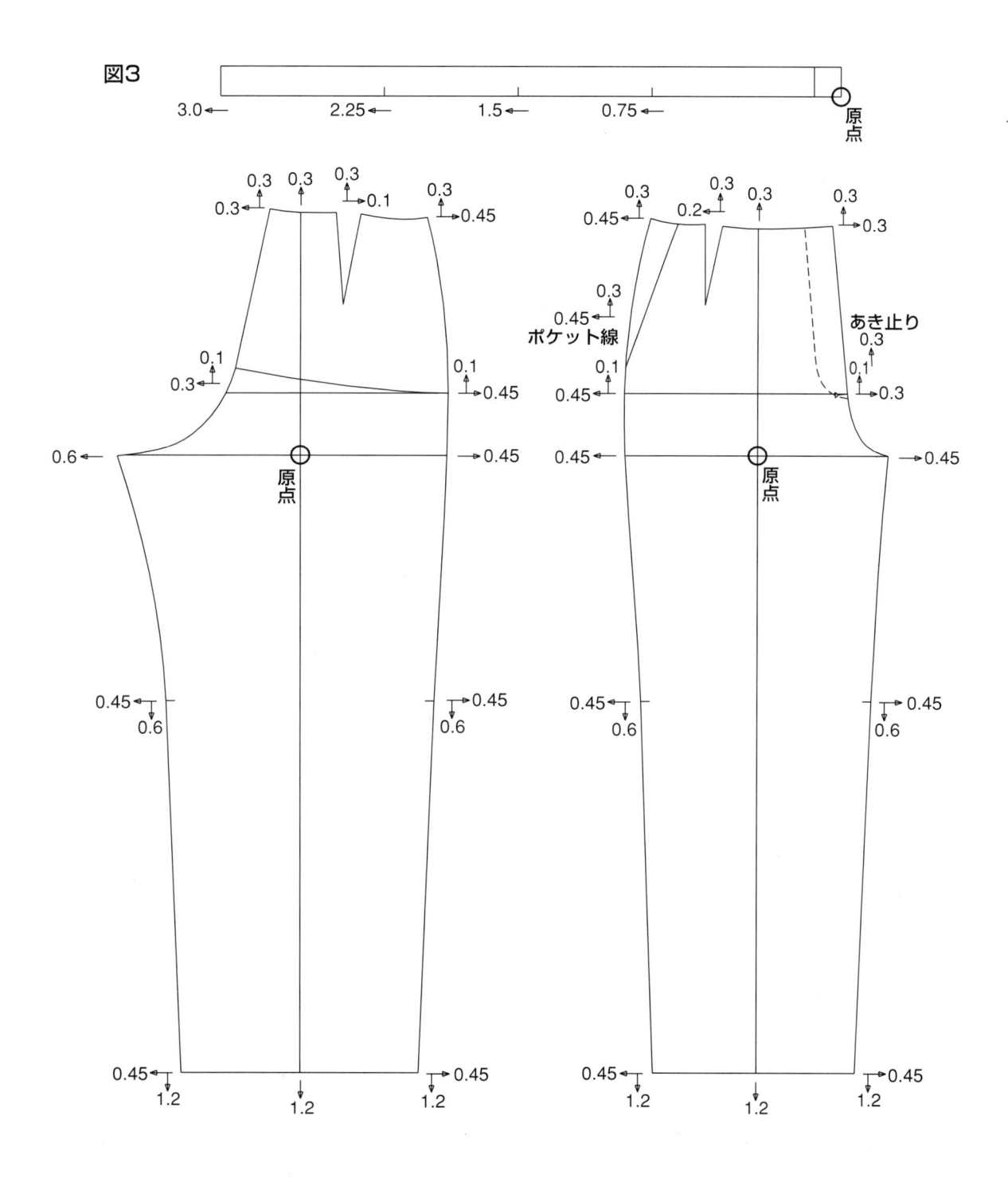

図3

ネスト図
地の目線は11号の出来上り線まで延長する。

※ポケット袋布、ポケット脇布（向う布）、前見返し、前持出し、ベルト幅と持出し寸法はグレーディングしない。

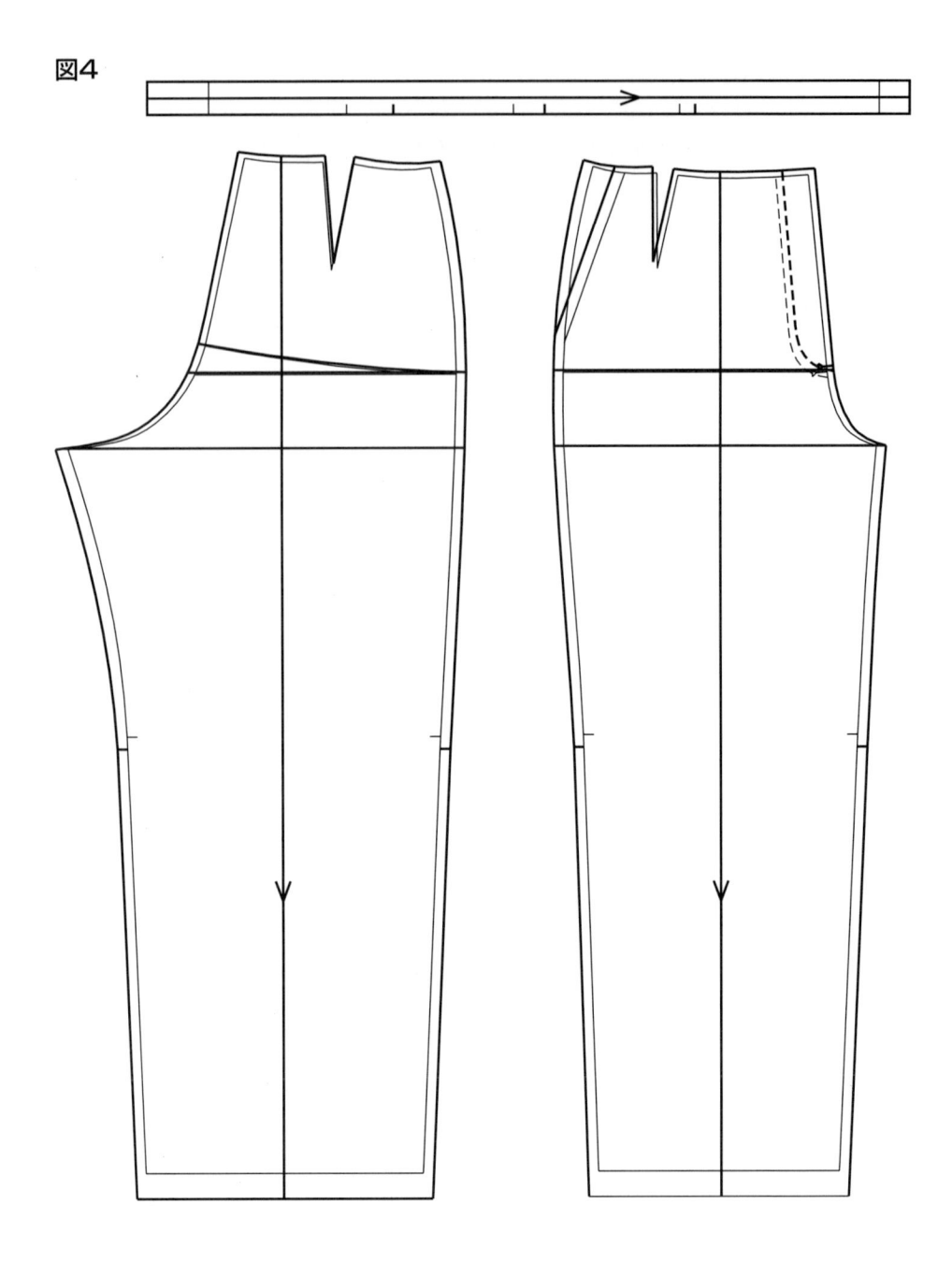

図4

（2）ベルボトムパンツ
基本的にはウエストダーツの分量と長さは変化させない。

脇ポケット（ウエスタンポケット）はダーツ位置から脇までの大きさなのでグレーディングする。

1）切開線方式
56ページ「第2章　4　基本的なパンツのグレーディング」と同様に考えるが、ダーツ位置により切開線の位置とグレーディングピッチは変化する。

グレーディングピッチ
ウエスト（1周）=3.0cm
ヒップ（1周）=3.0cm
腰丈=0.2cm
股上丈=0.3cm
膝丈=0.9cm
パンツ丈1.5cm

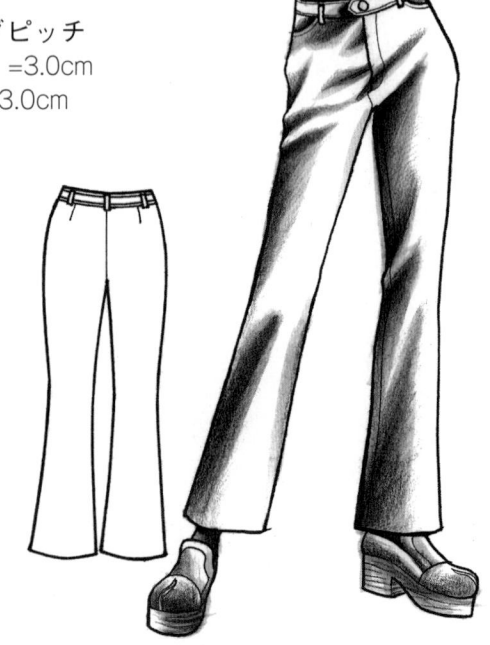

切開線を入れる

- ⓐ・ⓓ・ⓔ・ⓗ：身頃と同位置あたりに入れる。
- ⓑ・ⓒ・ⓕ・ⓖ：前後ともダーツ位置とダーツから脇までに入れる。必ずしも身頃と同位置にはならない。カーブベルトはパンツと同位置でベルトのつけ線に直角に入れる。
- ⓞ：前股ぐりから裾まで。
- ⓟ：後ろ股ぐりから裾まで。
- ㋑：ダーツの長さを変化させないため、ダーツ止りの下に入れる。
- ㋒：ヒップラインと股上線の中央に入れる。
- ㋙：股上線と膝合い印の中央に入れる。
- ㋚：膝合い印と裾線の中央に入れる。

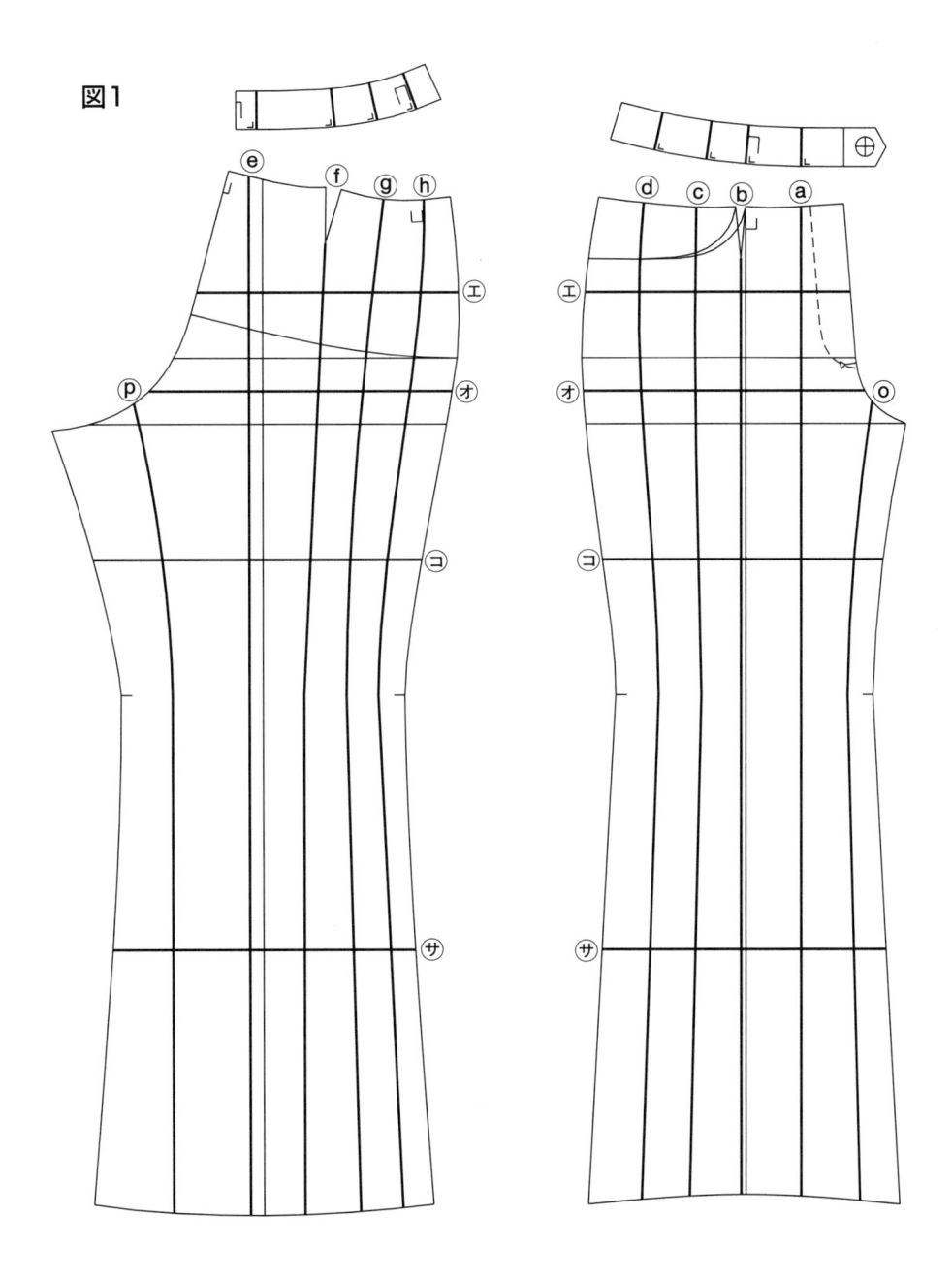

図1

切開線で切り開く

ⓐ〜ⓟは水平方向、㋑〜㋚は垂直方向に切り開く。前後のダーツは切開線で開いた分量の中央に移動し、ダーツの分量と長さを変化させない。ウエストベルトは切開線に対して直角（矢印）方向にグレーディングする。

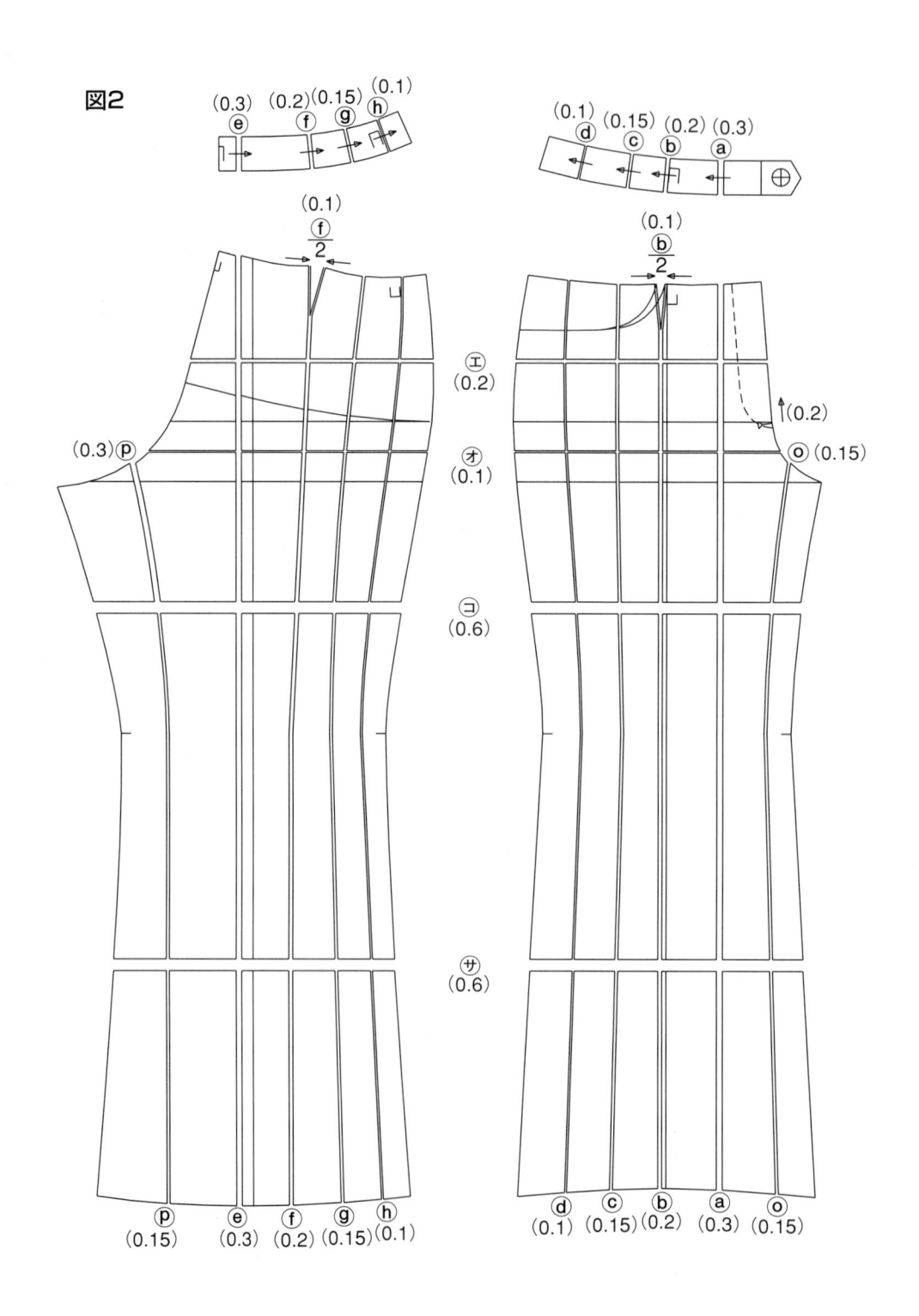

㋑は0.2cm、㋒は0.1cm、㋙・㋚はパンツ丈のピッチを1.5cmにするため、各0.6cmピッチにする。

2) ピッチ方式

原点を地の目線と股上の交差した位置に決め、原点を基準に上下・左右方向にグレーディングする。

ウエストベルトのグレーディング方向とピッチの決め方は、ベルトつけ線の前中心と脇までの$\frac{1}{2}$で直角に案内線を引き、その線に対して直角方向に決める（案内線A・B）。ベルト幅と持出し寸法はグレーディングしない。

後ろベルトループつけ位置は切開線⑨位置にあるので0.65cm、前はダーツ位置にあるので0.4cmグレーディングする。

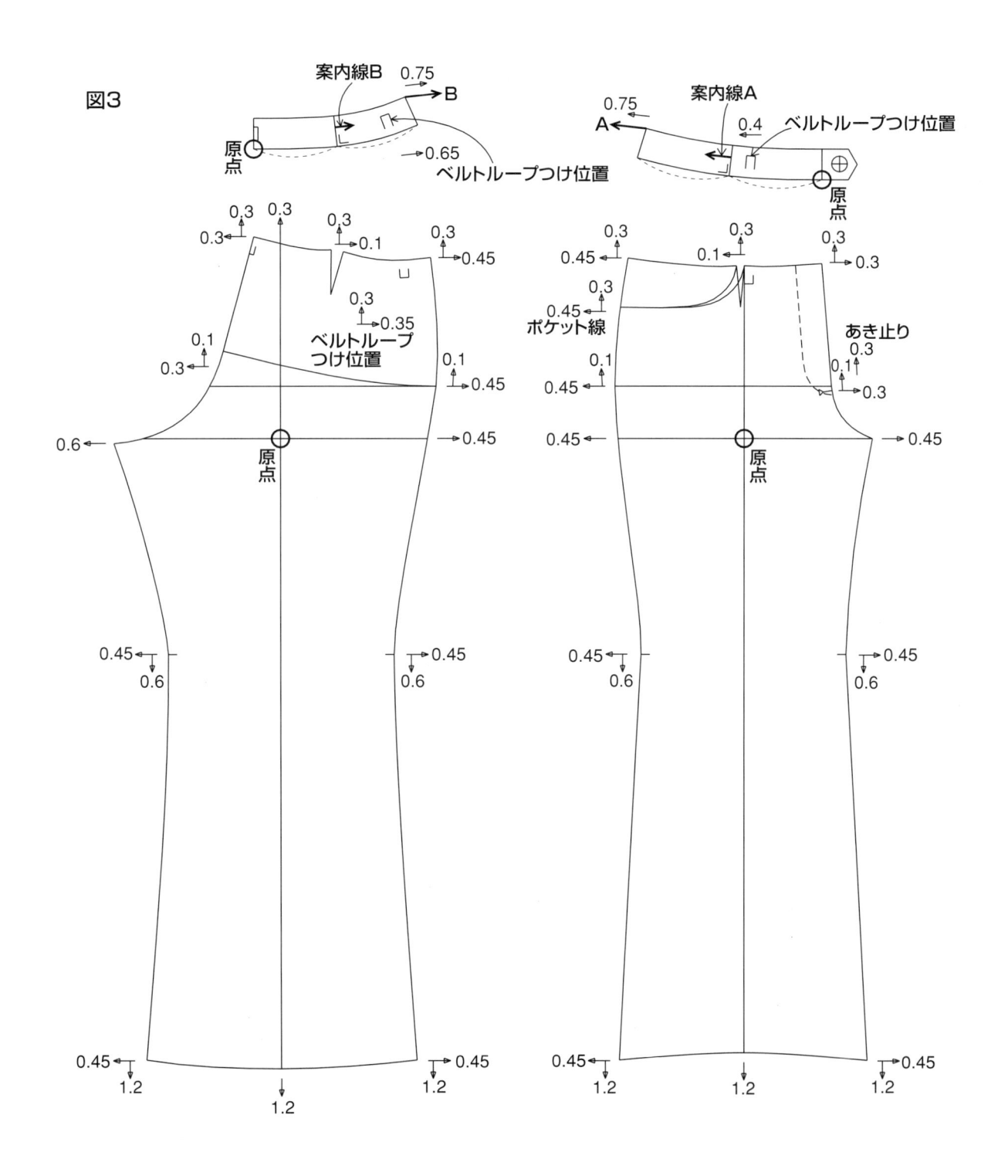

図3

ネスト図
地の目線は11号の出来上り線まで延長する。

※前見返し、前持出し、ベルトループはグレーディングしない。

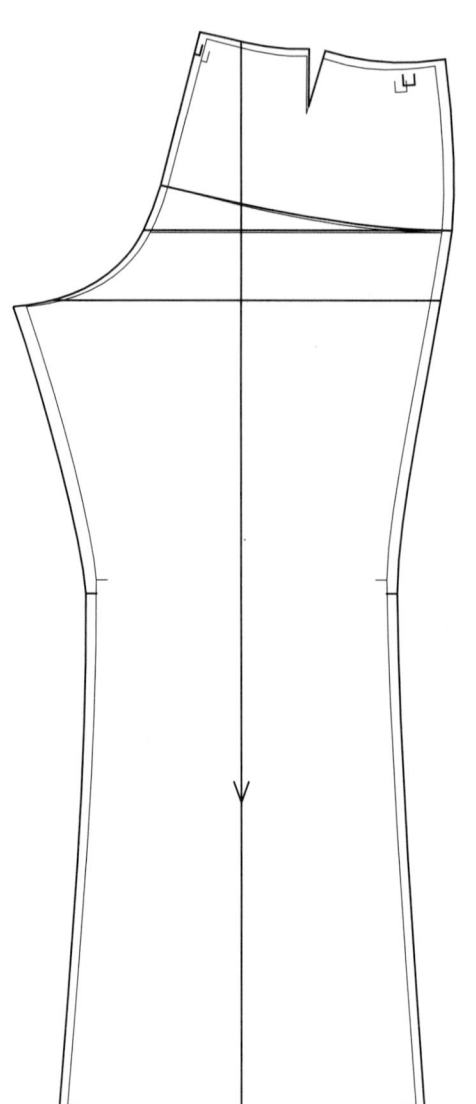

図4

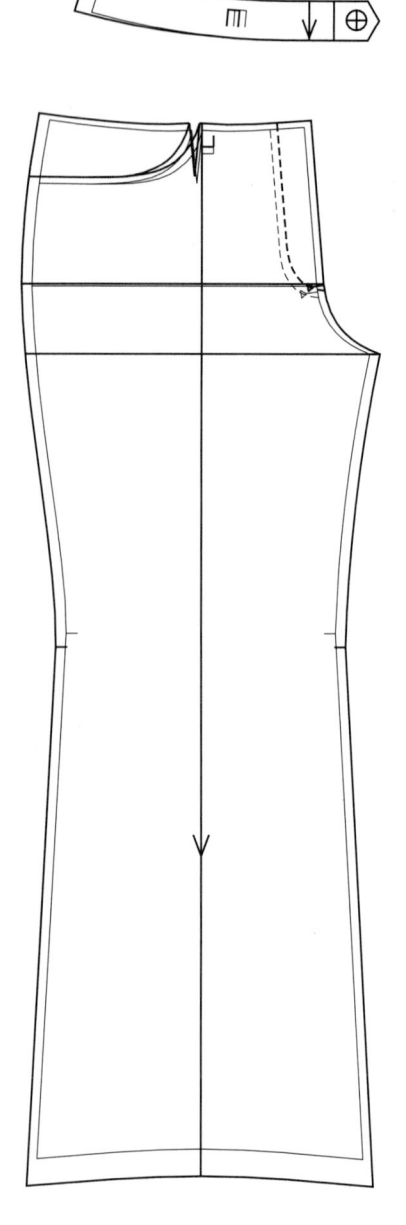

3 ブラウスのグレーディング
(1) シャツブラウス短冊

胸ポケット、袖のタック位置、短冊位置、カフス幅、衿幅はグレーディングしない。ヨーク幅（後ろ中心の長さ）は変化させない。

グレーディングピッチ
- バスト（1周）＝3.0cm
- ウエスト（1周）＝3.0cm
- ヒップ（1周）＝3.0cm
- 天幅（左右）＝0.2cm
- 背肩幅（左右）＝0.8cm
- 衿ぐりの深さ＝0.1cm
- カマ深＝0.3cm
- 背丈＝0.5cm
- 着丈＝0.8cm
- 袖幅＝1.1cm
- 袖口幅＝1.1cm
- 袖山高さ＝0.25cm
- 肘丈＝0.65cm
- 袖丈＝1.0cm

1）切開線方式
切開線を入れる

- ⓐ・ⓔ：前・後中心線から2～3cm離れた平行線。
- ⓑ：ヨーク切替え線からバストポイントを通り、裾線に向かう垂直線。
- ⓕ：ⓔから袖ぐりまでの中間で裾線に向かう垂直線。
- ⓒ・ⓖ：正面と側面の面の変り目位置、袖ぐり線から、裾線に向かう垂直線。
- ⓓ・ⓗ：脇線の間で脇線から2～3cm離れた垂直線。
- ⓘ・ⓙ・ⓚ・ⓛ・ⓜ・ⓝ：身頃に入れた切開線につながるような位置に入れる（必ずしも同位置にはならない）。
- ⓠ・ⓡ：袖下位置合い印から左右に入れる。
- ㋐：後ろヨークは肩線から、前身頃はヨーク切替え線から1.5～2cm離れた位置。
- ㋑：肩先からバストラインまでの中央付近位置。
- ㋒：バストラインからウエスト位置までの中央付近位置。
- ㋓：ウエスト位置から裾線までの中央付近位置。
- ㋕・㋖：身頃に入れた切開線につながるような位置に入れる。
- ㋗：袖底と肘の中間位置に入れる。
- ㋘：肘と袖口カフスつけ位置の中間位置で短冊の上に入れる。

※台衿と上衿の切開線は身頃とつながる位置に入れる。台衿はつけ線に対して、上衿は返り線に対して、直角に入れる。

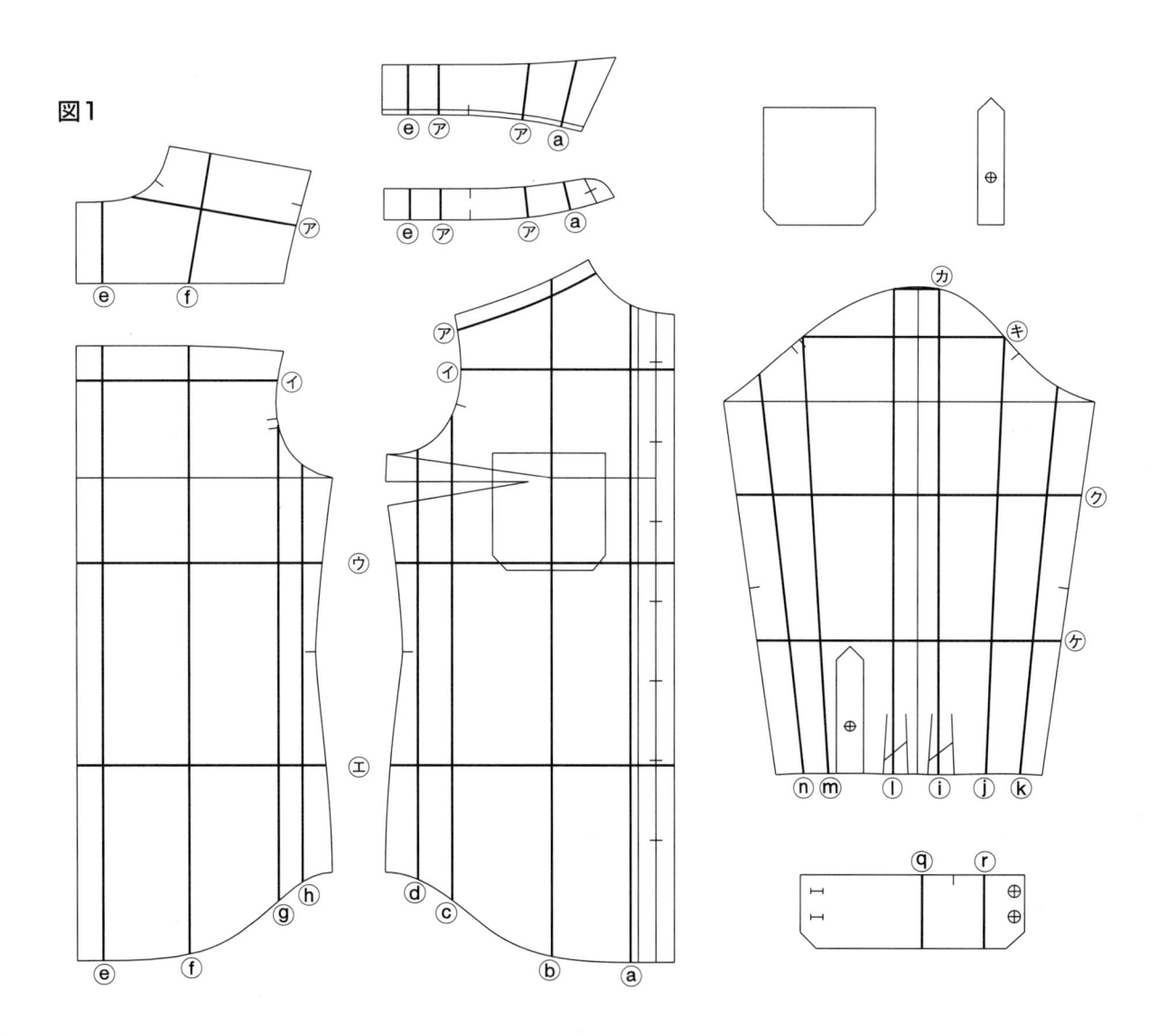

図1

第3章　アイテムのグレーディング

切開線で切り開く

ⓐ～ⓡは水平方向、㋐～㋖は垂直方向に、切り開く。ⓓの袖底部分はバストライン方向にグレーディングする。サイドダーツはダーツの止りをⓑで開いた$\frac{1}{2}$の位置に移動し、マスターパターンのダーツ線を脇線まで延長する。脇線の長さは短くなるが袖底をバストライン方向にグレーディングするので、袖底の脇線が長くなり、全体の長さは変化しない（91ページ図3参照）。

衿は切開線に対して直角方向（矢印方向）に切り開く。

前立てボタンのグレーディングは0.1cmとする。グレーディングピッチはボタンつけ位置、ボタン間隔と丈のピッチを考慮して設定する。

シャツ袖はセットイン袖と比較すると、袖山の高さが低いため（前後肩丈平均の80％前後に対して50％くらい）、袖㋖で身頃㋑(0.3)の$\frac{2}{3}$(0.2)を切り開き、袖山線の長さは袖幅ⓜ・ⓙで不足分(0.1)を追加し調整する。

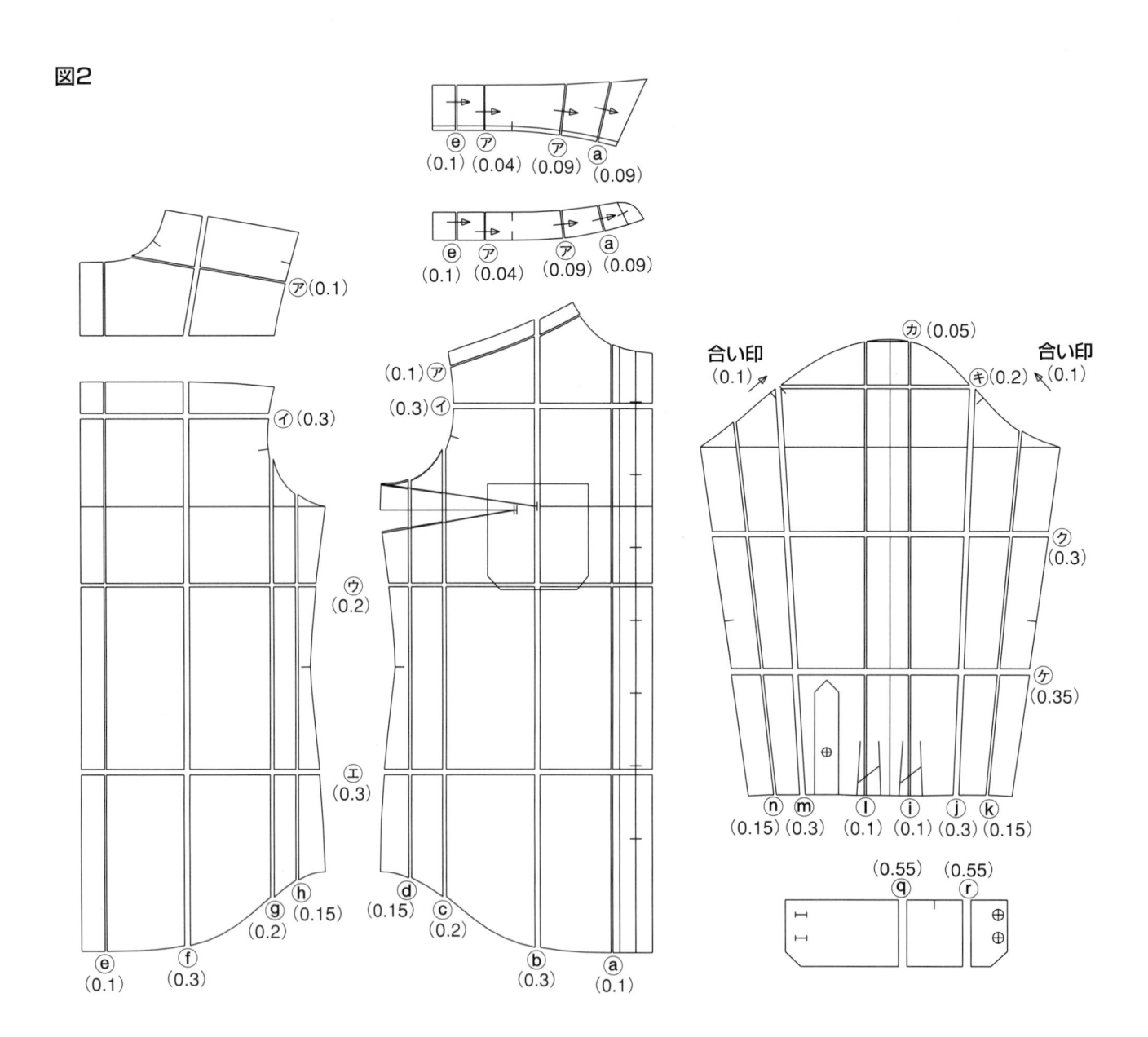

図2

2) ピッチ方式

身頃の原点を前・後中心線とバストラインの交差した位置、ヨークは後ろ中心線と切替え線の角、衿は前端とつけ線の角、袖は袖山垂直線と袖底水平線の交差位置に決め、原点を基準に上下・左右方向にグレーディングする。

ダーツ位置の脇線は図3のようにダーツ線を脇線まで延長する。脇線の長さはⓐで短くなるが袖底をバストライン方向にグレーディングするので、脇線はⓑの寸法長くなる。ⓐとⓑはほぼ同寸法なので脇線の長さは変化しない。

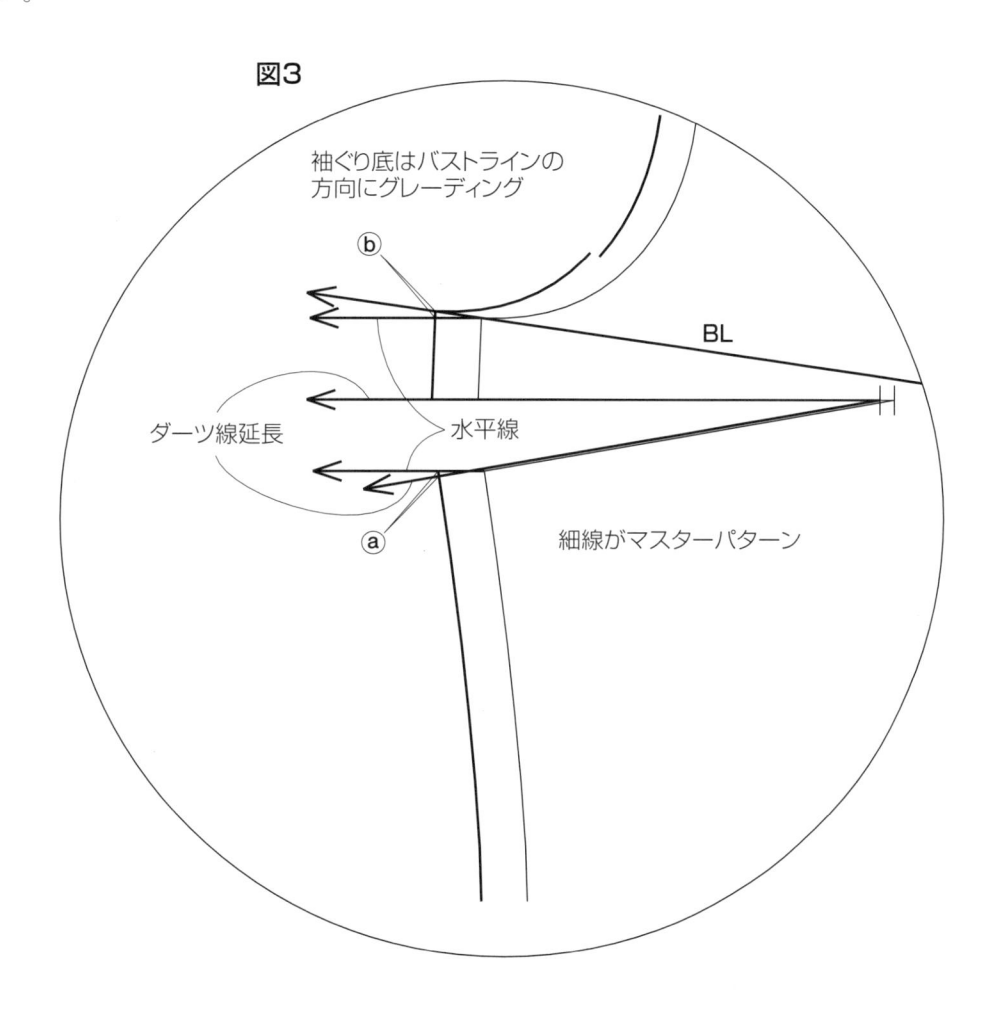

図3

袖ぐり底はバストラインの方向にグレーディング

ⓑ

BL

ダーツ線延長　水平線

ⓐ

細線がマスターパターン

袖ぐり合い印はカマ深$\frac{1}{2}$付近でグレーディングするので、縦のピッチは0.2cmとする。衿ねかし分量が少ないので後ろ中心縦方向のグレーディングはしない。

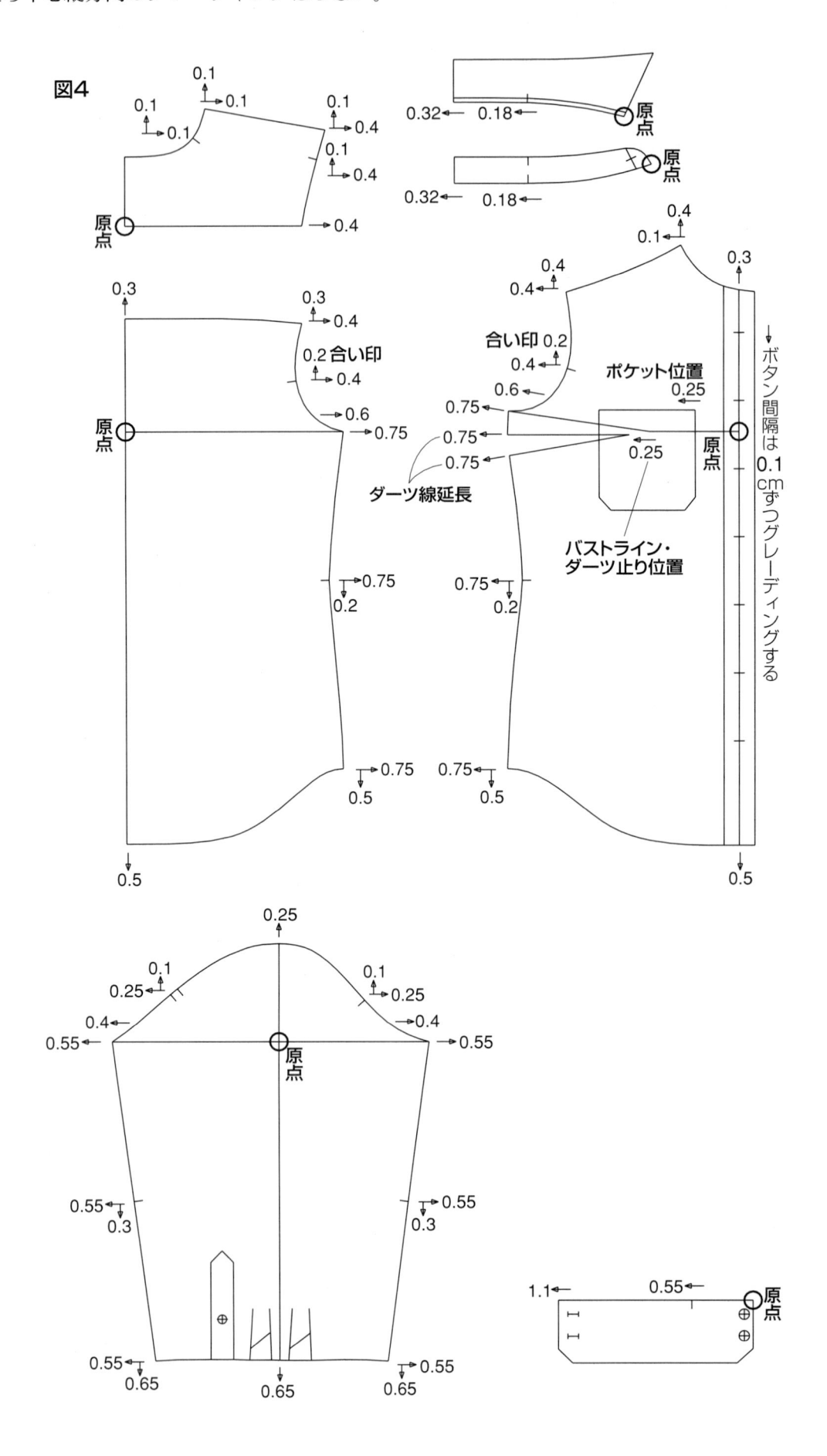

図4

ネスト図

地の目線は11号の出来上り線まで延長する。

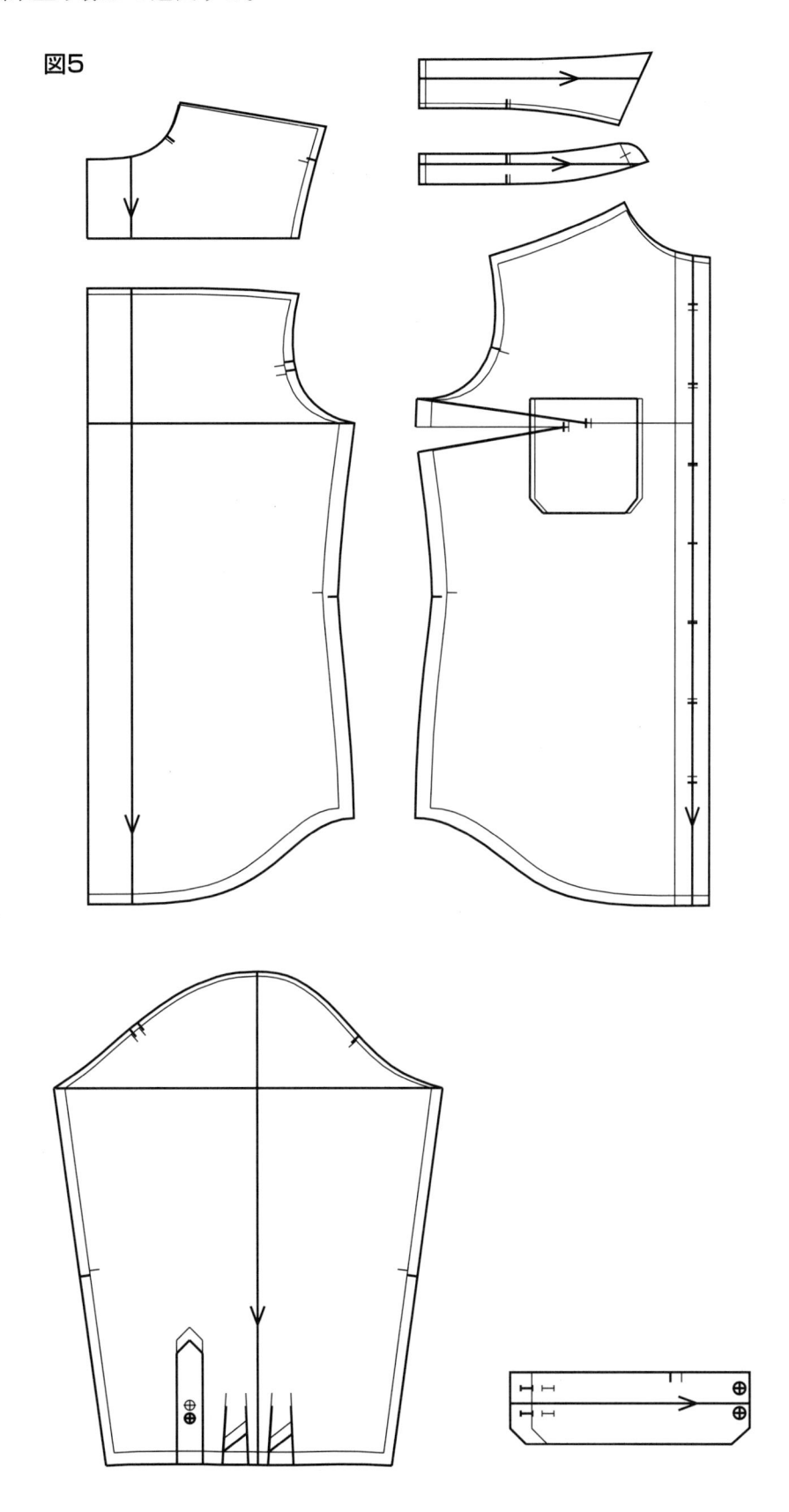

図5

（2）ウエスタン調のシャツブラウス

　袖のタック位置、短冊位置、カフス幅、衿幅はグレーディングしない。前ヨークは後ろ中心の長さを変化させない。

1）切開線方式
切開線を入れる（95ページ図1）

- ⓐ・ⓔ：前・後中心線から2～3cm離れた平行線。
- ⓑ・ⓕ：縦切替え線から2～3cm離れた平行線。$\frac{1}{2}$ずつを開く。ヨークも身頃と同様に2本の切開線を引く。
- ⓒ・ⓖ：正面と側面の変り目位置、袖ぐり線から裾線に向かう垂直線。
- ⓓ・ⓗ：脇線から2～3cm離れた垂直線。
- ⓘ・ⓙ・ⓚ・ⓛ・ⓜ・ⓝ：身頃に入れた切開線につながるような位置に入れる（必ずしも同位置にはならない）。
- ⓠ・ⓡ：袖下位置合い印から左右に入れる。
- ㋐：肩線から1.5～2cm離れた位置。
- ㋑：肩先からバストラインの中央付近位置。
- ㋒：バストラインから、ウエスト位置までの中央付近位置。
- ㋓：ウエスト位置から、裾線までの中央付近位置。
- ㋕・㋖：身頃に入れた切開線につながるような位置に入れる。
- ㋗：袖底と肘の中間位置に入れる。
- ㋘：肘と袖口カフスつけ位置の中間位置に入れる。

※衿の切開線は身頃とつながる位置で、返り線に対し直角に入れる。
　前立ては直線なので切開線で開く方法をとらない。

グレーディングピッチ
- バスト（1周）＝3.0cm
- ウエスト（1周）＝3.0cm
- ヒップ（1周）＝3.0cm
- 天幅（左右）＝0.2cm
- 背肩幅（左右）＝0.8cm
- 衿ぐりの深さ＝0.1cm
- カマ深＝0.3cm
- 背丈＝0.5cm
- 着丈＝0.8cm
- 袖幅＝0.9cm
- 袖口幅＝0.9cm
- 袖山高さ＝0.35cm
- 肘丈＝0.65cm
- 袖丈＝1.0cm

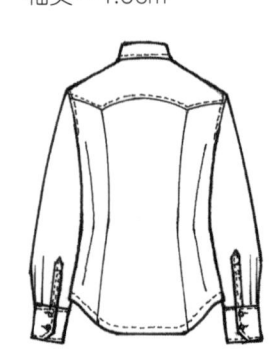

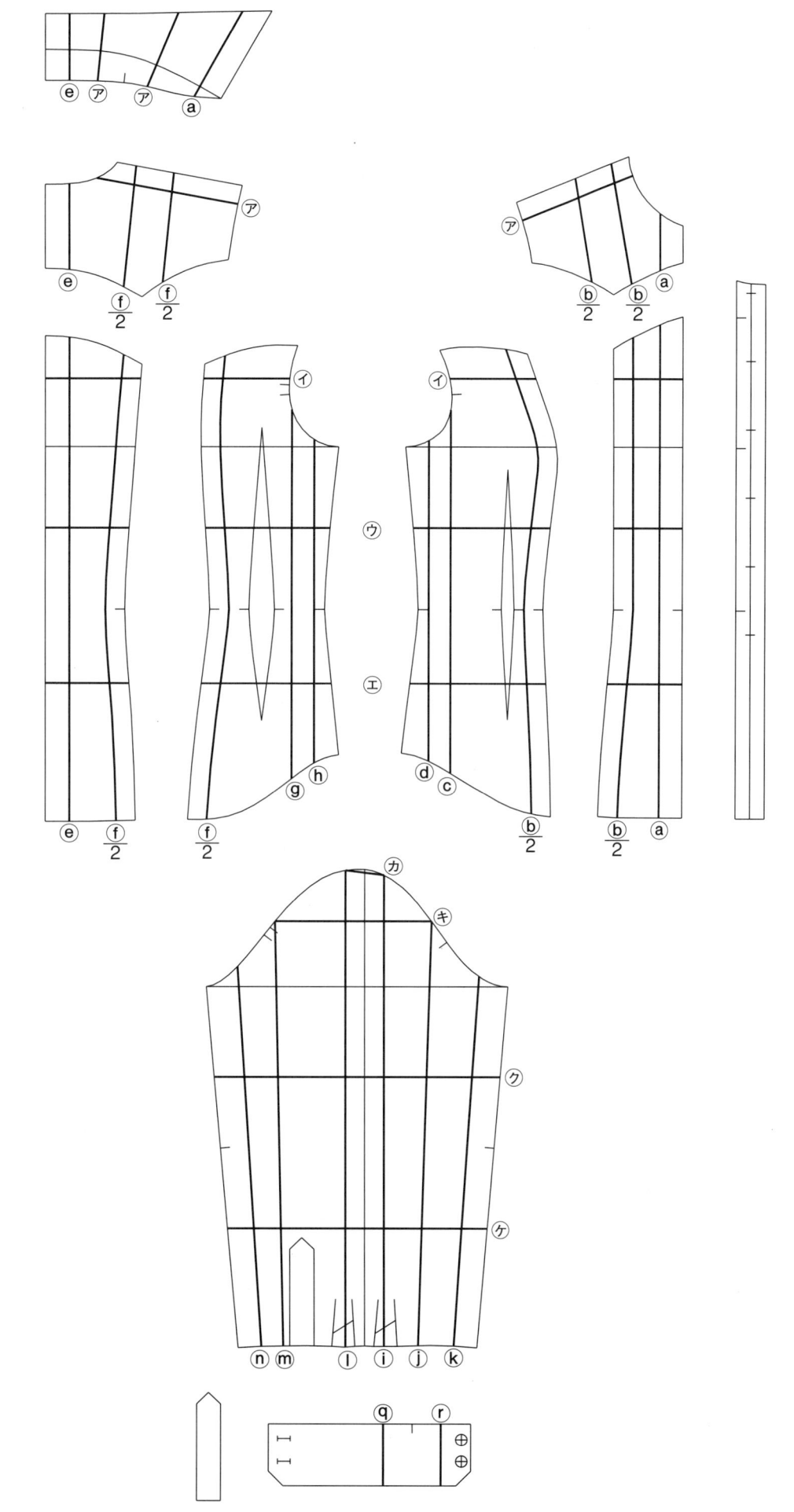

図1

第3章　アイテムのグレーディング

切開線で切り開く

ⓐ～ⓡは水平方向、㋐～㋙は垂直方向に切り開く。バストラインに近いダーツ止りは垂直方向のグレーディングをしない。ウエスト下のダーツ止りを㋓で開いた$\frac{1}{2}$の寸法（0.15）を上に移動する。衿は切開線に対して直角方向（矢印方向）に切り開く。前立ての丈と合い印位置は切り開く分量と同分量移動する。前立てボタンつけ位置のグレーディングは0.1cmとする。グレーディングピッチはボタン位置、ボタン間隔と丈のピッチを考慮して設定する。
袖山合い印は身頃と合わせる。

図2

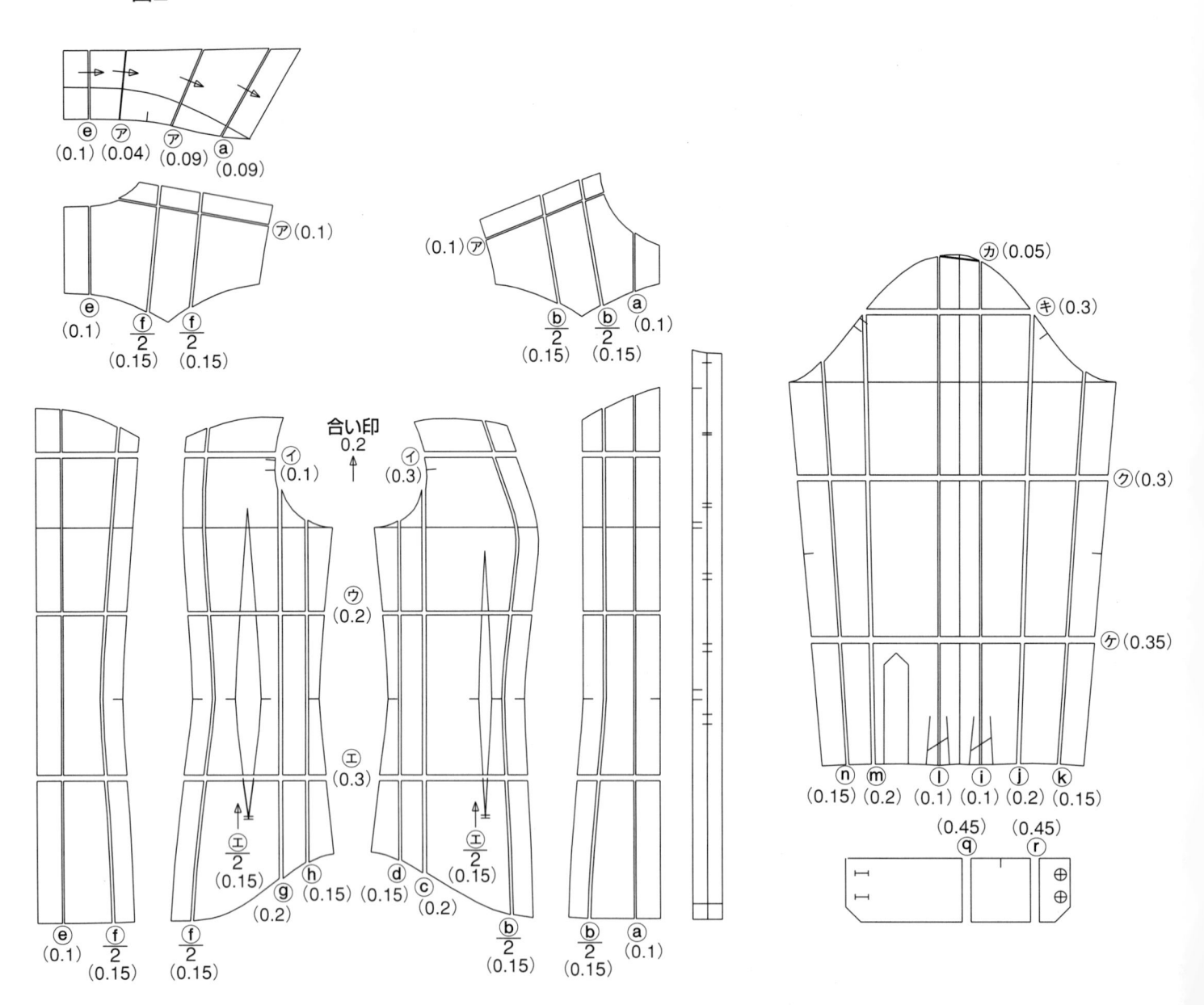

2) ピッチ方式

身頃の原点を前・後中心線とバストラインの交差した位置、ヨークは前・後中心線と切替え線の角、衿は前端とつけ線の角、袖は袖山垂直線と袖底水平線の交差位置に決め、原点を基準に上下・左右方向にグレーディングする。

袖ぐり合い印はカマ深$\frac{1}{2}$付近でグレーディングするので、縦のピッチは0.2cmとする。

ダーツ止りのバストラインに近い位置は垂直方向にグレーディングせず、ウエスト下のダーツ止りはウエスト下ピッチの$\frac{1}{2}$でグレーディングする。

衿後ろ中心の●印寸法が2.0cmなので3.0％（34ページ表1参照）を上下方向にグレーディングする。

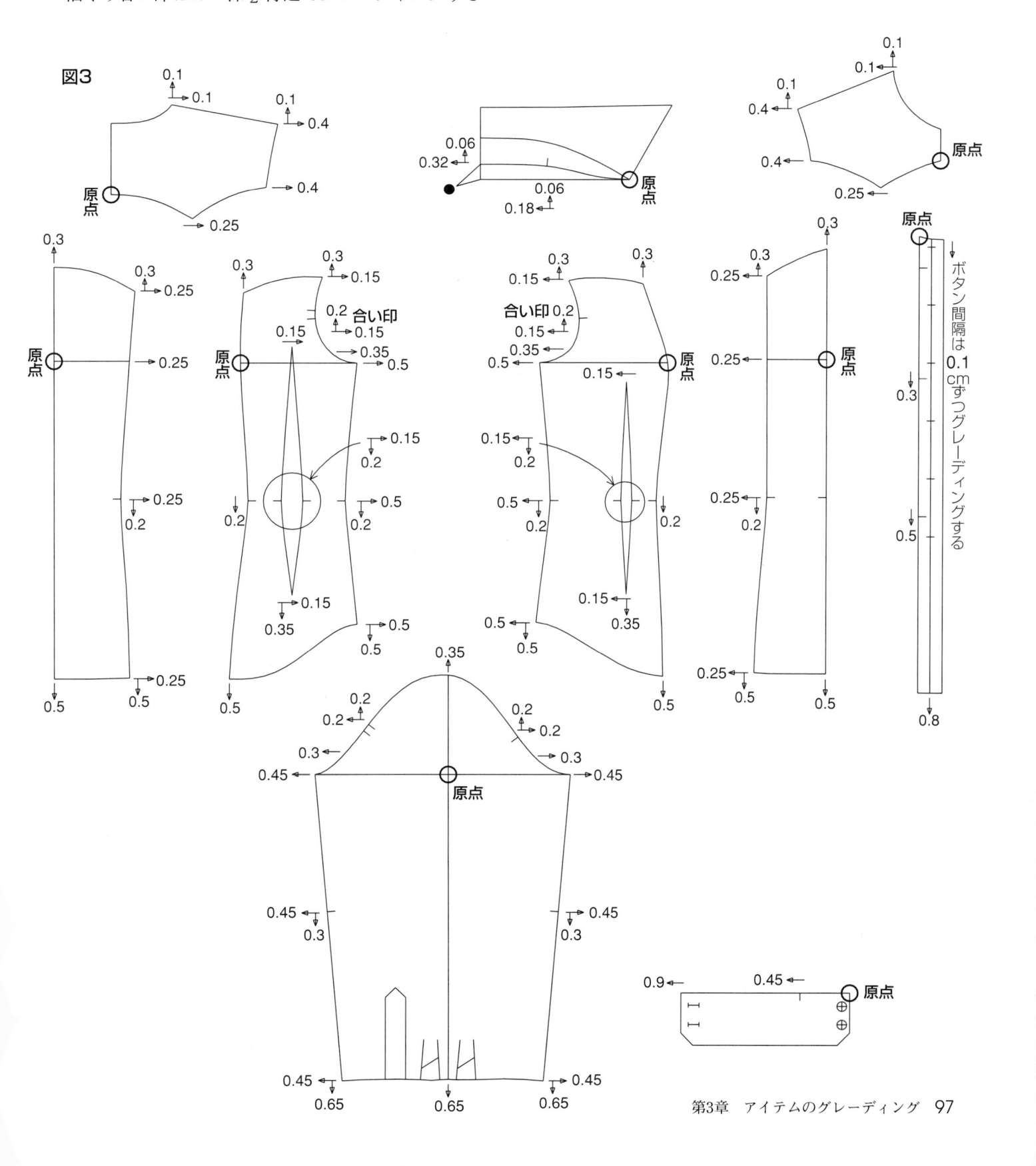

図3

ネスト図

地の目線は11号の出来上り線まで延長する。

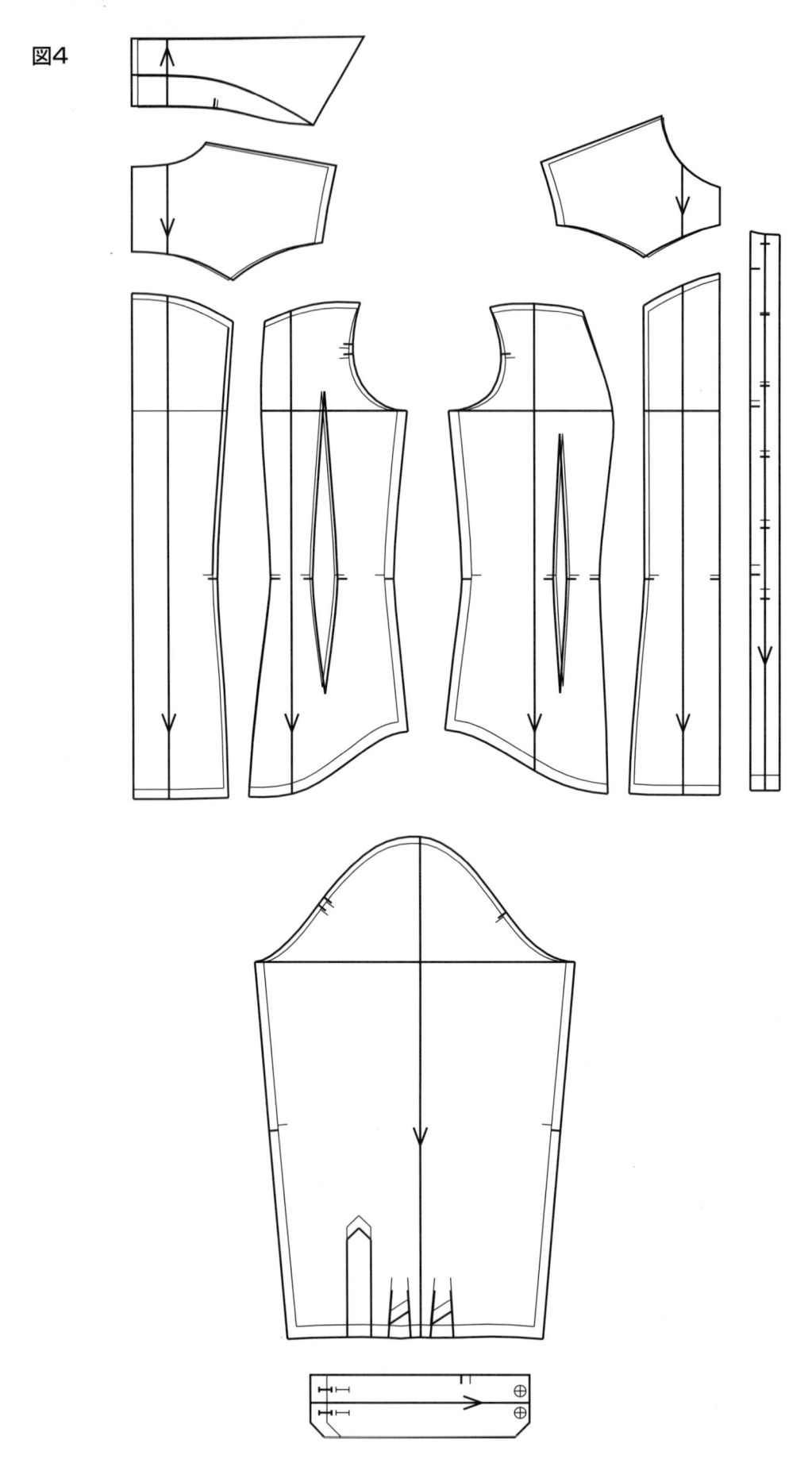

図4

4 ジャケットのグレーディング
（1）ピークラペル

ゴージダーツ、胸・腰ポケット、衿幅、ラペル幅、あき見せ止り、袖口ボタン位置はグレーディングしない。

グレーディングピッチ

バスト（1周）＝3.0cm	背丈＝0.5cm
ウエスト（1周）＝3.0cm	着丈＝0.8cm
ヒップ（1周）＝3.0cm	袖幅＝0.9cm
天幅（左右）＝0.2cm	袖口幅＝0.9cm
背肩幅（左右）＝0.8cm	袖山高さ＝0.35cm
衿ぐりの深さ＝0.1cm	肘丈＝0.65cm
カマ深＝0.3cm	袖丈＝1.0cm

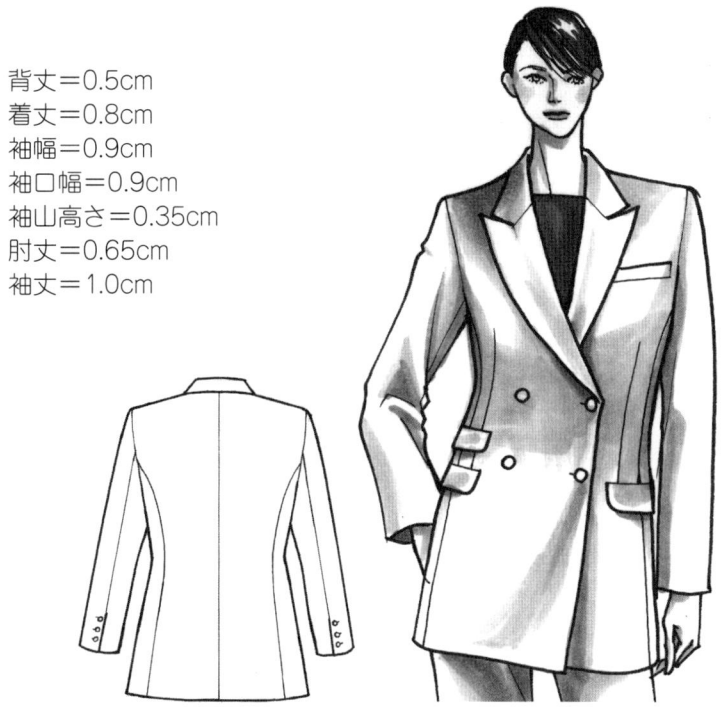

1）切開線方式

切開線を入れる

ⓐ：図1のように上衿をゴージ線に合わせ、ⓐのピッチの$\frac{1}{2}$をゴージ線と、衿ぐり線と切開線㋐の交差位置に振り分け、前中心線に平行線。

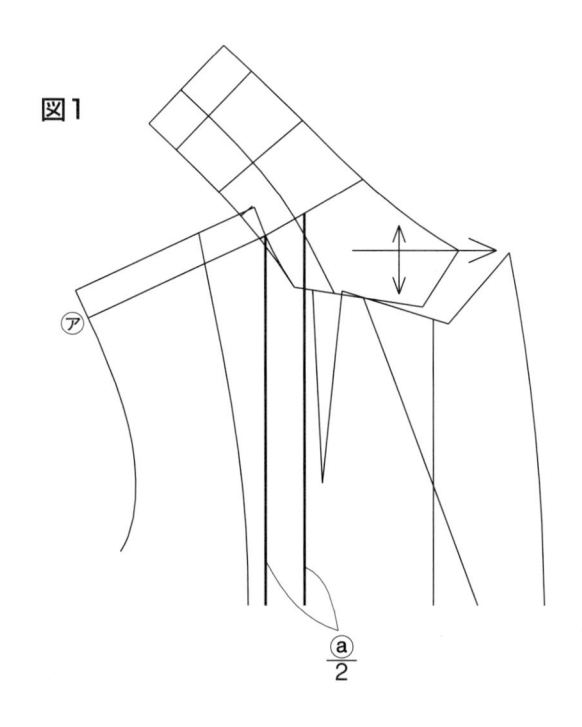

図1

ⓑ：肩線からウエストダーツ位置を通り、ダーツ下は裾線に向かう垂直線。

ⓒ・ⓖ：面の変り目位置、袖ぐり線から裾線に向かう線。

ⓓ・ⓗ：ⓒ・ⓖから脇位置までの中央で袖ぐり線から裾線までの線。

ⓔ：後ろ中心線から2〜3cm離れた垂直線。

ⓕ：肩甲骨位置を通り、肩線から裾線に向かう線。

ⓘ・ⓙ・ⓚ・ⓛ・ⓜ・ⓝ：身頃に入れた切開線につながるような位置に入れる。必ずしも同位置にはならない。切替え線位置のバランスで切開線位置やピッチを決める。

㋐：肩線から1.5〜2cm離れた位置。

㋑：肩先からバストラインの中央付近位置。前身頃はゴージダーツの下。

㋒：バストラインからウエスト位置までの中央付近位置。

㋓：ウエスト位置から裾線までの中央付近位置。

㋕：身頃に入れた切開線㋐につながるような位置に入れる。

㋖・㋖：後ろ切替え線位置によって2本に分ける。

㋗：袖底と肘の中間位置に入れる。

㋘：肘と袖口の中間位置に入れる。

※衿は身頃とつながる位置で、返り線に対し直角に入れる。

身頃の前・後切替え位置はバストラインに近いので、上下方向のグレーディングはしないが、位置によってはグレーディングする必要がある。

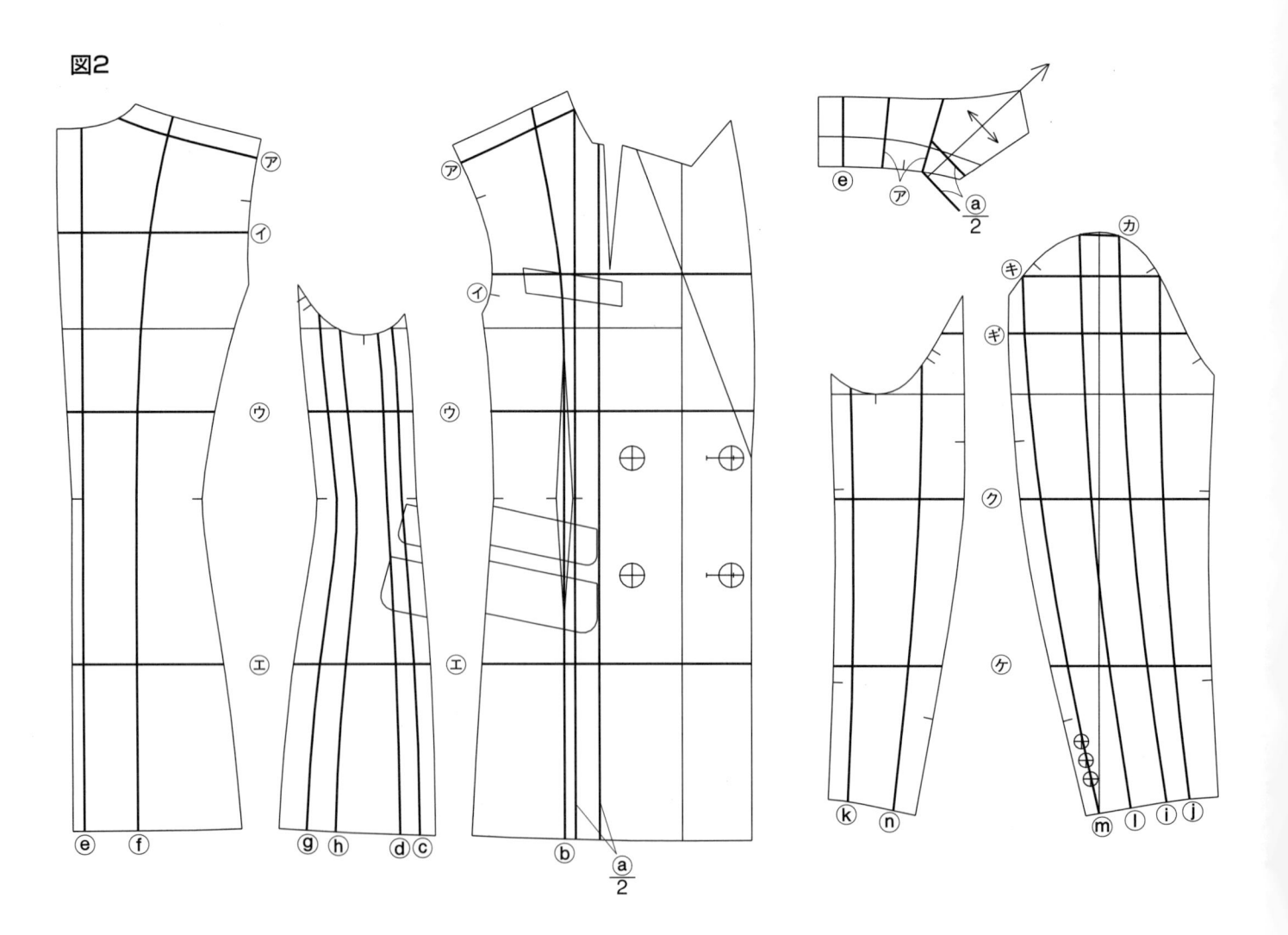

図2

切開線で切り開く

図3：衿のグレーディングピッチは身頃を切開線で開いたパターンの衿ぐり線に対して、直角方向の間口分量と同寸法を衿つけ線で開く。

図4：衿は切開線に対して直角方向に開く。

図5：身頃と袖の切開線 ⓐ～ⓝ は水平方向、㋐～㋢は垂直方向に切り開く。

ウエストダーツはⓑで開いた中央に移動する。

胸ポケットはバストラインに近い位置なので、水平方向脇側に0.25cm移動する。

脇身頃の腰ポケット位置は前身頃のフラップの線を切替え線まで延長して、脇身頃を合わせ、口寸法を同寸法にする。ポケット位置がウエスト位置に近いため、縦方向のグレーディングはウエストと同じ0.2cmピッチにする。袖山合い印は身頃に合わせる。ボタン間隔は縦方向にのみ0.1cmずつグレーディングする。

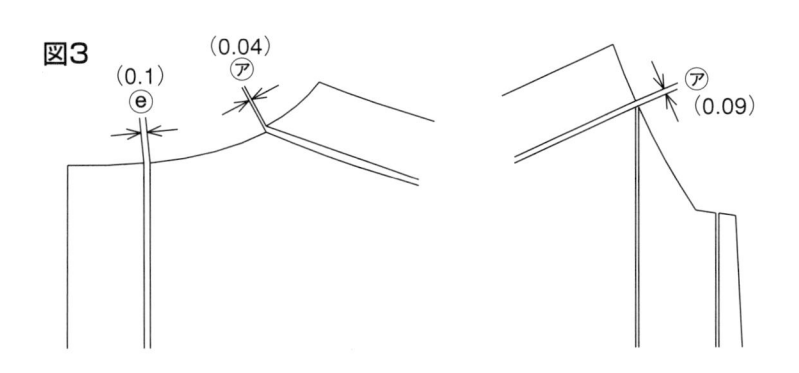

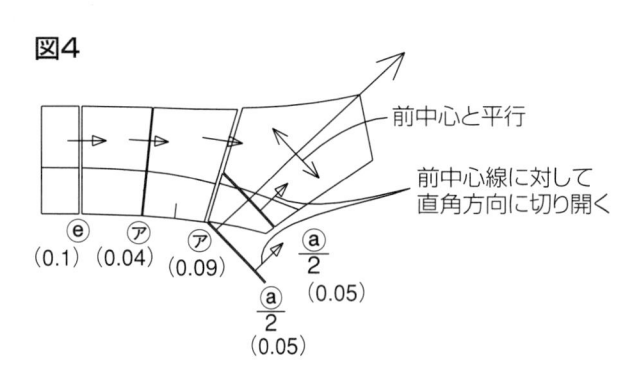

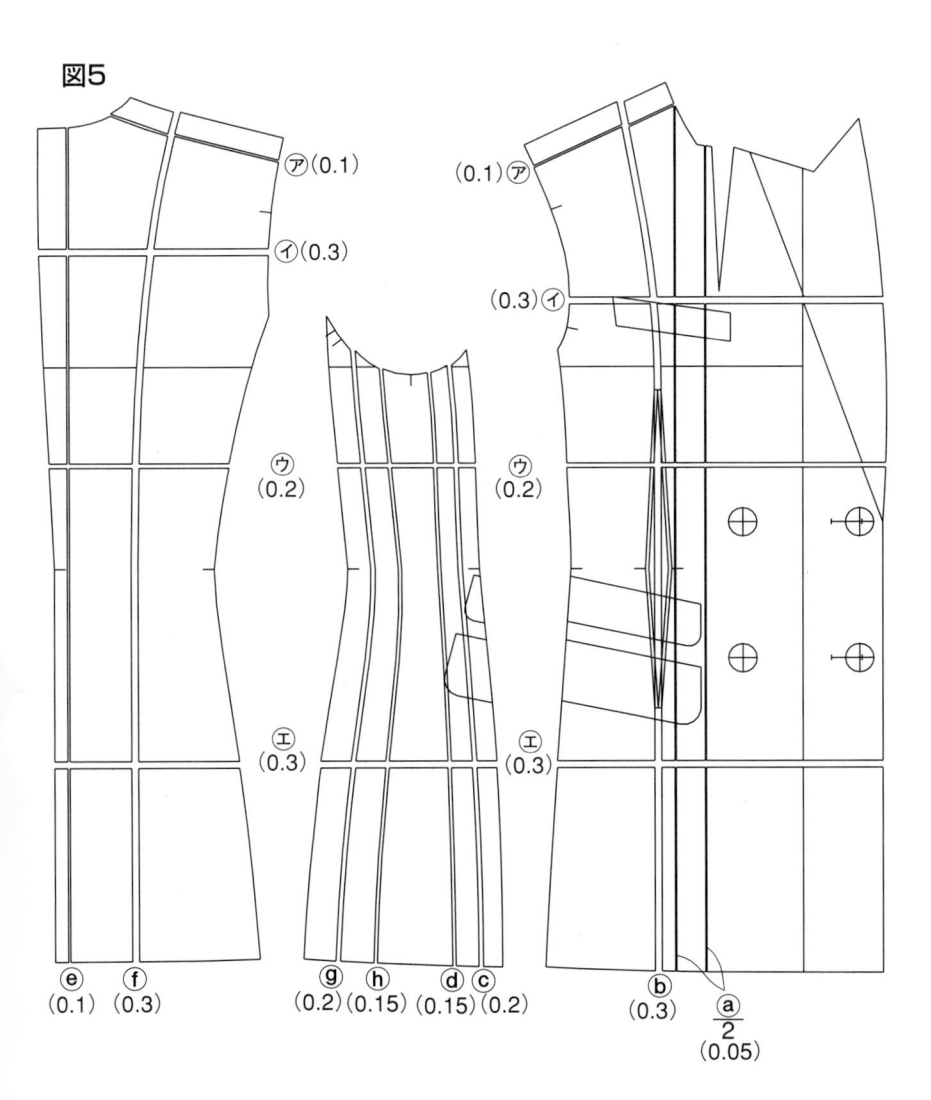

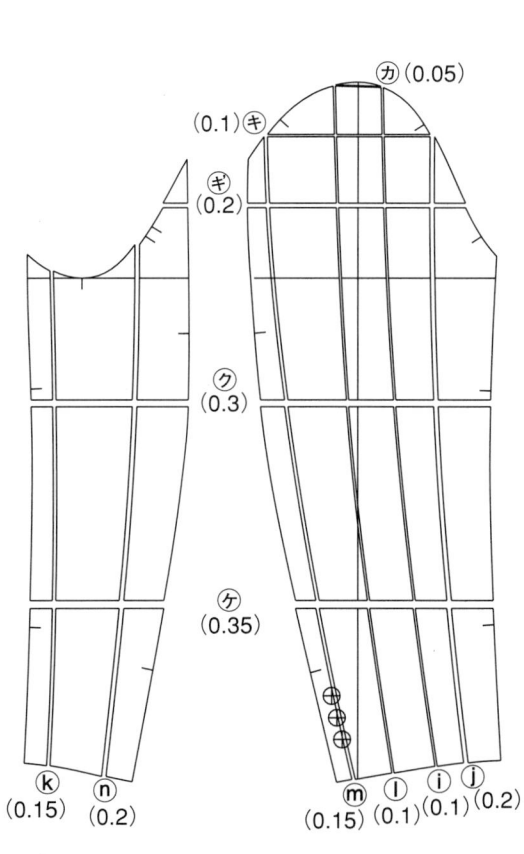

2）ピッチ方式

　身頃の原点を前・後中心線とバストラインの交差した位置、衿はゴージ線とつけ線の角、外袖は袖山垂直線と袖底水平線の交差位置、内袖は袖底に決め、原点を基準に上下・左右方向にグレーディングする。

　ゴージダーツは長さ、分量とも変化させない。

　胸ポケットはバストラインに近い位置なので、上下方向にはグレーディングしない。

　腰ポケットは移動してから脇身頃と合わせ、位置決めをし同寸法にする。

　2枚袖のピッチは切替え線の位置によって、外袖内袖の配分を変える。

　袖ぐり、袖山の合い印は身頃をグレーディングした後に、袖山線の合い印位置を決める。

　衿先はゴージ線を合わせたときの身頃の前中心線に対して直角方向に切り開く（案内線A）。

　袖ぐり合い印は袖ぐり深さ$\frac{1}{2}$付近でグレーディングするので、縦のピッチは0.2cmとして、袖も同様に考える。衿ねかし分量が少ないので、後ろ中心縦方向のグレーディングはしない。

図6

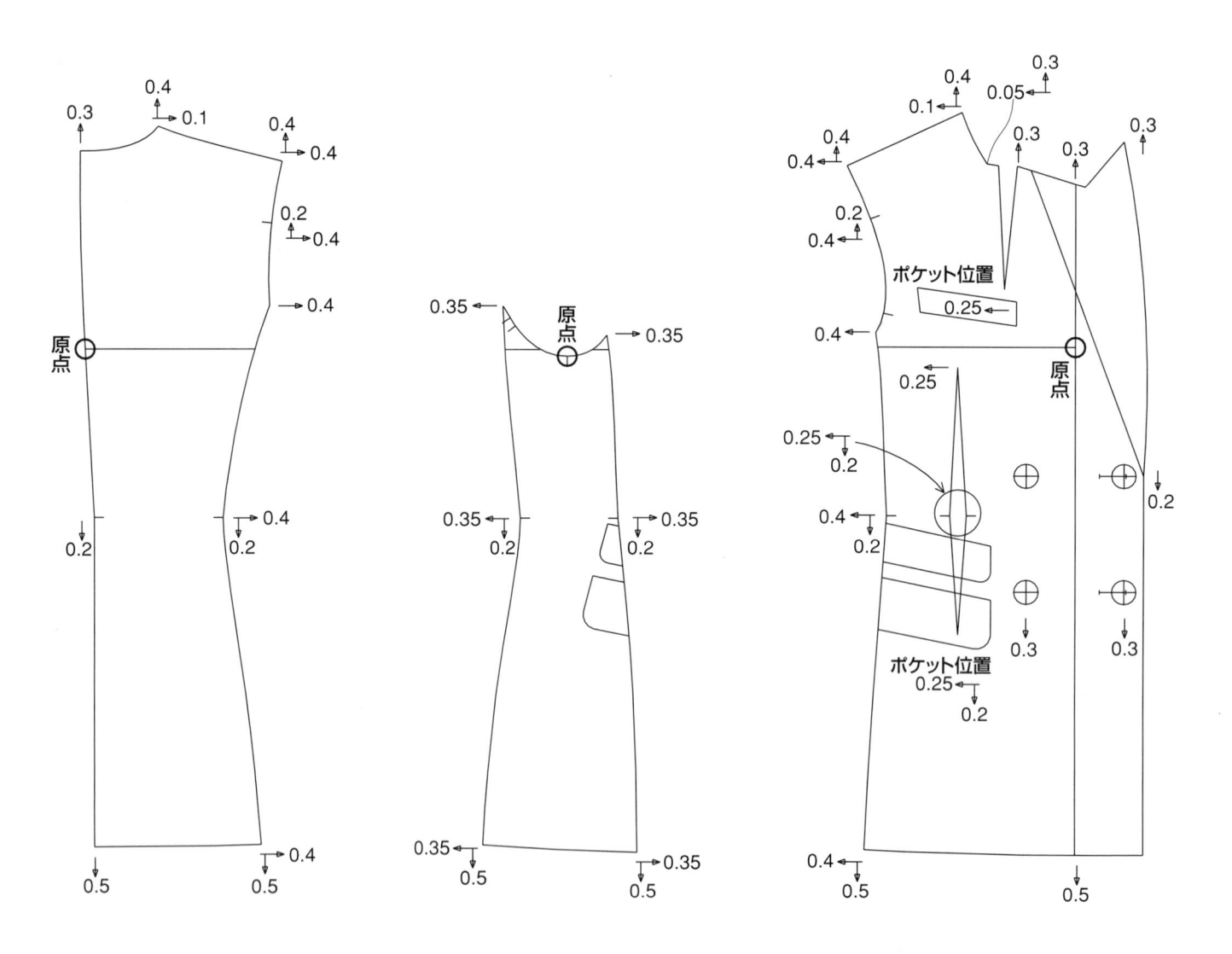

図7

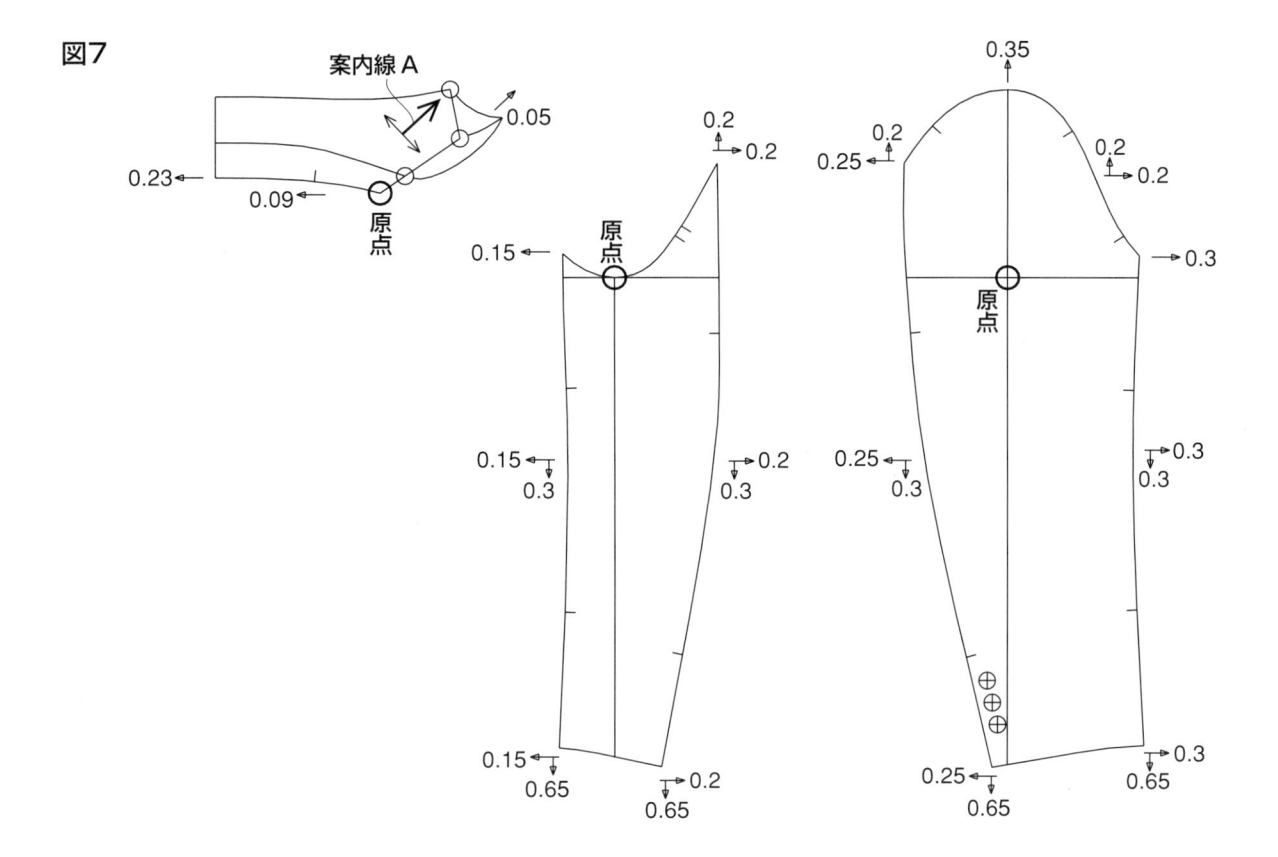

ネスト図

地の目線は11号の出来上り線まで延長する。

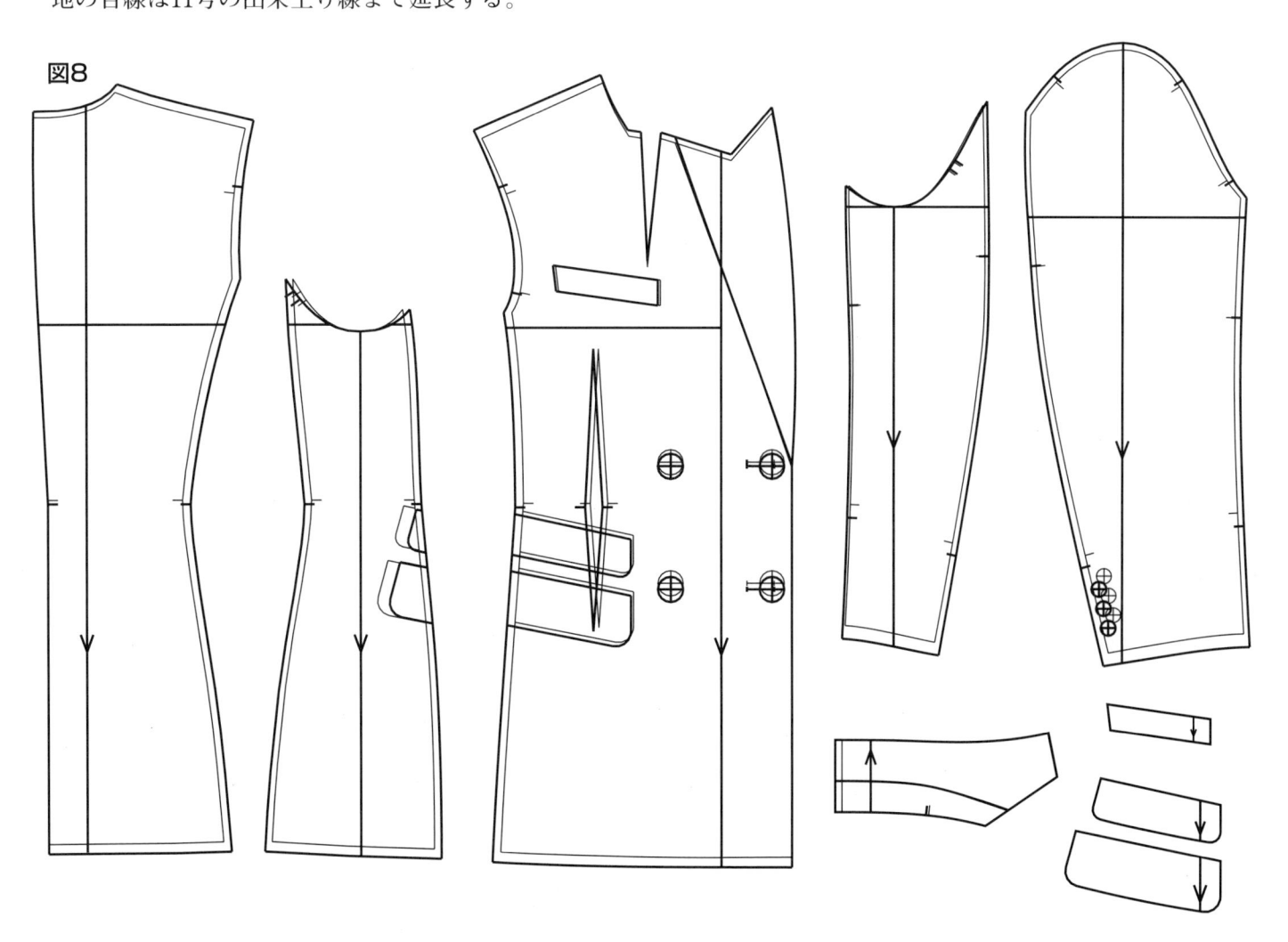

図8

第3章　アイテムのグレーディング

(2) プリンセスライン、ショールカラーのジャケット

腰ポケット、衿幅はグレーディングしない。

1）切開線方式
切開線を入れる

衿と袖は99ページ「4　(1) ピークトラペル」を参照。

- ⓐ：ⓐのピッチの$\frac{1}{2}$をゴージ線と、衿ぐり線と切開線⑦の交差位置に振り分け、前中心線に平行線。
- ⓑ：ⓑのピッチの$\frac{1}{2}$を前身頃と前脇身頃に振り分け、プリンセスラインから1～1.5cm離した平行線。
- ⓒ・ⓖ：面の変り目位置、袖ぐり線から裾線に向かう線。
- ⓓ・ⓗ：ⓒ・ⓖから脇位置までの中央で袖ぐり線から裾線までの線。
- ⓔ：後ろ中心線から2～3cm離れた垂直線。
- $\frac{ⓕ}{2}$：$\frac{ⓑ}{2}$と同様。
- ⑦：肩線から1.5～2cm離れた位置。
- ⑦：肩先からバストラインの中央付近位置。
- ⑦：バストラインからウエスト位置までの中央付近位置。
- ⑦：ウエスト位置から裾線までの中央付近位置。

グレーディングピッチ
バスト（1周）＝3.0cm
ウエスト（1周）＝3.0cm
ヒップ（1周）＝3.0cm
天幅（左右）＝0.2cm
背肩幅（左右）＝0.8cm
衿ぐりの深さ＝0.1cm
カマ深＝0.3cm
背丈＝0.5cm
着丈＝0.8cm
袖幅＝0.9cm
袖口幅＝0.9cm
袖山高さ＝0.35cm
肘丈＝0.65cm
袖丈＝1.0cm

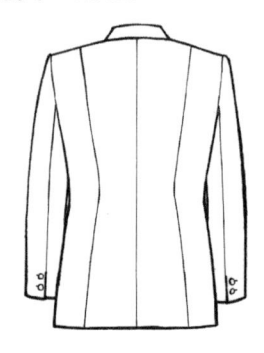

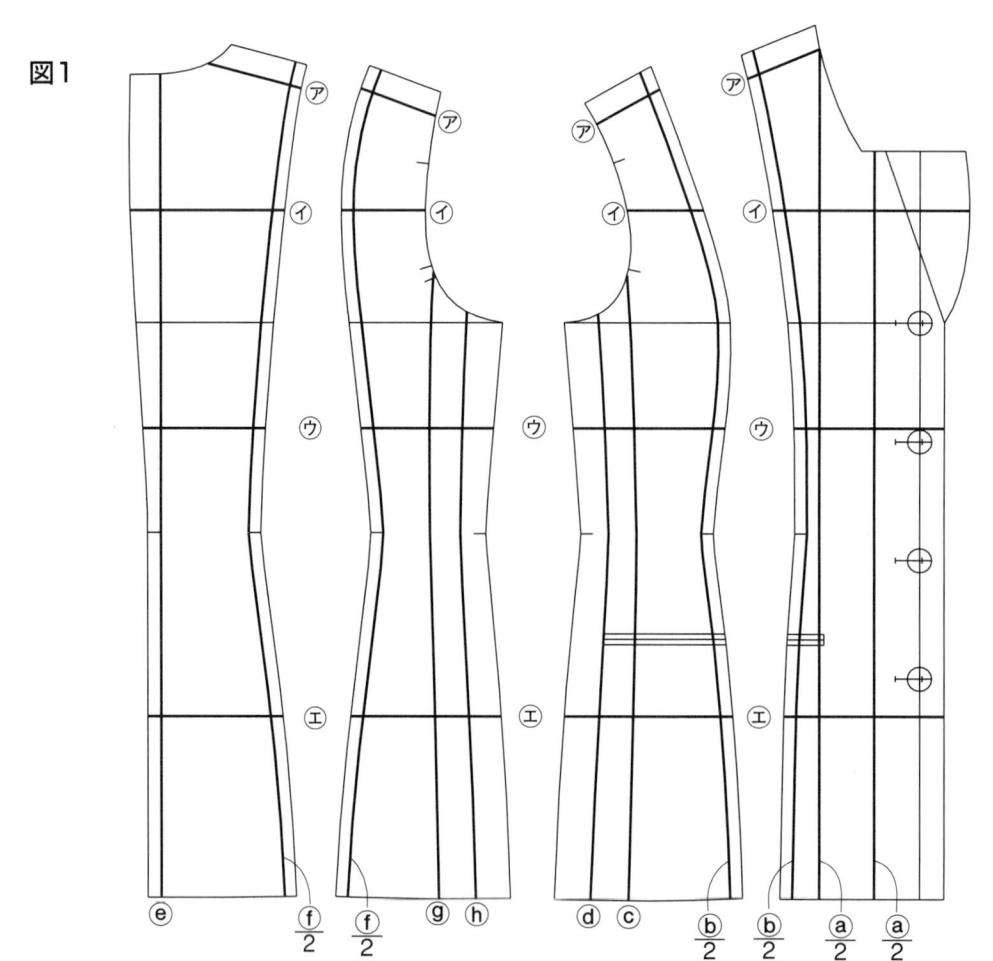

図1

切開線で切り開く

身頃の切開線ⓐ〜ⓗは水平方向、㋐〜㋓は垂直方向に切り開く。ただし、それぞれ元のプリンセスラインを写し取り、プリンセスラインと肩線の角でずれるAとBの差寸を、脇身頃で肩線平行方向（矢印方向）へずらす。中心身頃で追加した分量と同分量を、脇身頃でけずる。結果的に中心身頃の肩線の長さが脇身頃より多くグレーディングすることになる。

脇身頃の腰ポケット位置は前身頃のポケット口線を切替え線まで延長して、脇身頃を合わせ、口寸法を同寸法にする。ポケット位置がウエスト位置に近いため、縦方向のグレーディングはウエストと同じ0.2cmピッチにする。ボタン間隔は縦方向に0.1cmずつグレーディングする。

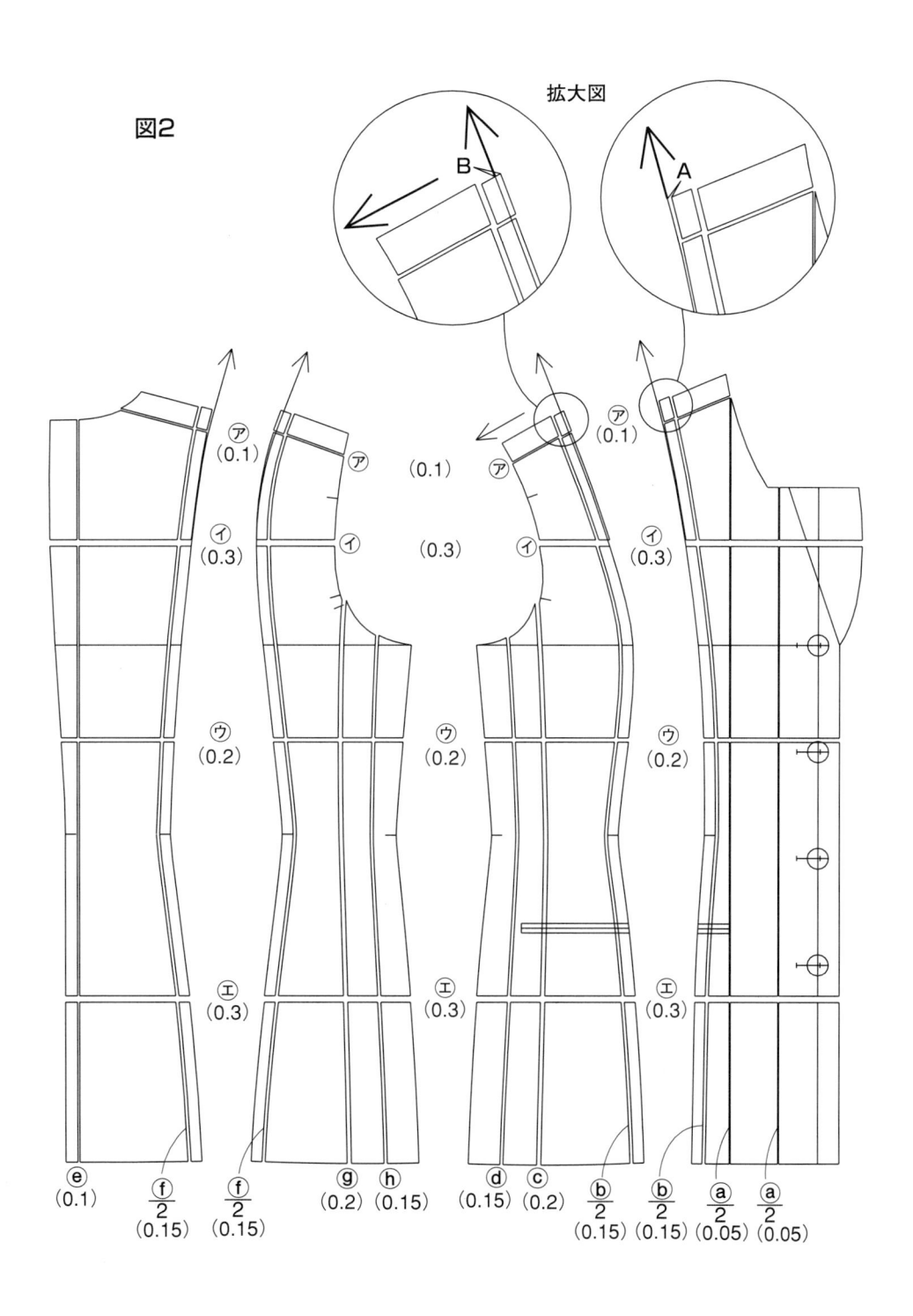

図2　拡大図

2）ピッチ方式

　身頃の原点を前・後中心線とバストラインの交差した位置に決め、原点を基準に上下・左右方向にグレーディングする。ただし、プリンセスラインの方向は、縦はプリンセスラインの延長方向、横は水平方向に移動する。

　腰ポケットは移動してから脇身頃と合わせ、位置決めをし、同寸法とする。

　衿と袖は99ページ「4　(1) ピークトラペル」を参照。

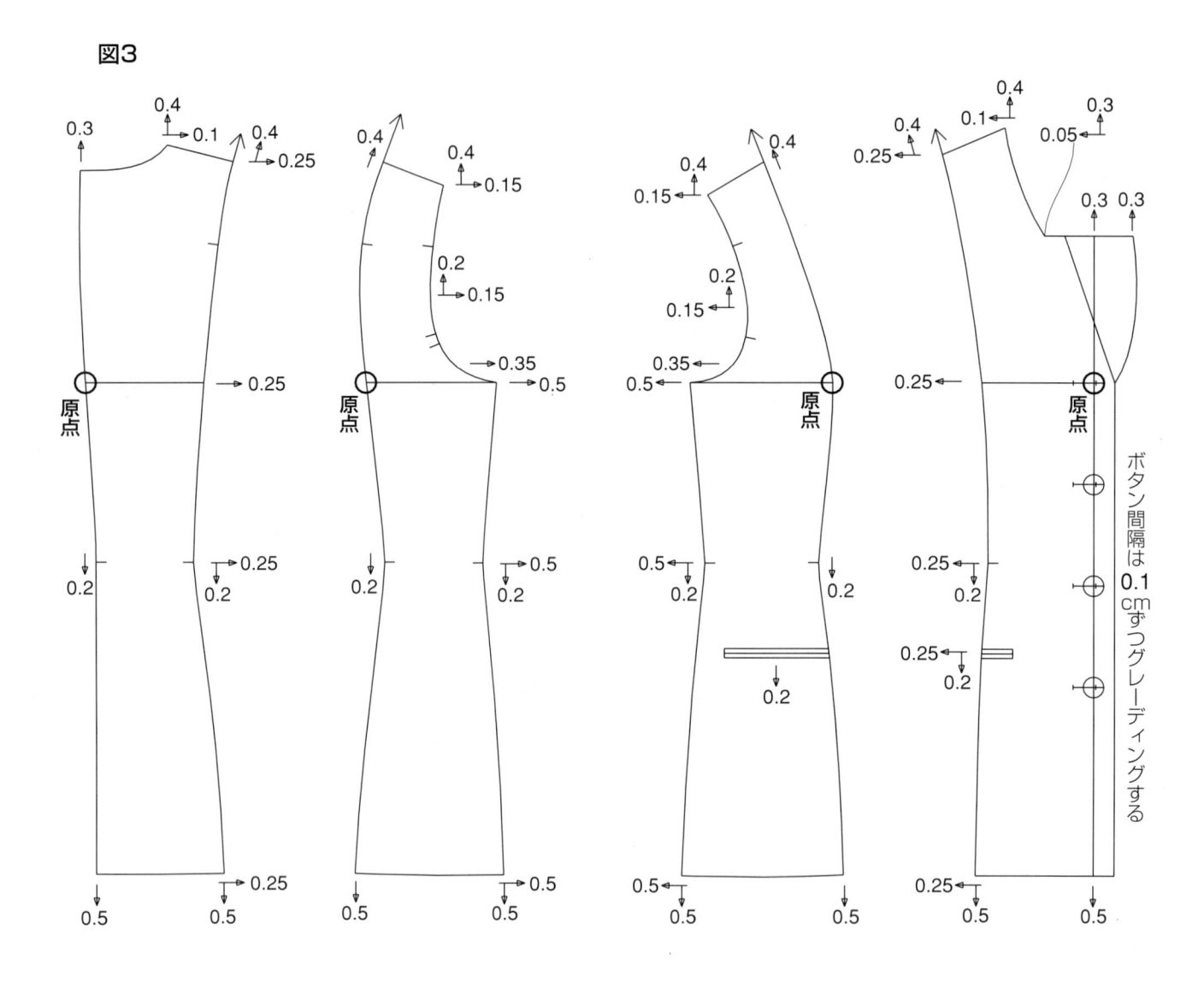

図3

ネスト図

地の目線は11号の出来上り線まで延長する。

図4

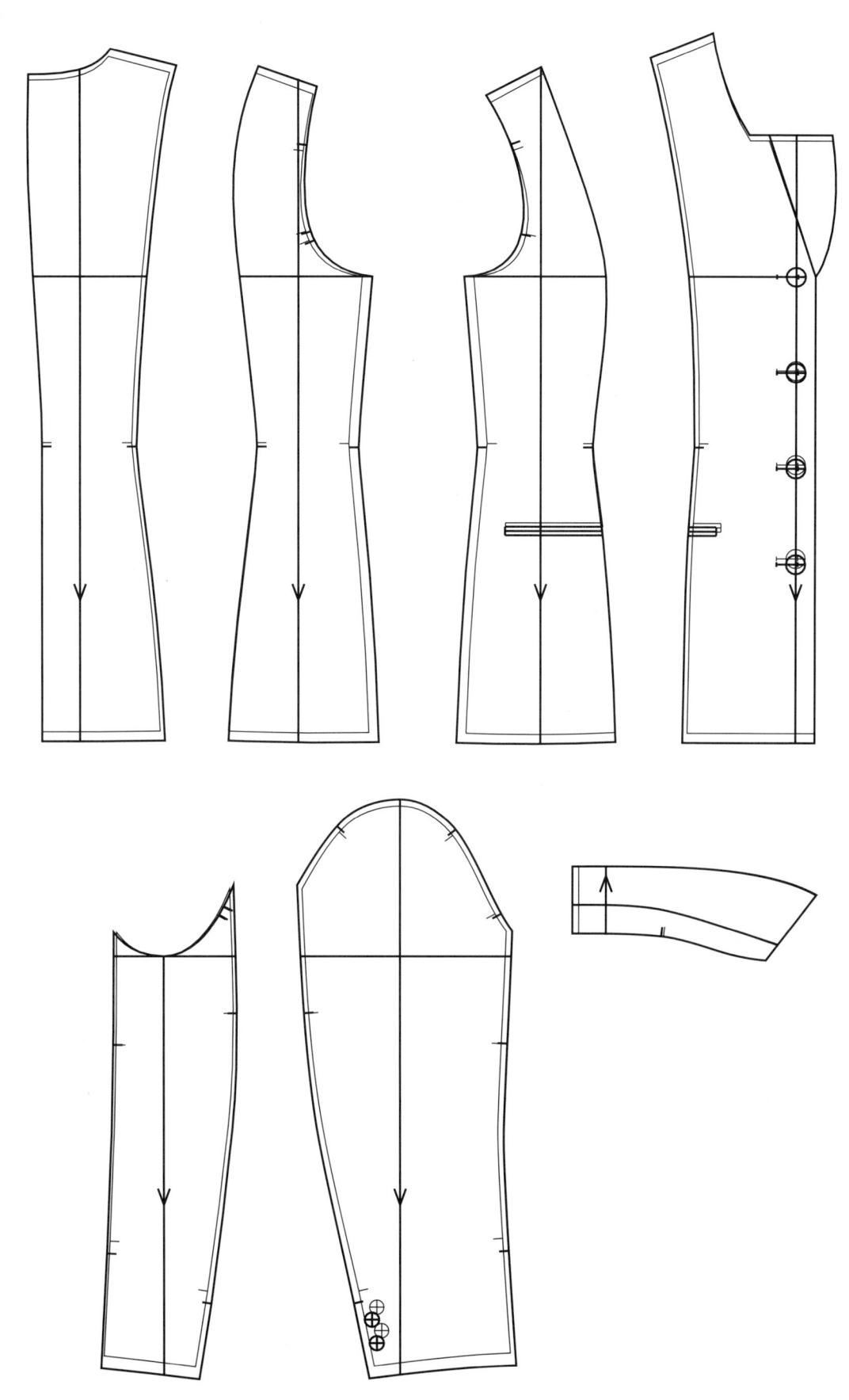

（3）パネルライン、シャツカラー（衿腰切替え）のジャケット

腰ポケット・衿幅はグレーディングしない。

グレーディングピッチ
バスト（1周）＝3.0cm　　背丈＝0.5cm
ウエスト（1周）＝3.0cm　着丈＝0.8cm
ヒップ（1周）＝3.0cm　　袖幅＝0.9cm
天幅（左右）＝0.2cm　　　袖口幅＝0.9cm
背肩幅（左右）＝0.8cm　　袖山高さ＝0.35cm
衿ぐりの深さ＝0.1cm　　　肘丈＝0.65cm
カマ深＝0.3cm　　　　　　袖丈＝1.0cm

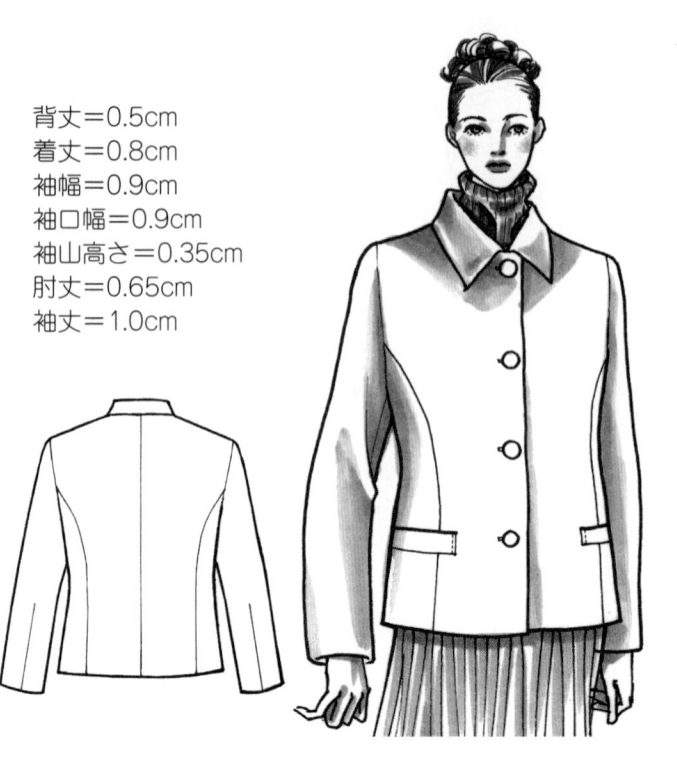

1）切開線方式

切開線を入れる

- ⓐ・ⓔ：前・後中心線から2～3cm離れた垂直線。
- ⓑ・ⓕ：前・後中心線からパネルライン位置までを、ⓑ・ⓕのピッチの$\frac{1}{2}$を前・後身頃と前・後脇身頃に振り分け、109ページ図1のように切開線を引く。
- ⓒ・ⓖ：面の変り目位置、袖ぐり線から裾線に向かう線。
- ⓓ・ⓗ：ⓒ・ⓖから脇位置までの中央で袖ぐり線から裾線までの線。
- ⓘ・ⓙ・ⓚ・ⓛ・ⓝ：身頃に入れた切開線につながるような位置に入れる。必ずしも同位置にはならない。切替え線位置のバランスで切開線位置やピッチを決める。
- ⓜ：ⓜのピッチの$\frac{1}{2}$をダーツの両側に引く。
- ㋐：肩線から1.5～2cm離れた位置。
- ㋑：前・後袖ぐりの切替え（パネル）線位置が肩先からバストラインの中央付近位置なので㋑のピッチの$\frac{1}{2}$を前・後身頃と前・後脇身頃に振り分けて切開線を引く。
- ㋒：バストラインからウエスト位置までの中央付近位置。
- ㋓：ウエスト位置から裾線までの中央付近位置。
- ㋕：身頃に入れた切開線㋐につながるような位置に入れる。
- ㋖：身頃に入れた切開線㋑（肩先からバストラインの中央付近）位置に入れる。
- ㋗：袖底と肘の中間位置に入れる。
- ㋘：肘と袖口の中間位置に入れる。

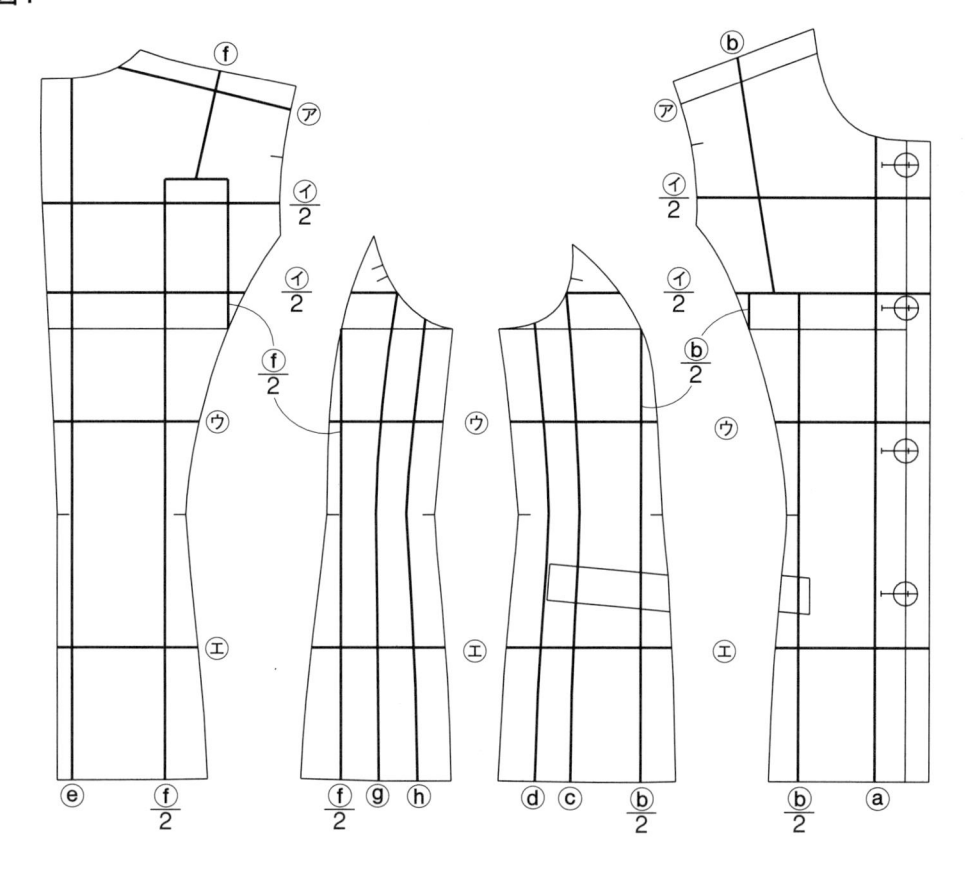

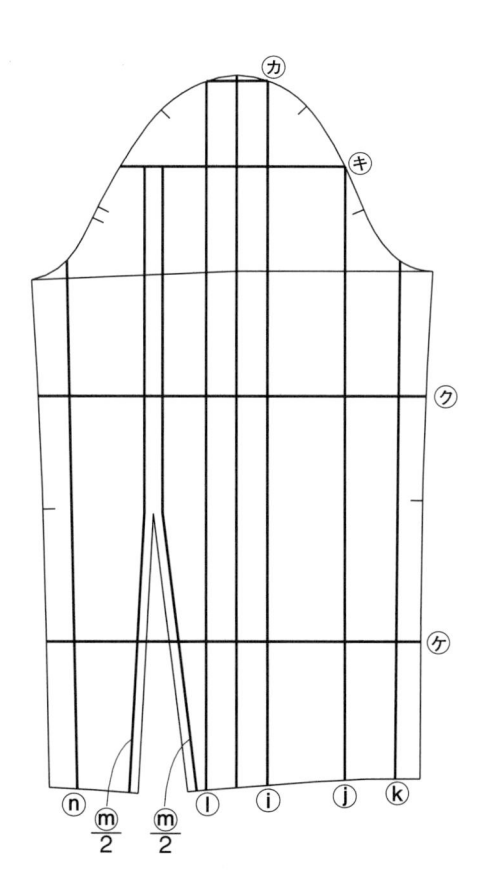

図1

第3章　アイテムのグレーディング

衿の切開線

台衿ⓐ・ⓔ：身頃と同位置でつけ線に直角。
上衿ⓐ・ⓔ：台衿と合わせ、同位置で返り線に直角。
　　　ⓐ：身頃と合わせつけ線に直角。

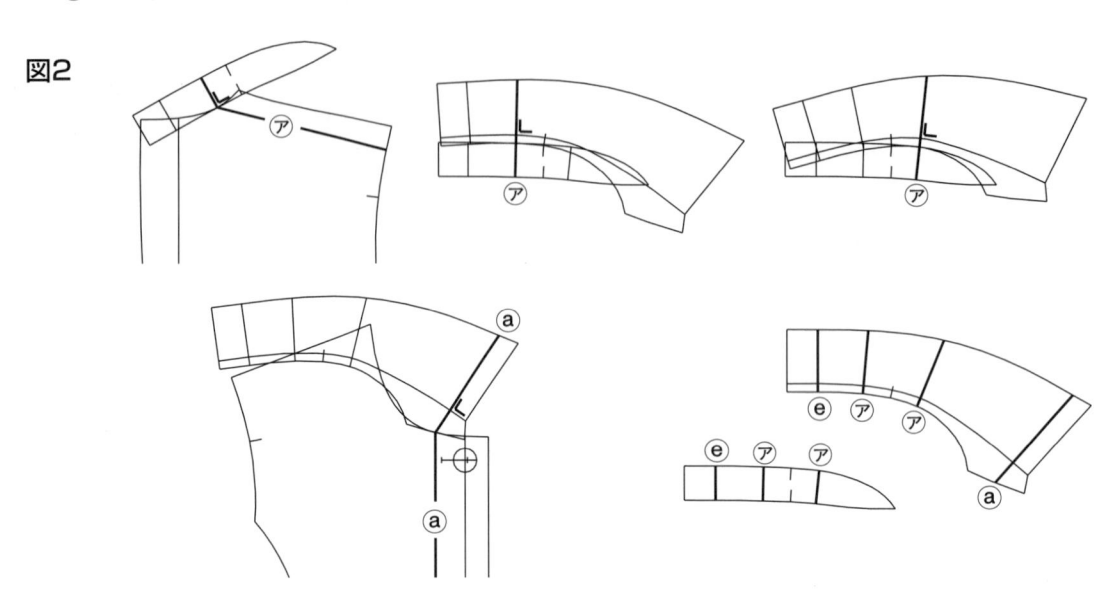

図2

切開線で切り開く

切開線ⓐ～ⓗは水平方向、ⓐ～ⓔは垂直方向に切り開く。
脇身頃の腰ポケット位置は身頃のポケット口を切替え線まで延長して、脇と身頃を合わせ、口寸法を同寸法にする。ポケット位置がウエスト位置に近いため、縦方向のグレーディングはウエストと同じ0.2cmピッチにする。ボタン間隔は縦方向に0.2cmずつグレーディングする。

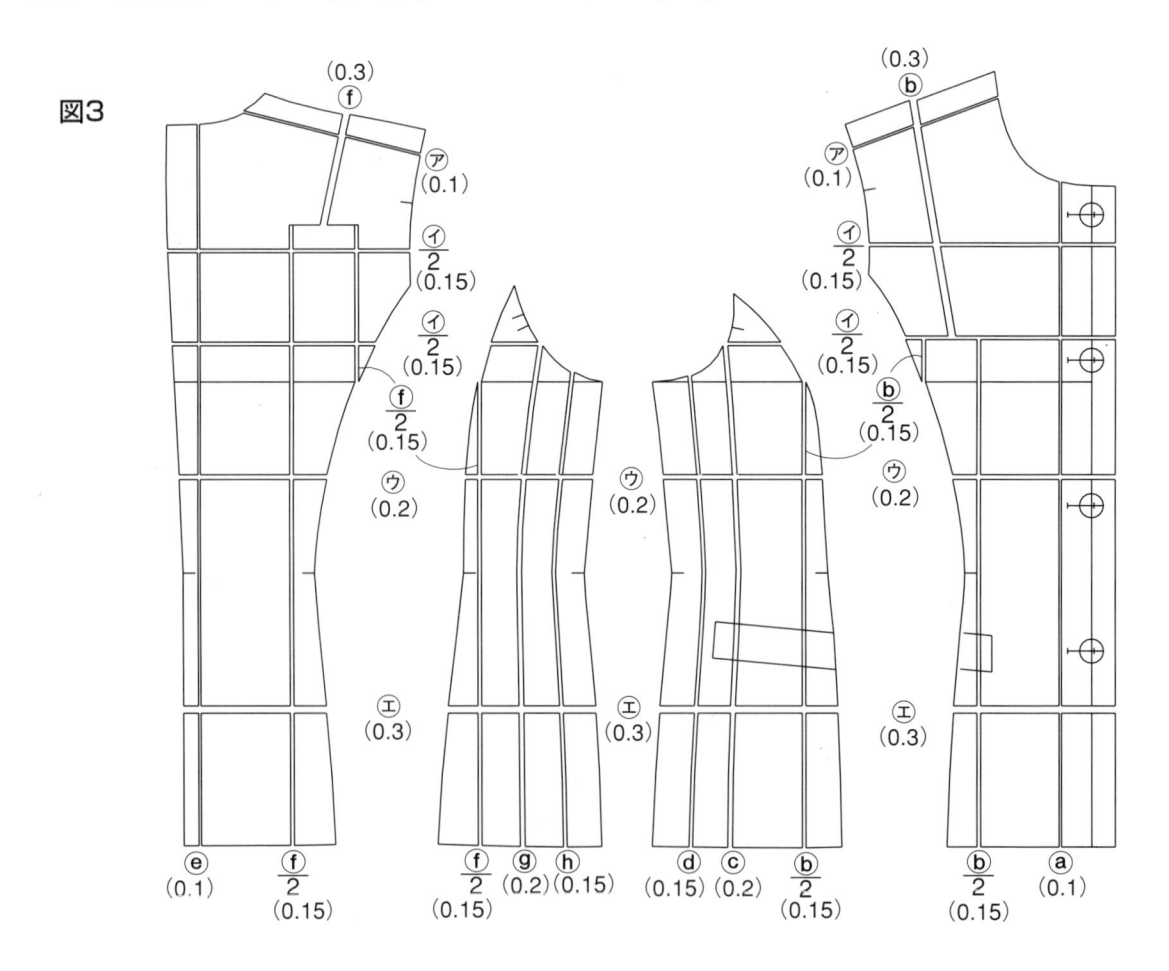

図3

図4

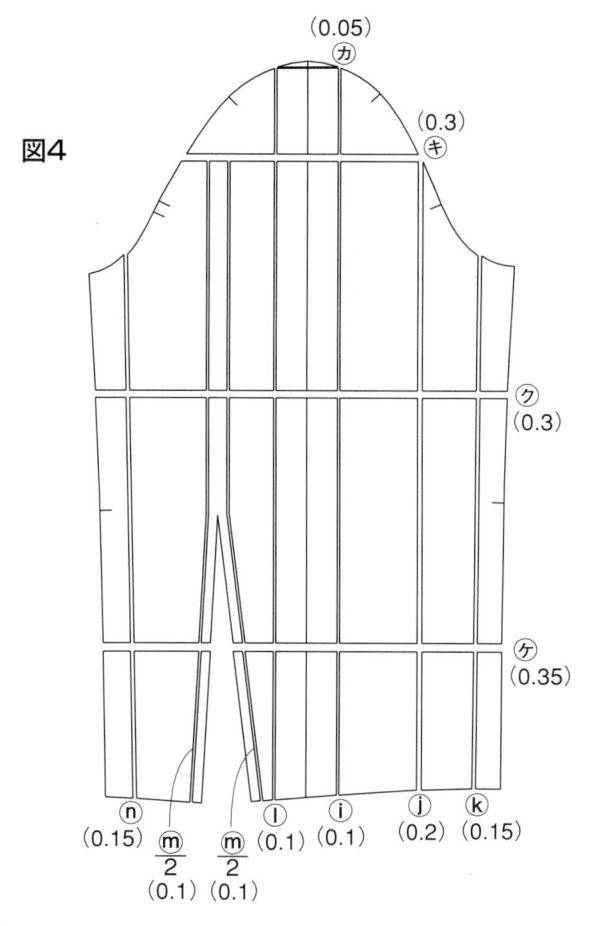

衿は切開線に対して直角方向に開く。

図5

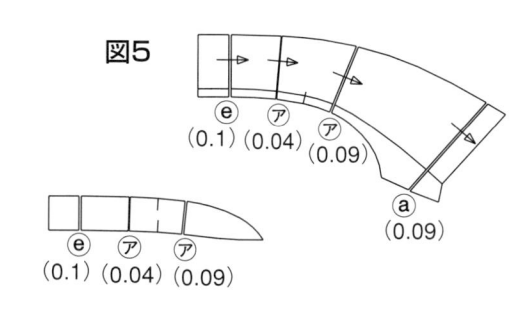

2）ピッチ方式

身頃の原点を前・後中心線とバストラインの交差した位置に決める（図6）。

今回は前脇身頃は前身頃と、後ろ脇身頃は後ろ身頃と一緒に動かす方法でグレーディングする。原点を基準に上下・左右方向にグレーディングする。

前・後身頃と前後・脇身頃のパネルラインは、同じピッチになるので一緒に写し取る。

腰ポケットは移動してから脇身頃と合わせ、位置決めをし、同寸にする。

図6

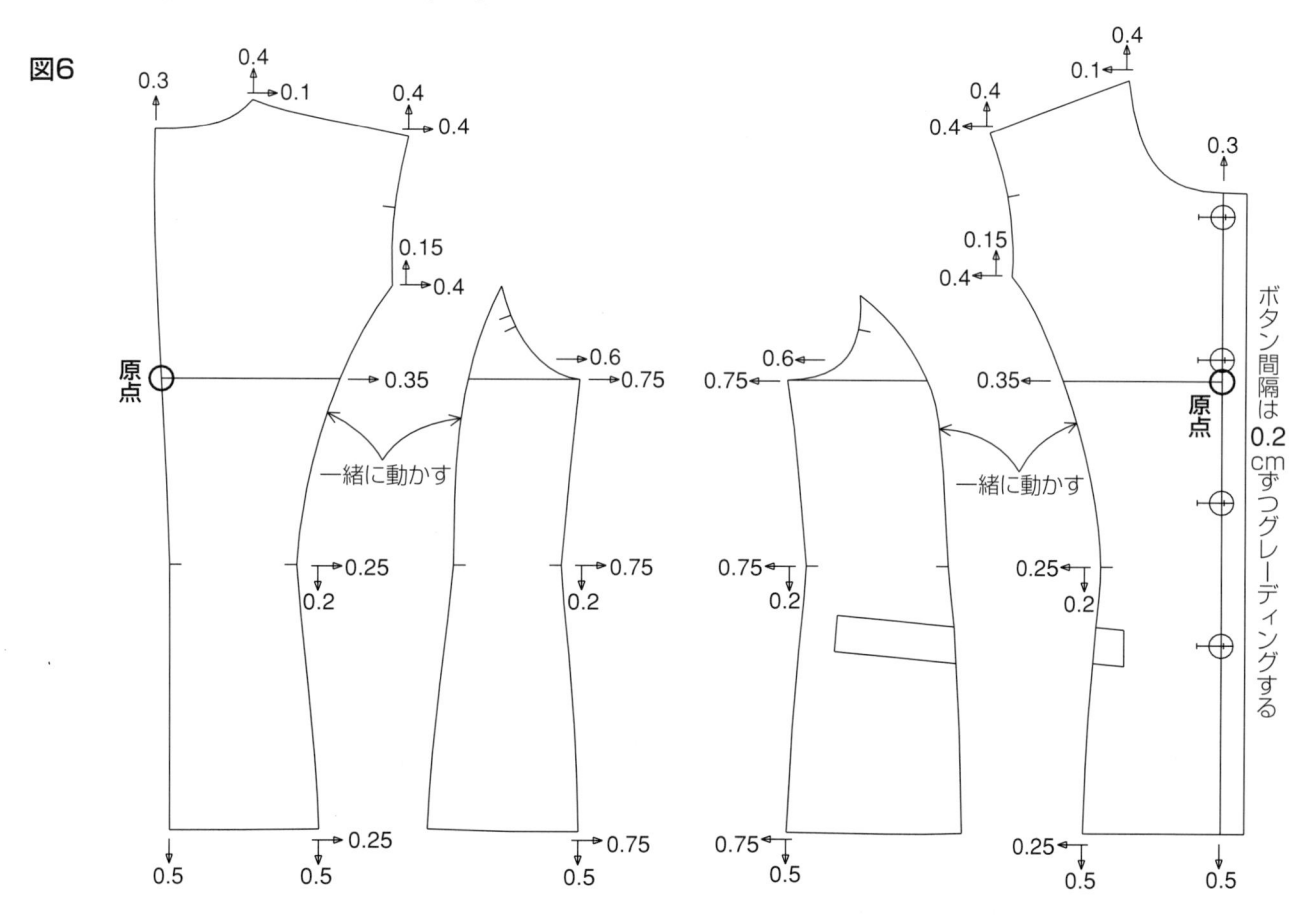

ボタン間隔は0.2cmずつグレーディングする

第3章 アイテムのグレーディング

袖は袖山垂直線と袖底水平線の交差位置を原点に、上下・左右方向にグレーディングする（図7）。

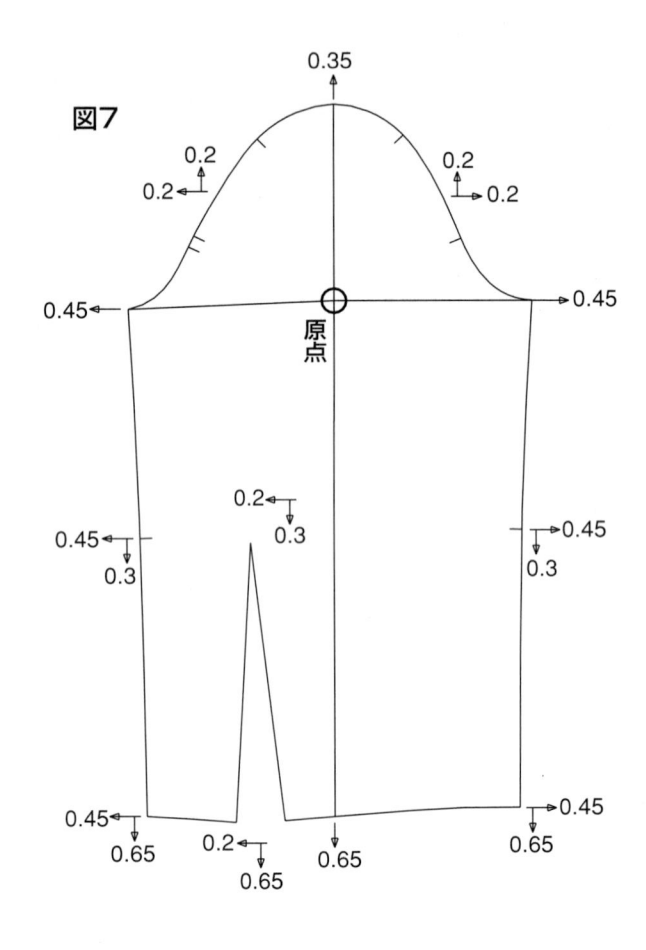

図7

衿は台衿と上衿の後ろ中心を図のように合わせたとき、●印寸法の寸法が5.6cmなので、1.7％（34ページ表1参照）を上衿で縦方向にグレーディングする。台衿は縦方向にグレーディングはしない（図8）。

図8

原点は上衿の前中心位置、台衿は前側の端に決めピッチを設定する（9図）。

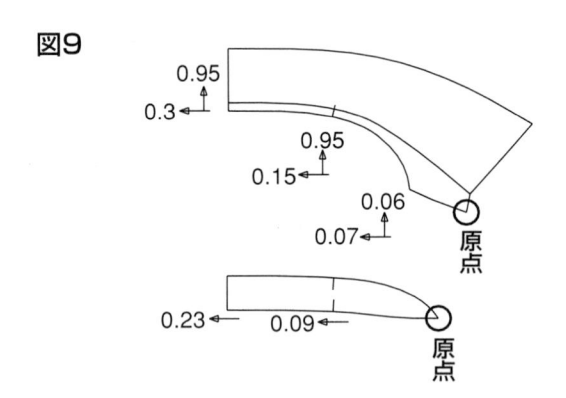

図9

ネスト図
　地の目線は11号の出来上り線まで延長する。

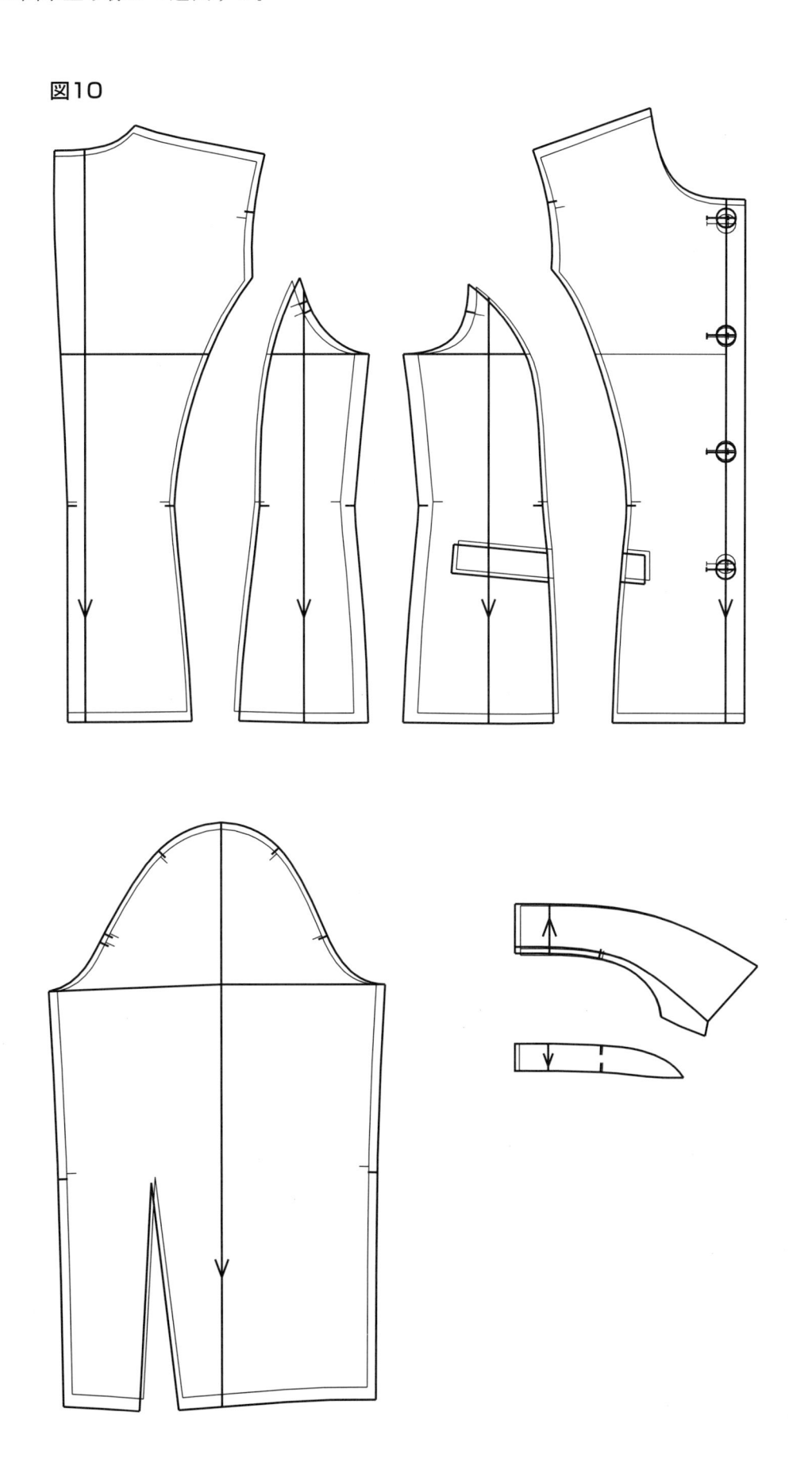

図10

(4) カーブドラペルのジャケット

1）切開線方式

衿幅・ラペル幅・タック分量はグレーディングしない。

グレーディングピッチ

バスト（1周）＝3.0cm	背丈＝0.5cm
ウエスト（1周）＝3.0cm	着丈＝0.8cm
ヒップ（1周）＝3.0cm	袖幅＝0.9cm
天幅（左右）＝0.2cm	袖口幅＝0.9cm
背肩幅（左右）＝0.8cm	袖山高さ＝0.35cm
衿ぐりの深さ＝0.1cm	肘丈＝0.65cm
カマ深＝0.3cm	袖丈＝1.0cm

切開線を入れる（115ページ図1）

ⓐ・ⓔ：前・後中心線から2～3cm離れた線。

ⓑ・ⓕ：前・後中心線からパネルライン位置までを、ⓑ・ⓕのピッチの$\frac{1}{2}$を前・後身頃と前後・脇身頃に振り分け、115ページ図1のように切開線を引く。

ⓒ・ⓖ：面の変り目位置、袖ぐり線から裾線に向かう線。

ⓓ・ⓗ：ⓒ・ⓖから脇位置までの中央で袖ぐり線から裾線までの線。

ⓘ・ⓙ・ⓚ・ⓛ・ⓝ：身頃に入れた切開線につながるような位置に入れる。必ずしも同位置にはならない。切替え線位置のバランスで切開線位置やピッチを決める。

ⓜ：ⓜのピッチの$\frac{1}{2}$をダーツの両側に引く。切開線はタックの中に入れない。

㋐：肩線から1.5～2cm離れた位置。

㋑：前・後袖ぐりの切替え（パネル）線位置が肩先からバストラインの中央付近なので㋑のピッチの$\frac{1}{2}$を前・後身頃と前後・脇身頃に振り分けて切開線を引く。

㋒：バストラインからウエスト位置までの中央付近位置。

㋓：身頃に入れた切開線㋐につながるような位置に入れる。

㋔：身頃に入れた切開線㋑（肩先からバストラインの中央付近）位置に入れる。

㋕：袖底と肘の中間位置に入れる。

㋖：肘と袖口の中間位置に入れる。

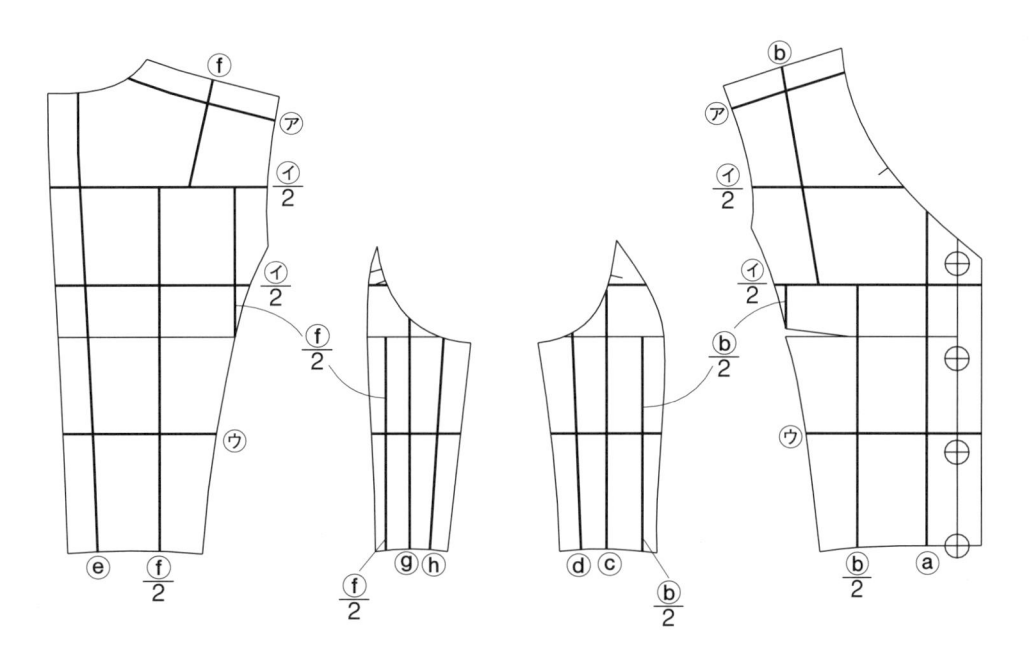

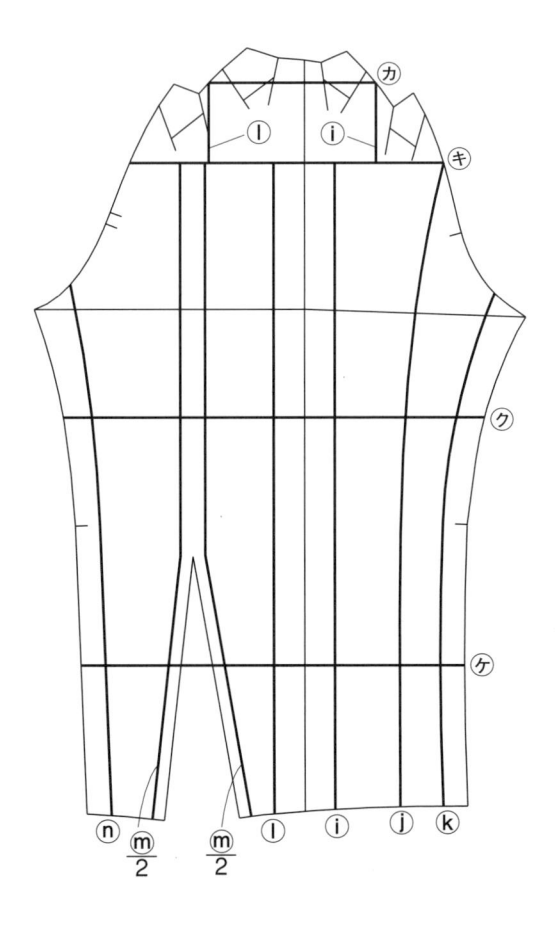

図1

ペプラムの切開線

ⓐ・ⓓ・ⓔ・ⓗ：前・後中心線と前後・脇線に平行で同位置に入れる。

ⓑ・ⓒ・ⓕ・ⓖ：身頃とペプラムを合わせ、身頃の切開線をペプラム裾まで延長する。ペプラムに入っている伸ばし分量を考慮して位置決めをする。

㋑：ウエスト位置から裾線までの中央付近位置。

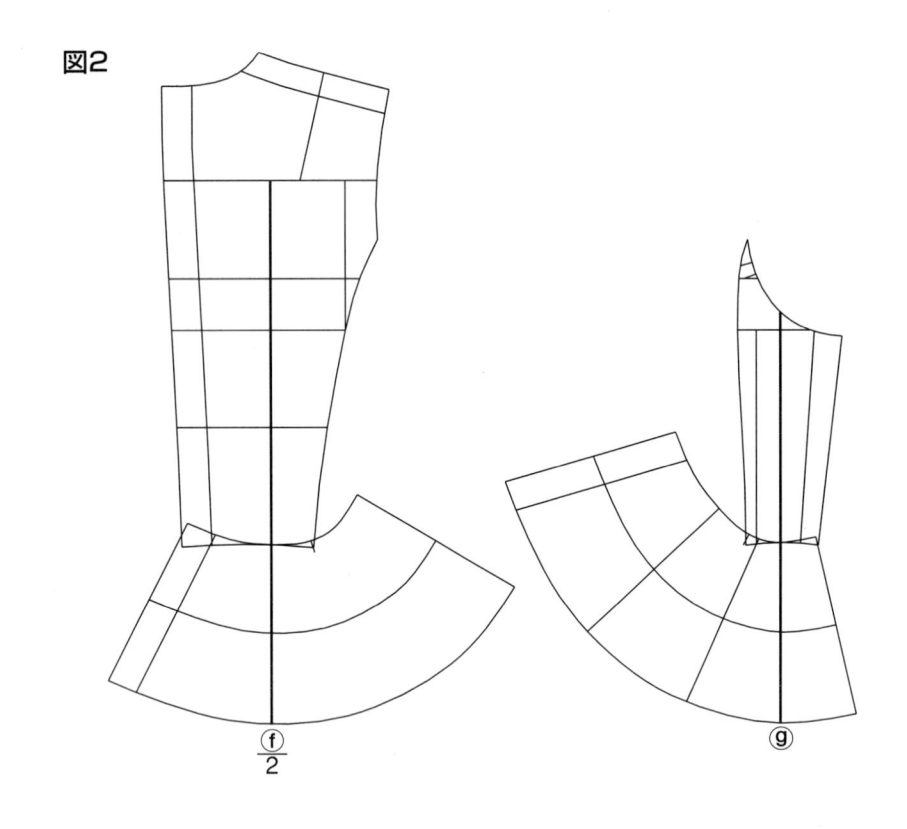

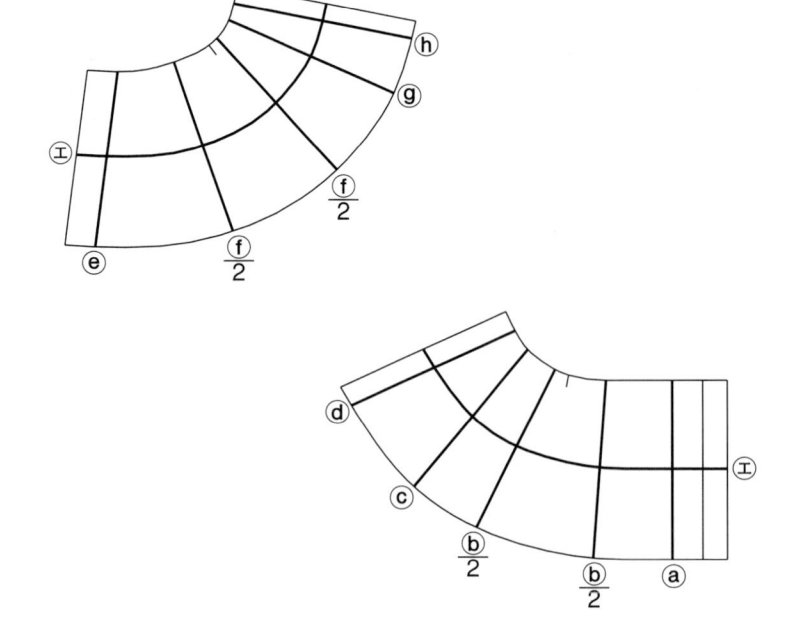

図2

衿の切開線
　ⓔ：身頃と同位置で後ろ中心に平行。
　ⓐ・㋐・㋑：身頃と合わせ、返り線に直角。

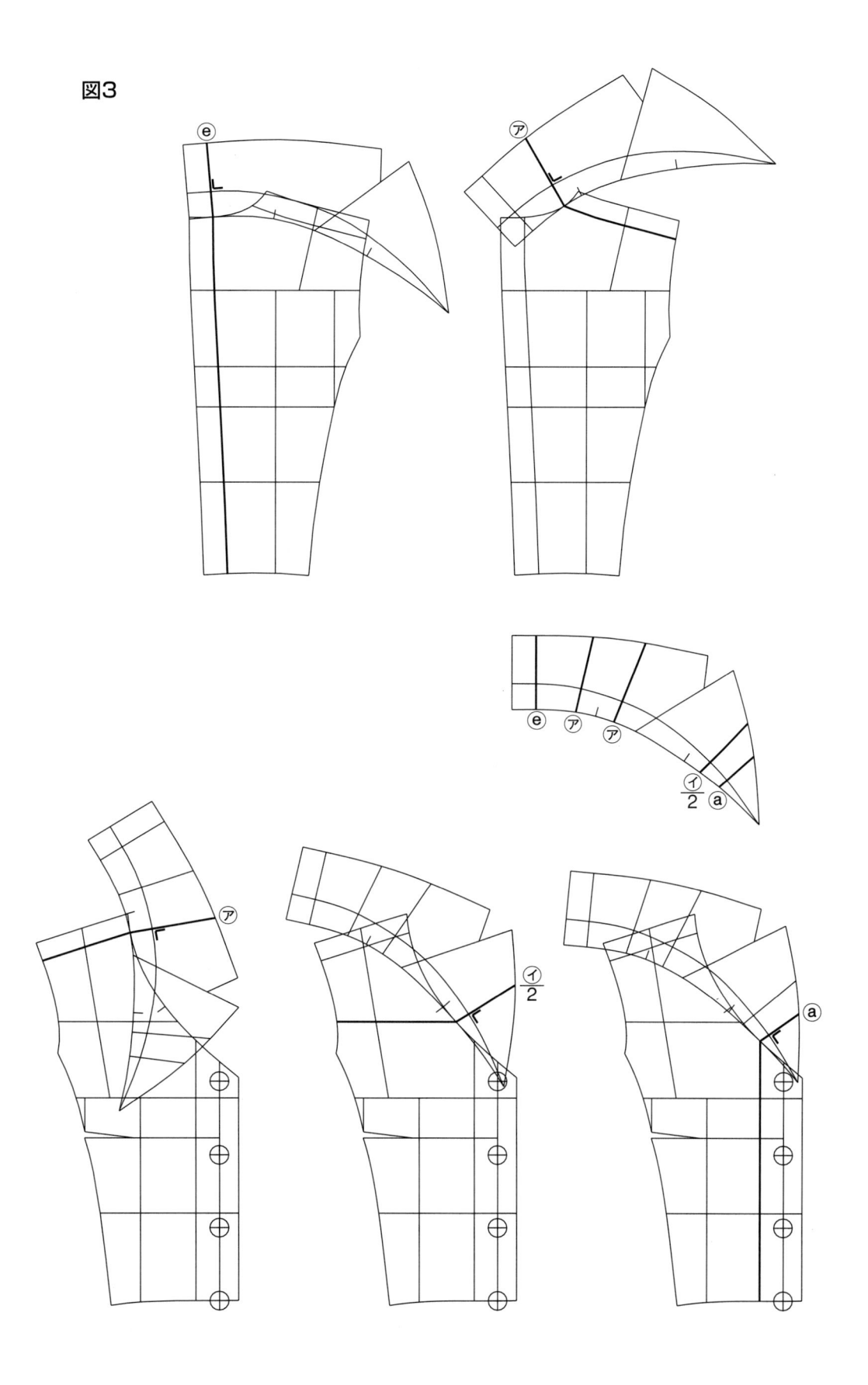

図3

切開線で切り開く

身頃と袖の切開線ⓐ〜ⓗは水平方向、㋐〜㋒と㋕〜㋙は垂直方向に切り開く。ただし、衿とペプラムは切開線に対して直角方向に開く。ボタン間隔は等分割とする。

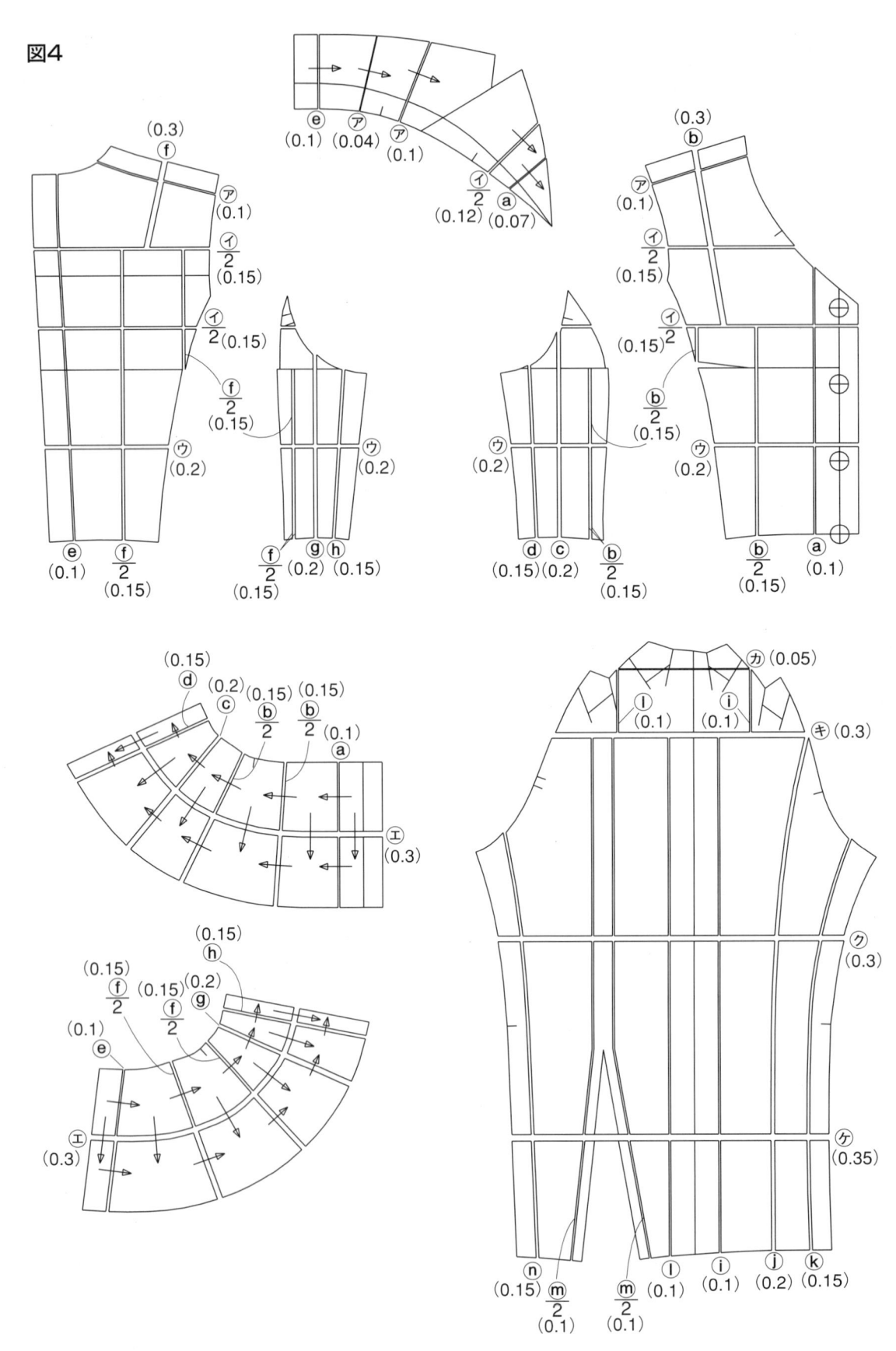

図4

2) ピッチ方式

身頃の原点を前・後中心線とバストラインの交差した位置に決める。

今回、前脇身頃は前身頃と、後ろ脇身頃は後ろ身頃と一緒に動かす方法でグレーディングを行なう。原点を基準に上下・左右方向にグレーディングする。

前・後身頃と前・後脇身頃のパネルラインは、同じピッチになるので一緒に写し取る。また、サイドダーツはダーツ線の方向にグレーディングする。

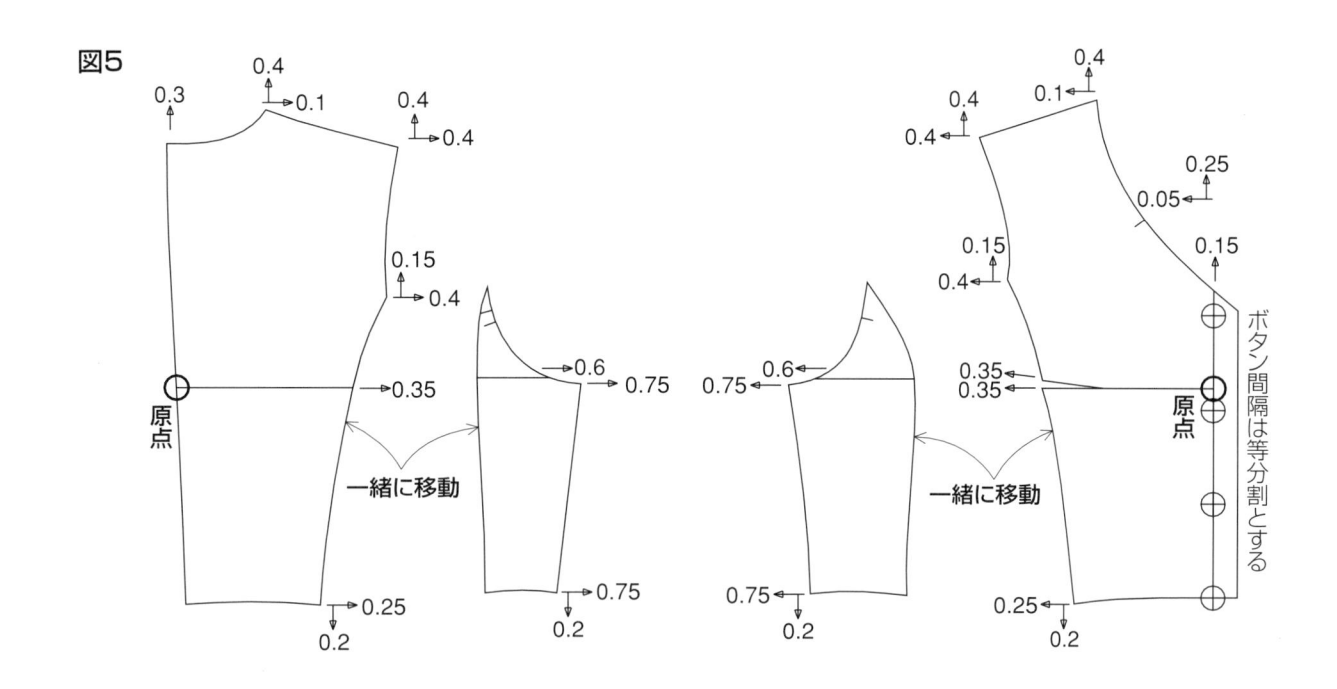

図5

ペプラムは、切替え線合い印から直角に線を引き（破線）、前・後中心線と破線の中央、破線と前・後ろ脇線の中央にウエスト切替え線から裾線まで線を引く。

その線に対して直角方向（矢印）にグレーディングする。脇線は平行にグレーディングする「53ページ第2章 3（2）4）ピッチ方式（フレア方向にグレーディングする考え方）図6参照」。

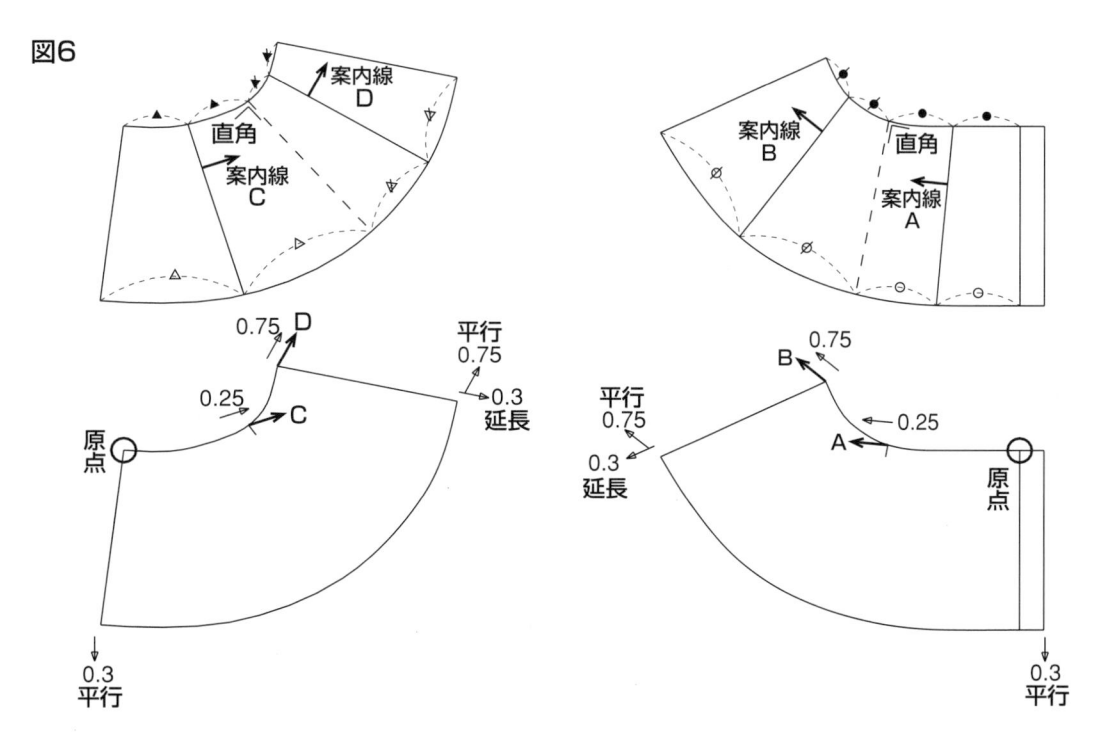

図6

袖は袖山垂直線と袖底水平線の交差位置を原点に決め、原点を基準に上下・左右方向にグレーディングする。タックは前後1本目と2本目の間でグレーディングをしてタック分量は変化させない（図7）。

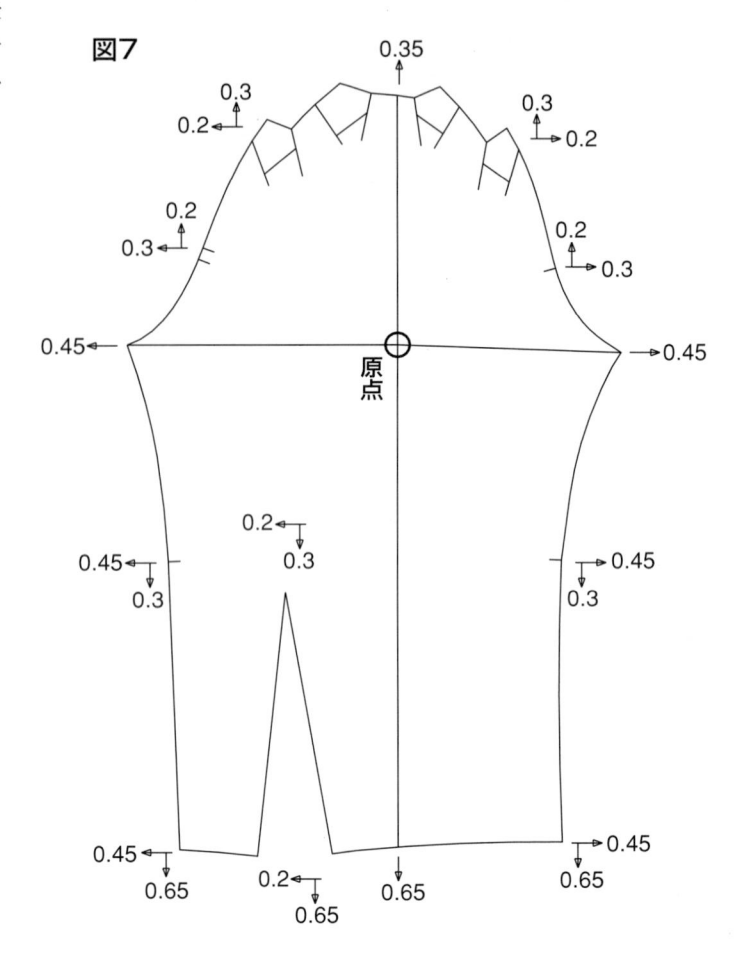

図7

　衿はマスターパターンの後ろ中心●印寸法が12.8cmなので、1.4％（34ページ表1参照）を縦方向にグレーディングする。ゴージ位置はSNPに近いのでSNPとピッチを同じにする。ラペル部分の合い印位置は前身頃の衿ぐり合い印と合わせる（図8）。

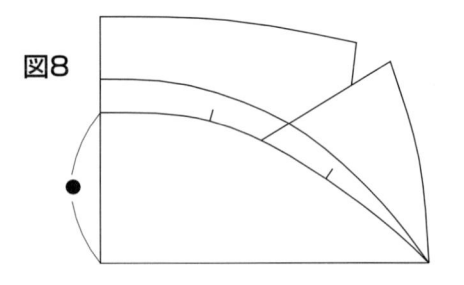

図8

　原点は衿の前端位置に決めピッチを設定する（図9）。

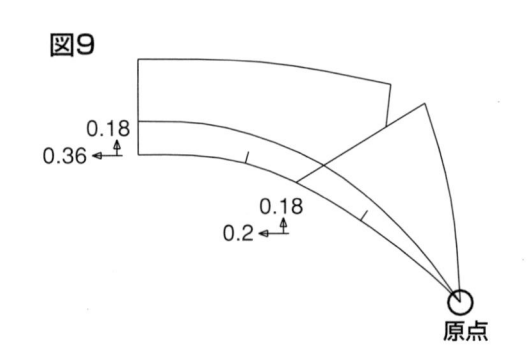

図9

ネスト図
地の目線は11号の出来上り線まで延長する。

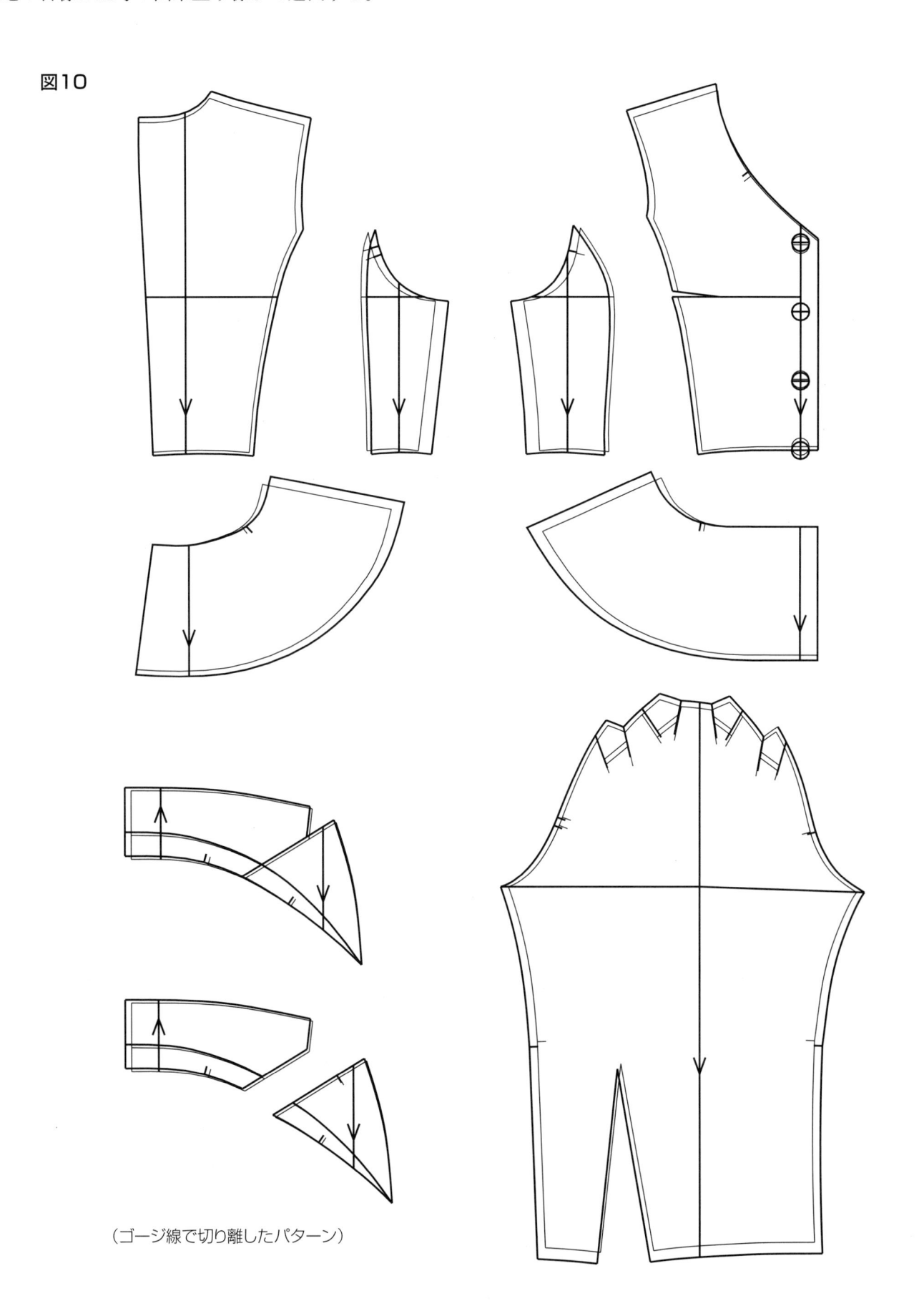

図10

（ゴージ線で切り離したパターン）

第3章 アイテムのグレーディング 121

5 コートのグレーディング
(1) トレンチコート

ポケット・後ろボックスプリーツ幅・衿幅・チンフラップはグレーディングしない。切開線入れは身頃と袖の切開線位置を合わせるため、袖が身頃についた作図の状態で行なう。ストームフラップは身頃に線を入れ、グレーディング終了後に抜き取る。

ラグラン袖は肩の部分と普通袖（1枚袖）の部分に分けてグレーディングピッチを入れなければならないので、肩先（このパターンでは肩章止めループ位置）から、袖ぐり線と袖山線を引き、身頃と袖を別々の方向にグレーディングする。

グレーディングピッチ
- バスト（1周）＝3.0cm
- ウエスト（1周）＝3.0cm
- ヒップ（1周）＝3.0cm
- 天幅（左右）＝0.2cm
- 背肩幅（左右）＝0.8cm
- 衿ぐりの深さ＝0.1cm
- カマ深＝0.3cm
- 背丈＝0.5cm
- 着丈＝2.0cm
- 袖幅＝0.9cm
- 袖口幅＝0.9cm
- 袖山高さ＝0.35cm
- 肘丈＝0.65cm
- 袖丈＝1.0cm

1）切開線方式
身頃・袖に切開線を入れる（123ページ図1）

- ⓐ：Wブレストなので前中心線から左右に2～3cm離れた垂直線。
- ⓑ：肩線からバストポイント付近を通り、裾線に向かう線。
- ⓒ・ⓖ：面の変り目位置、ラグラン線から裾線に向かう垂直線。
- ⓓ・ⓗ：ⓒ・ⓖから脇位置までの間で袖ぐり線から裾線までの垂直線。
- ⓔ：後ろ中心線から2～3cm離れた垂直線。
- ⓕ：肩線から肩甲骨位置を通り、裾線に向かう線。（ラグラン線が交差しているが、縫い合わせたときのつながりを考える）
- ⓙ・ⓚ・ⓜ・ⓝ：身頃に入れた切開線につながるような位置に入れる。必ずしも同位置にはならない。切替え線位置のバランスで切開線位置やピッチを決める。
- ㋐＝ⓘ：前袖切替え線（肩線）から1.5～2cm離し、衿ぐり線から袖口線までの線。
- ㋐＝ⓛ：後ろ袖切替え線（肩線）から1.5～2cm離し、衿ぐり線から袖口線までの線。
- ㋑：肩先からバストラインの中央付近位置。
- ㋒：袖ぐり底からウエスト位置までの中央付近位置。
- ㋓：ウエスト位置から裾線までの中央付近位置。
- ㋕：肩先位置。
- ㋖：身頃に入れた切開線㋑につながるような位置に入れる。
- ㋗：袖底と肘の中間位置に入れる。
- ㋘：肘と袖口の中間位置に入れる。

図1

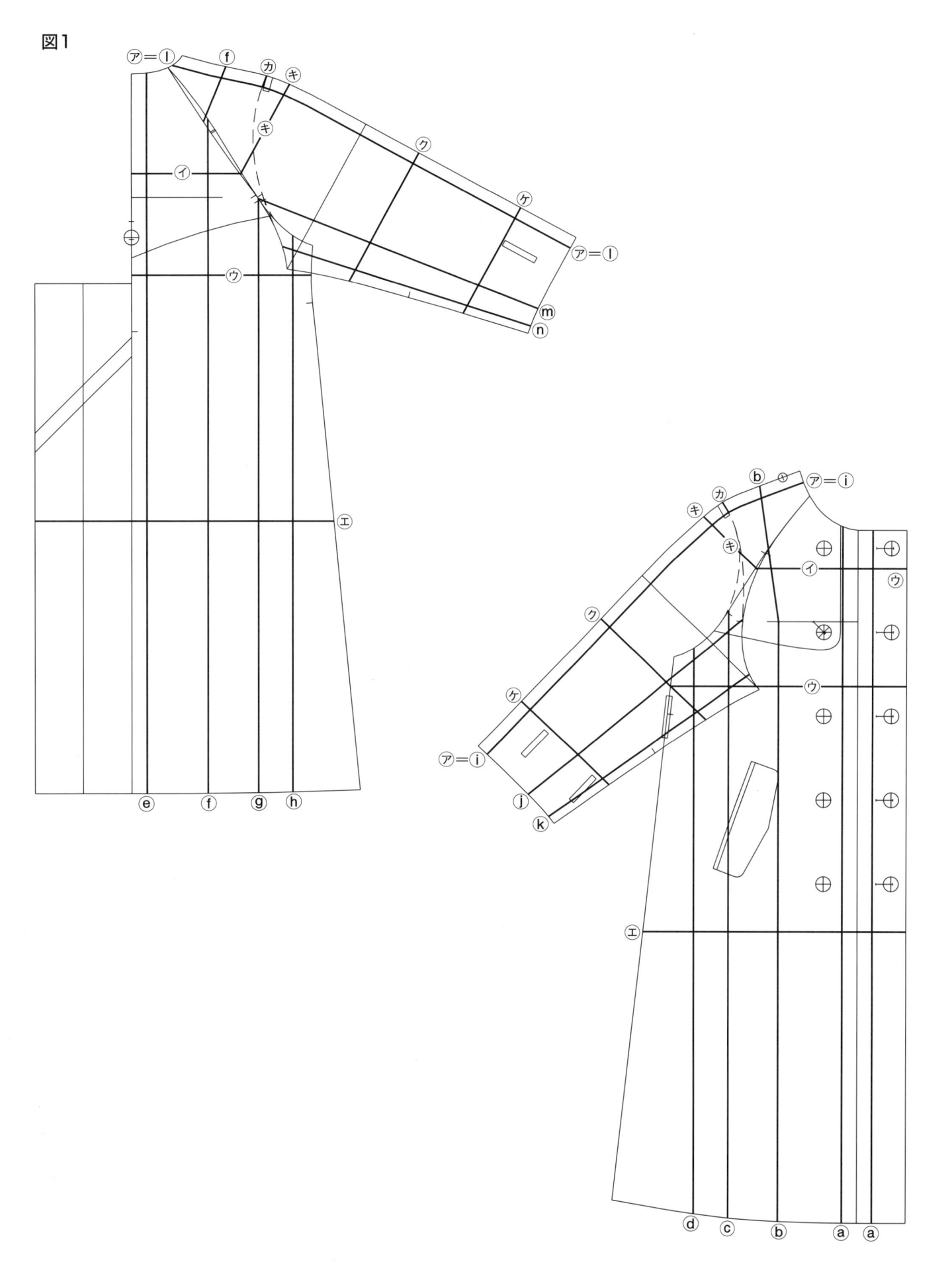

第3章　アイテムのグレーディング

衿に切開線を入れる

ⓐ・ⓔ・㋐：台衿は身頃と袖の切開線位置で衿つけ線に直角に入れ、上衿は台衿と同じ切開線位置で返り線に直角に入れる。台衿のチンフラップ止めボタン位置はグレーディングしない。

図2

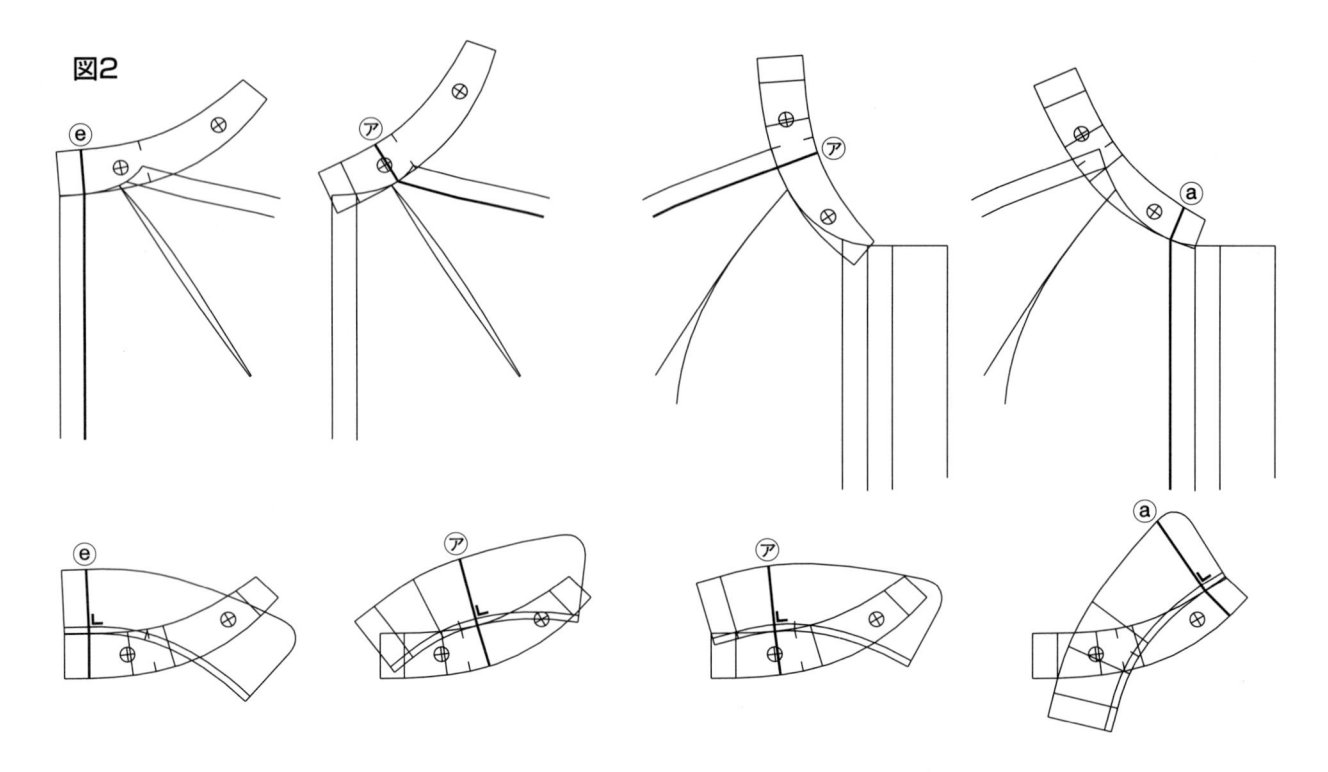

肩章に切開線を入れる

ⓑ：折り返る肩章なので下になる部分と上になる部分の両方に入れる。

図3

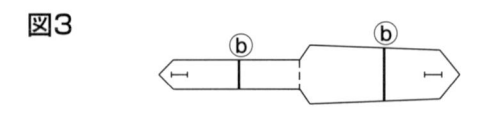

袖口ベルトに切開線を入れる

バックルつけ位置からハトメ穴の間に入れる。

図4　ⓘ＋ⓙ＋ⓚ＋ⓛ＋ⓜ＋ⓝ

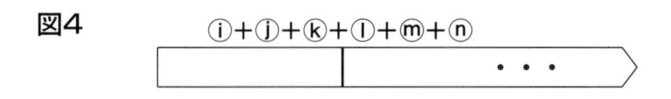

ウエストベルトに切開線を入れる

Ｄカンつけ位置から左右に入れる。

図5　ⓐ＋ⓑ＋ⓒ＋ⓓ＋ⓔ＋ⓕ＋ⓖ＋ⓗ　　　ⓐ＋ⓑ＋ⓒ＋ⓓ＋ⓔ＋ⓕ＋ⓖ＋ⓗ

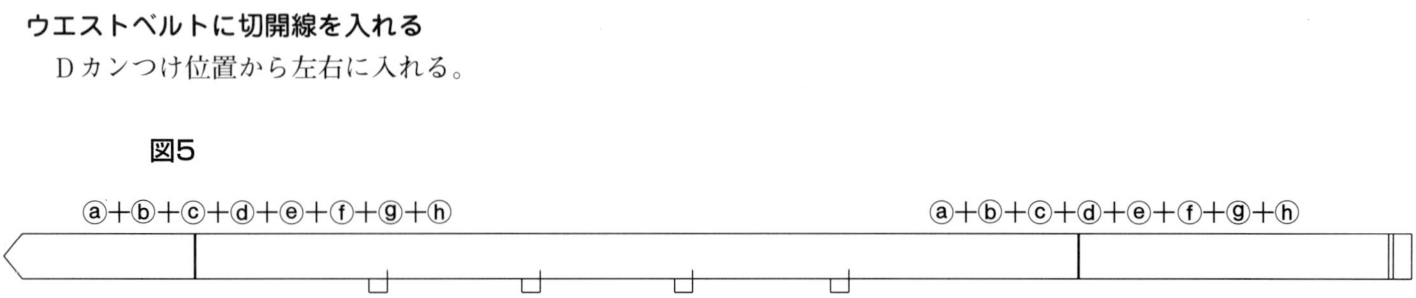

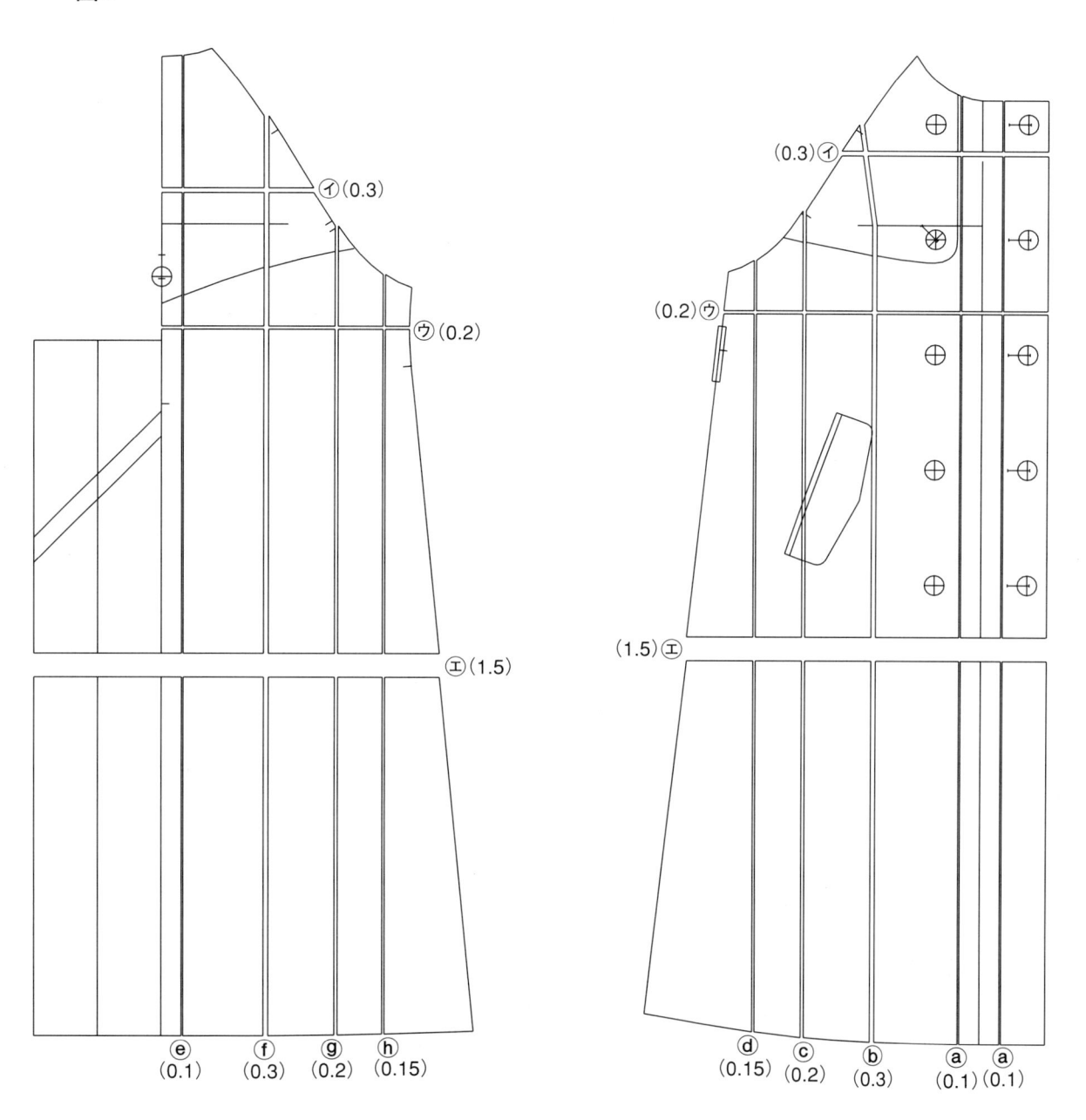

身頃を切開線で切り開く

ボタン間隔の横方向はCFから左右ⓐの0.1cmずつを足した0.2cmだが、縦方向は全体のバランスと前覆い布位置を考慮して0.3cmグレーディングする。

図6

ラグラン袖の肩部分切開線で切り開く

肩部分は身頃と同じ動きをさせるので、前・後中心線とバストラインに対して水平・垂直方向に切り開く。

図7

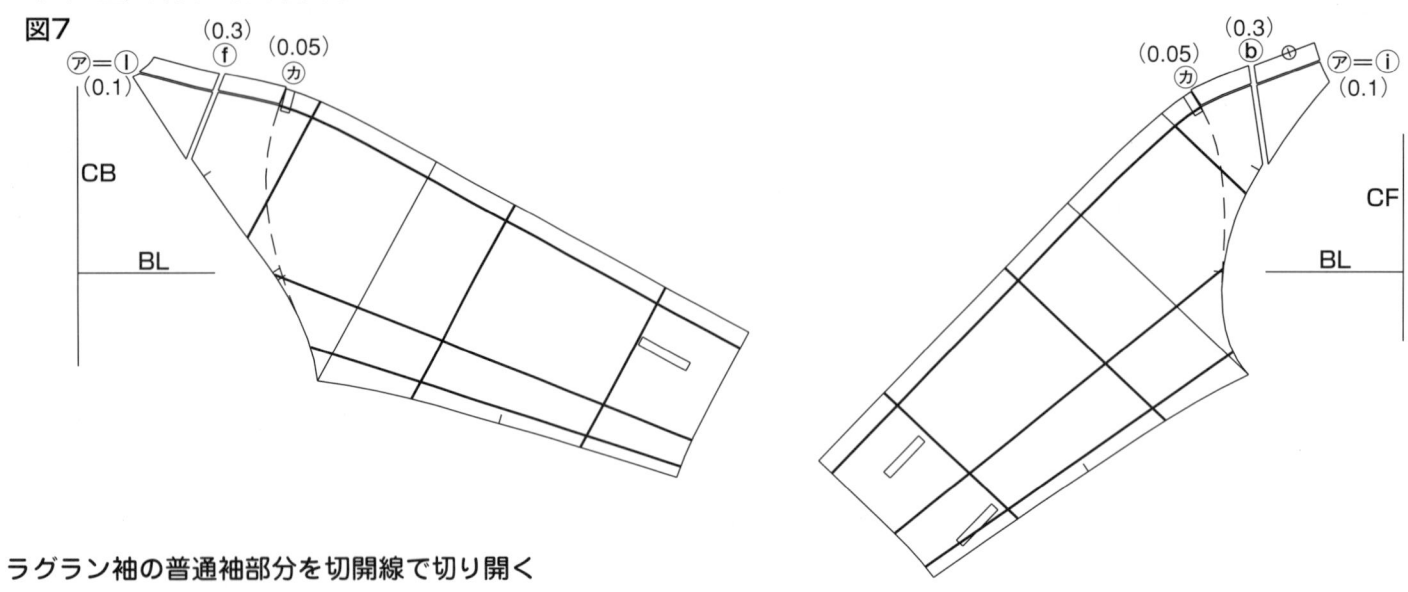

ラグラン袖の普通袖部分を切開線で切り開く

地の目線または、袖底水平線に対して水平・垂直方向に切り開く。

図8

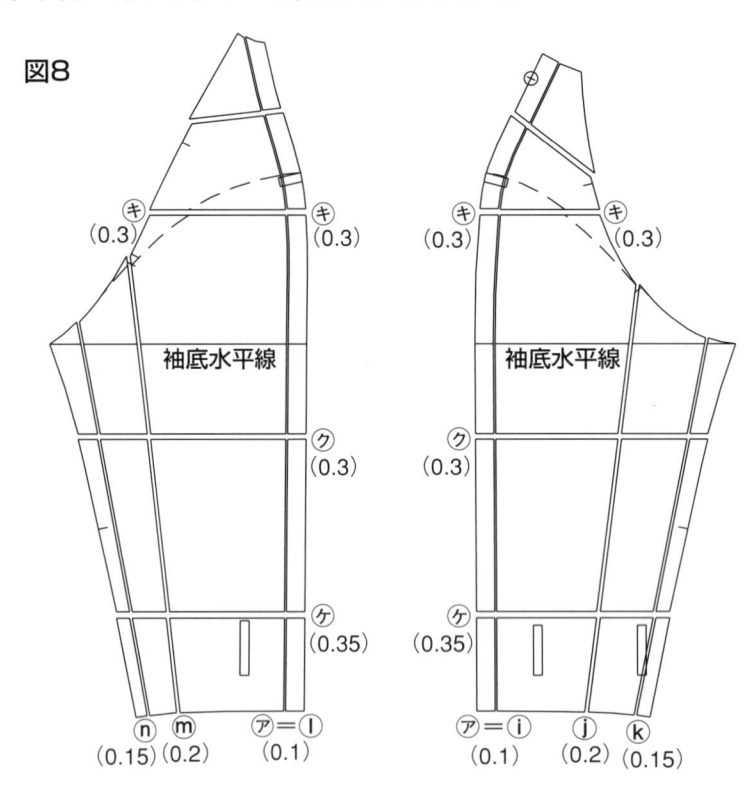

衿切開線で切り開く

切開線に対して直角方向に切り開く。

図9

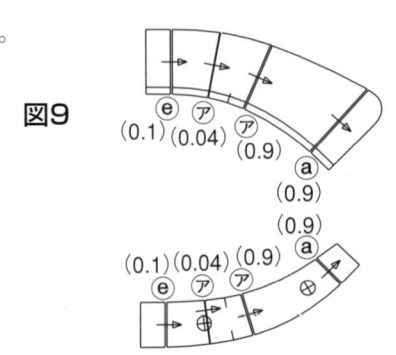

身頃とラグラン袖を合わせた図

ウエストベルト・袖口ベルト・肩章の切開図は省略する。

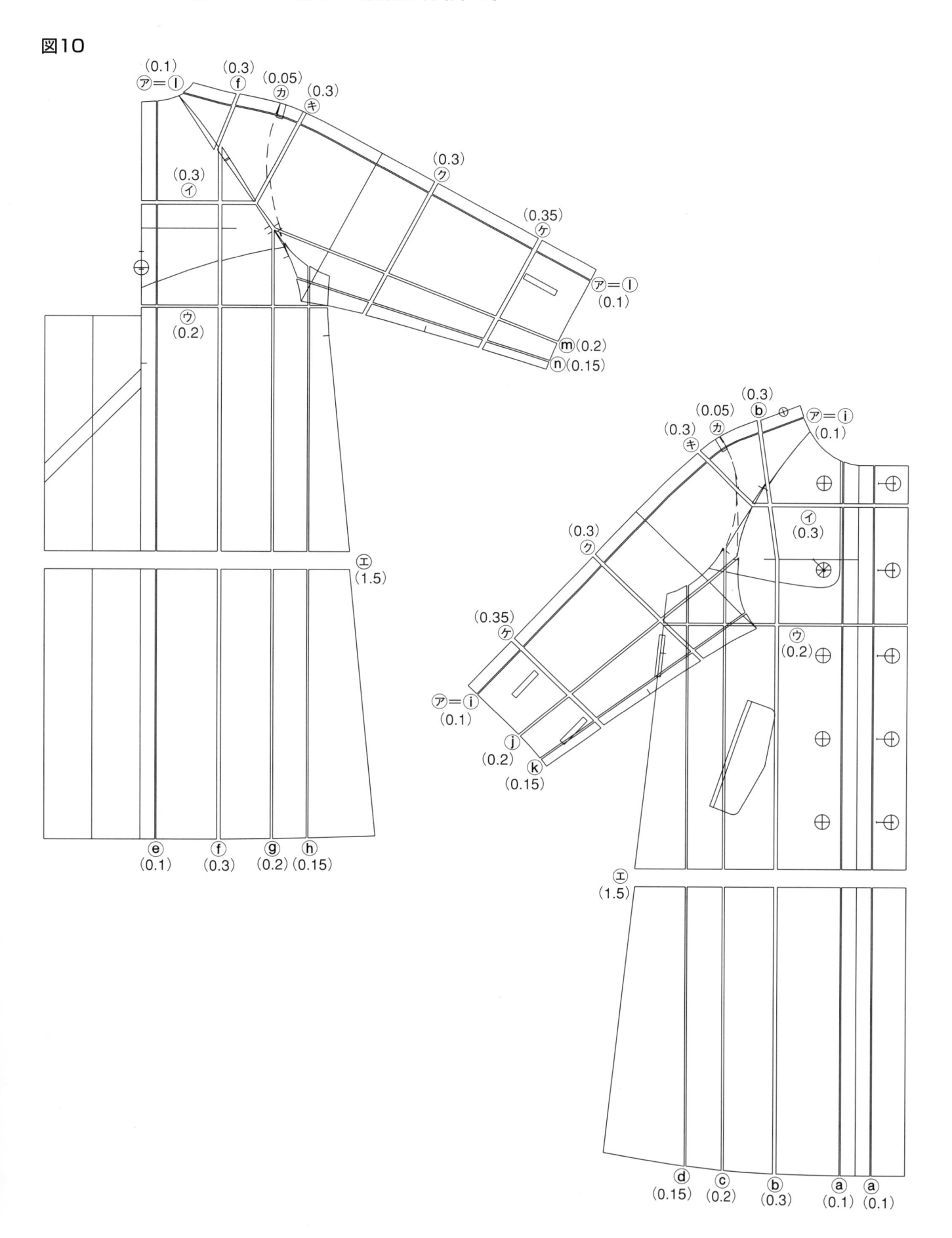

図10

第3章　アイテムのグレーディング

2）ピッチ方式

　身頃の原点を前・後中心線とバストラインの交差した位置に決め、原点を基準に上下・左右方向にグレーディングする（図11）。

　腰ポケットは4番目のボタンと高さが同じくらいなので縦方向には同じピッチでグレーディングし、横方向は身幅とポケット位置のバランスで決める。

　袖ぐり、袖山の合い印は身頃をグレーディングした後に袖山の合い印位置を決める。

図11

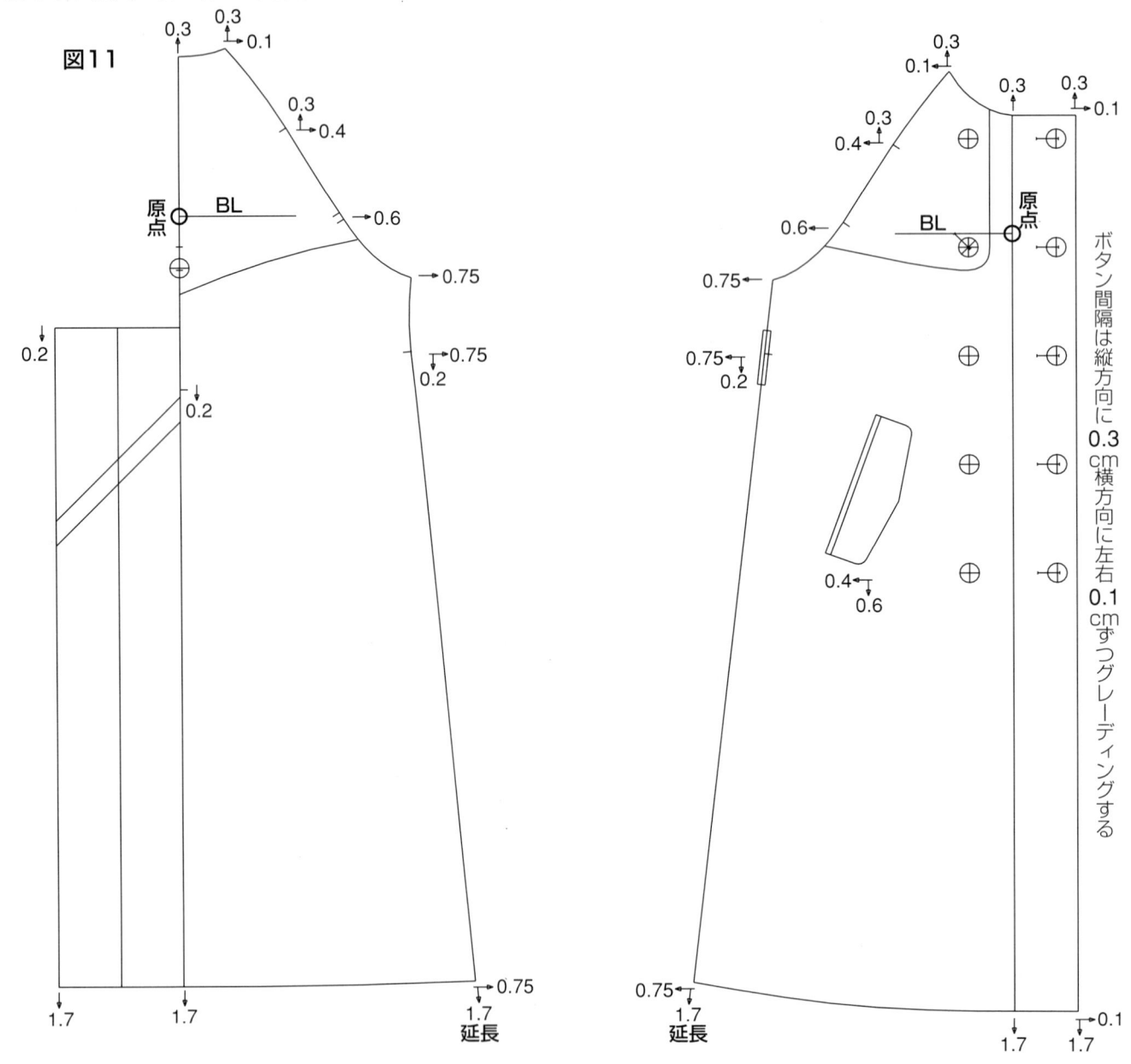

ボタン間隔は縦方向に0.3cm 横方向に左右0.1cmずつグレーディングする

　マスターパターンの上衿●印寸法が7.5cmなので1.6%を、台衿は5.8cmなので1.9%（34ページ表1参照）を縦方向にグレーディングする（図12）。

　原点は上衿・台衿とも前中心位置に決めピッチを設定する（図13）。

図12

図13

ウエストベルトの原点をDカン通し位置に決め、原点を基準に左右方向にグレーディングする（図14）。

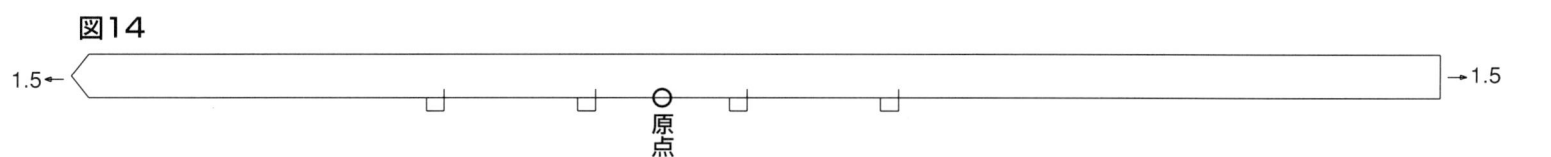

図14

1.5← 　　　　　　　　　　　　　○　　　　　　　　　　　　　→1.5
　　　　　　　　　　　　　　　原点

袖口ベルトと肩章の原点を左右どちらかの端に決め（トレースする効率を考えて左右どちらかに決める）、原点を基準に左右方向にグレーディングする（図15、図16）。

図15

0.9← 　　　　　　　…　○原点

図16

　　　　　　　　0.3←
0.6← 　　　　　　　　　○原点

ラグラン袖は普通袖（1枚袖）と身頃が続いた形なので、肩の部分と普通袖に分けて考える。普通袖の原点は袖底袖下位置に決め、原点を基準に上下・左右方向にグレーディングする。肩の部分は身頃のバストラインと前・後中心線を基準にグレーディングする（図17）。

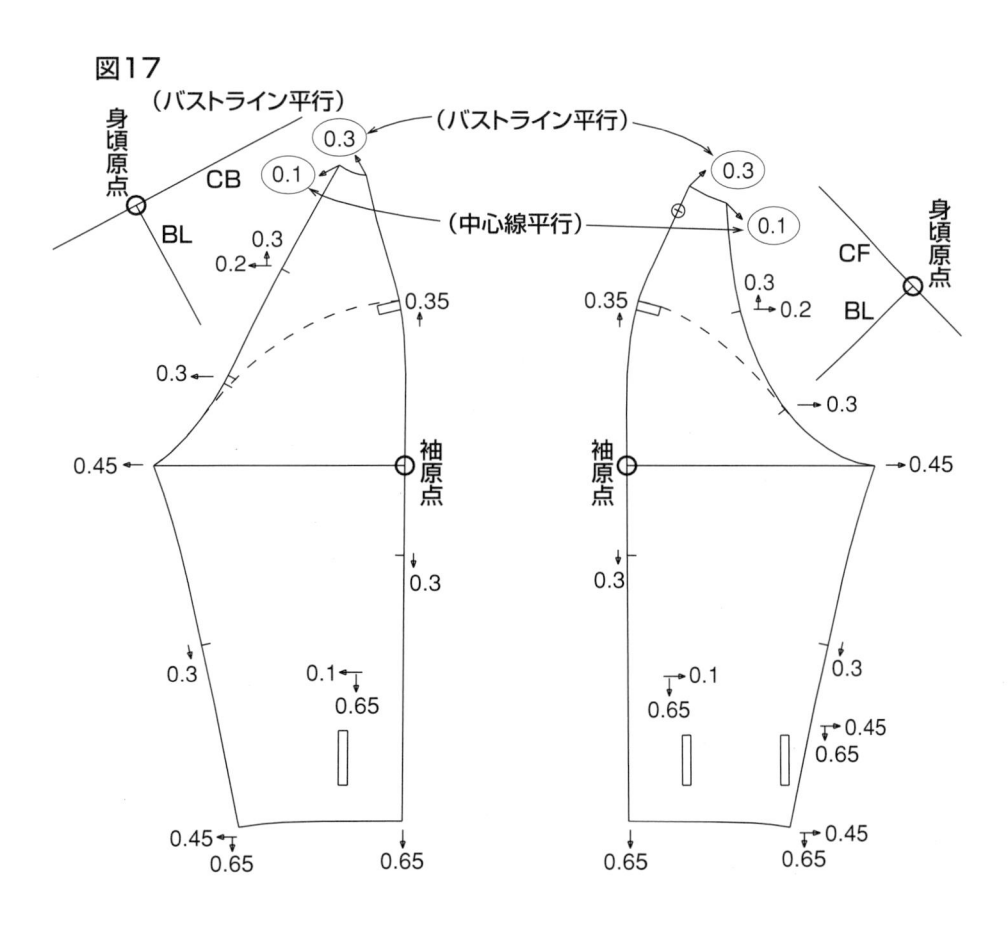

図17

（バストライン平行）　（バストライン平行）
身頃原点　CB　0.1　0.3　　　　　　0.3
　　　　　　　　　　　　　（中心線平行）　0.1　CF　身頃原点
BL　　0.3　　　　　　　　　　　　　　　BL
　　0.2←
　　　　　　0.35　　　　　0.35　　　0.3→0.2
0.3←　　　　　　　　　　　　　　　　　　→0.3

0.45←　　　　○袖原点　　袖原点○　　　→0.45
　　　　　　　　↓0.3　　　↓0.3

0.3　　0.1　　　　　0.1　　0.3
　　　　↓0.65　　　0.65↓
　　　　　　　　　　　　　　0.45
　　　　　　　　　　　　　　0.65
0.45　　0.65　　0.65　　0.45

3）グレーディング手順（ラグラン袖1～14）

1 マスターパターンと外側の紙の大きさは破線で表わす。袖のピッチの基準線は袖底水平線と直角線とする。

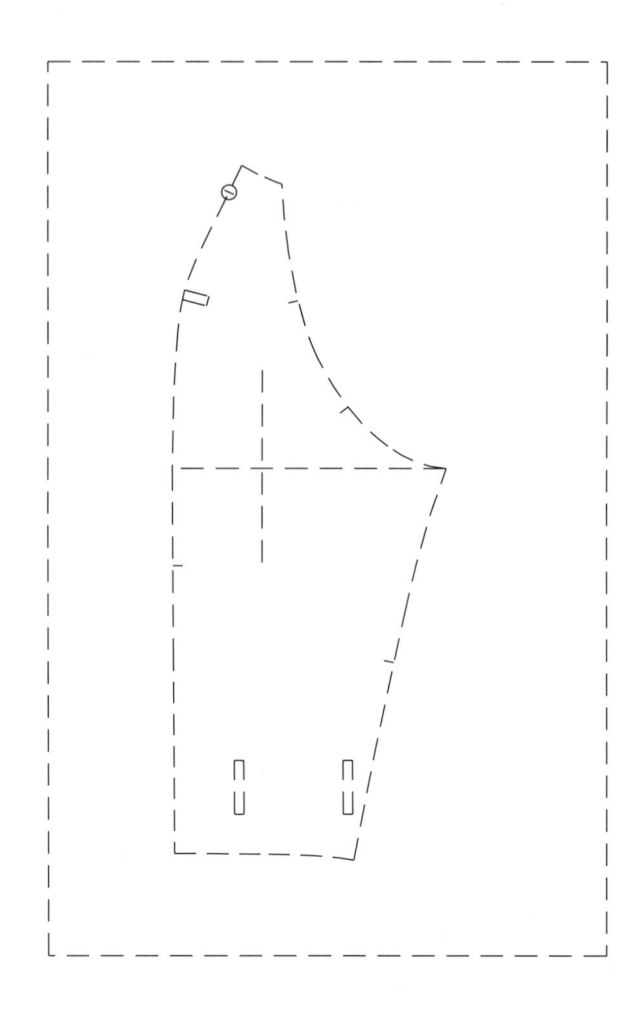

2 グレーディング用紙をマスターパターンの上にのせ、袖の基準線を写し、交差位置に各ピッチの線を引く。各部位のピッチを＋マークでしるす（ⓐ～ⓙ）。ⓒ、ⓓは131ページ、4でしるす。
袖下線に近い袖口ベルトループは＋ⓗと同じピッチなのでしるさない。
各ピッチの線と＋マークの両方を合わせ、ずれないように写す。

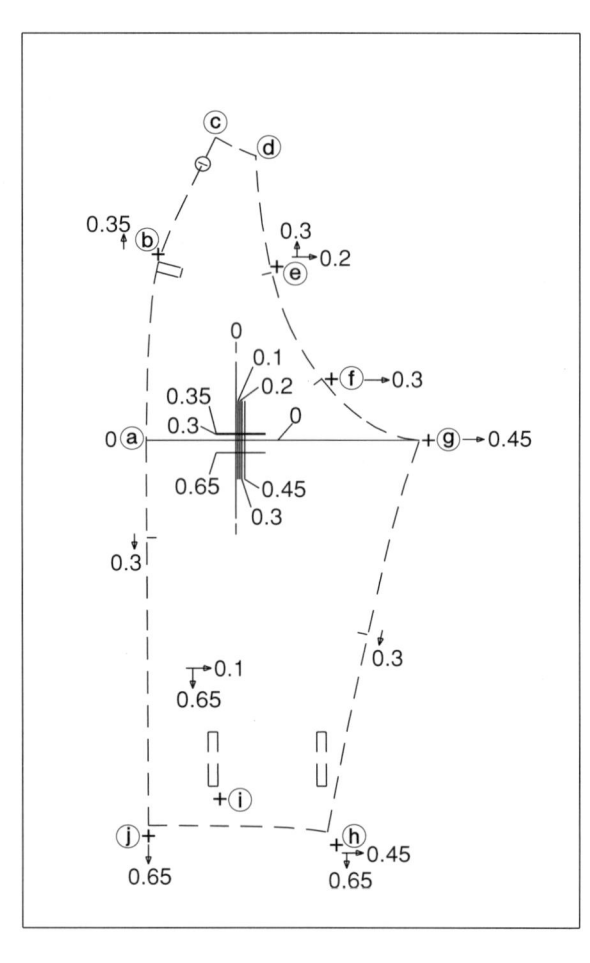

3 袖原点ⓐを合わせたまま、袖切替え線の一部を写す。合い印は平行に0.3cm下げて写す。

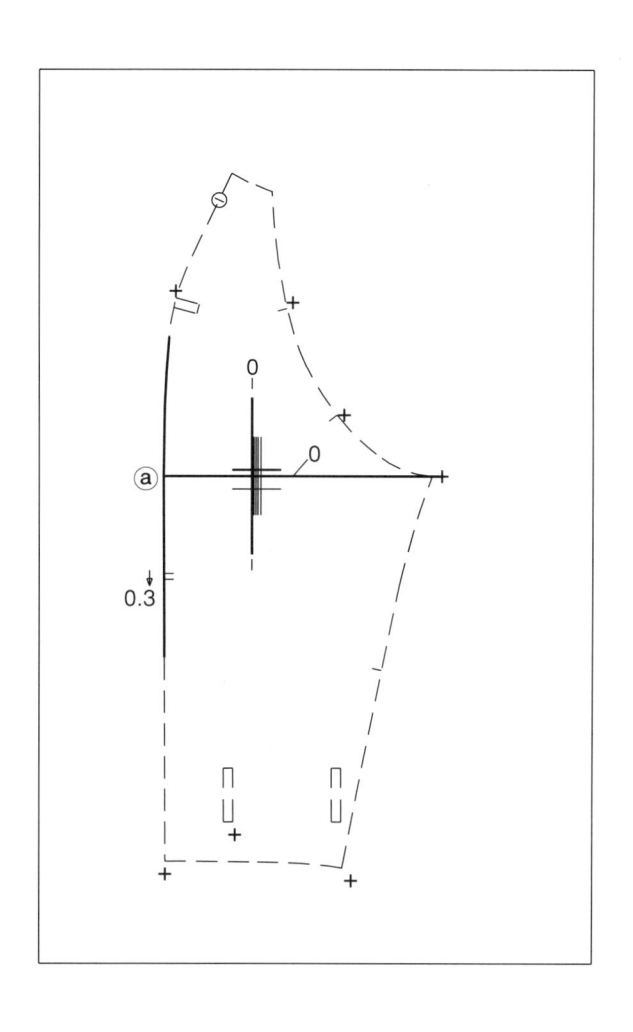

4 ＋ⓑをマスターパターンの肩先に合わせ、肩先部分を写す（縦線0と横線0.35が基準線に合っているか確認）。
肩部分のピッチの基準線を、中心線とバストラインに平行に引き（マスターパターン）、交差位置に各ピッチの線を引く（グレーディング用紙）。
各部位のピッチを＋マークでしるす（ⓒ、ⓓ）。

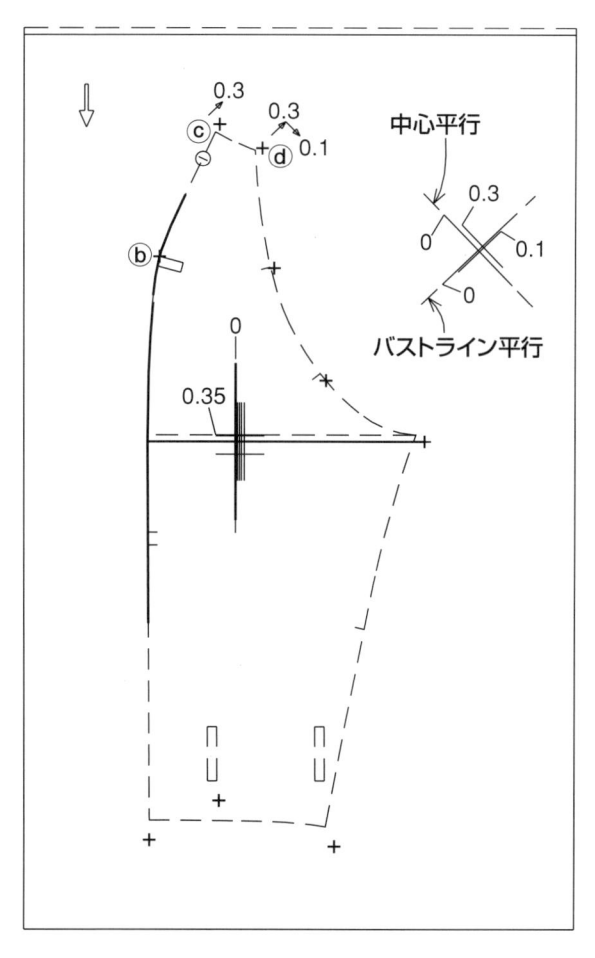

※用紙左上の矢印は用紙を動かす方向を示す。

第3章　アイテムのグレーディング

5 ＋ⓒをマスターパターンのサイドネックポイントに合わせ、肩線と衿ぐり線の一部とボタン位置を写す（中心平行0.3とバストライン平行0が基準線に合っているか確認）。

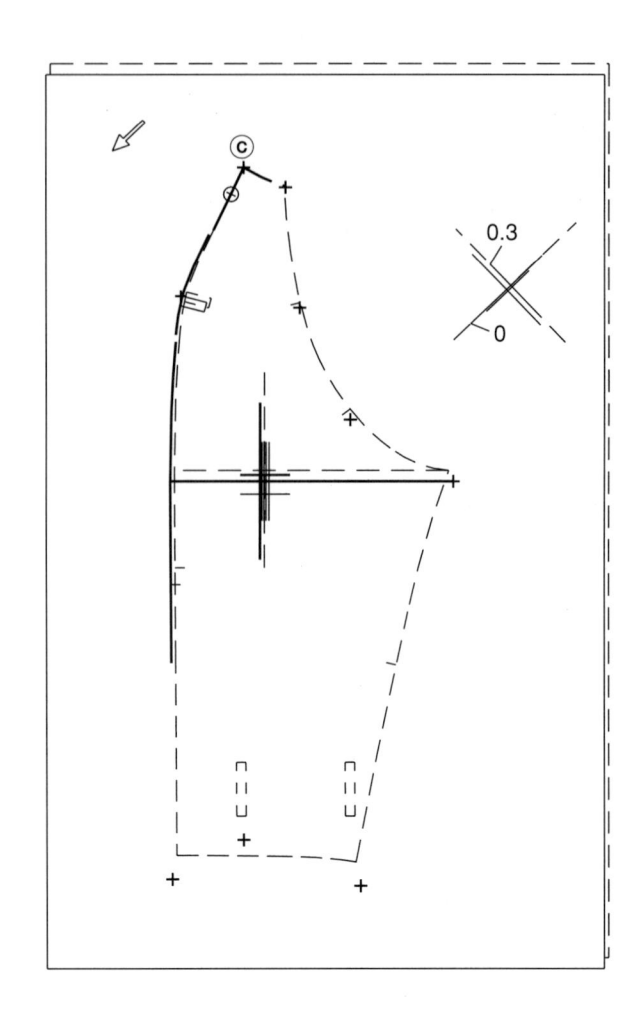

6 ＋ⓓをマスターパターンの衿ぐりとラグラン線の角に合わせ、衿ぐり線とラグラン線の一部を写す（中心平行0.3とバストライン平行0.1が基準線に合っているか確認）。

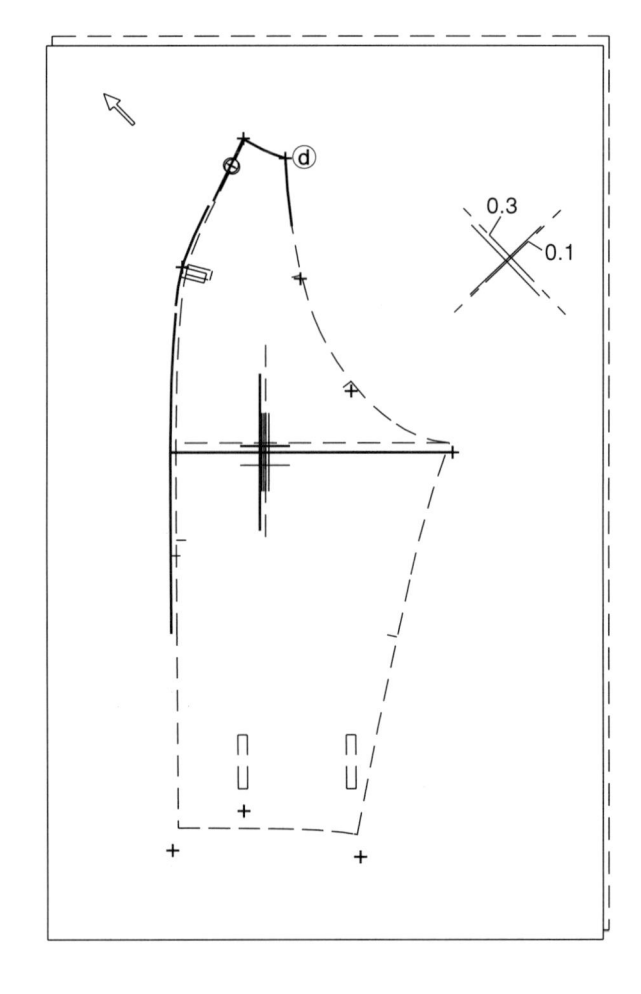

7 ＋ⓔをマスターパターンのラグラン線合い印に合わせ、ラグラン線の一部と合い印を写す（縦線0.2と横線0.3が基準線に合っているか確認）。

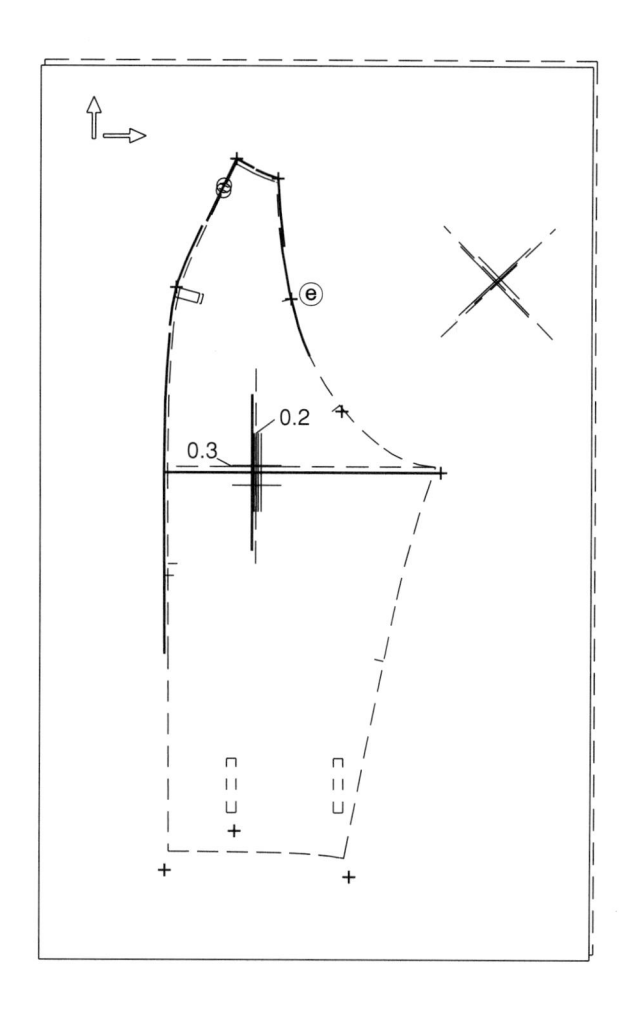

8 ＋ⓕをマスターパターンのラグラン線合い印に合わせ、ラグラン線の一部と合い印を写す（縦線0.3と横線0が基準線に合っているか確認）。

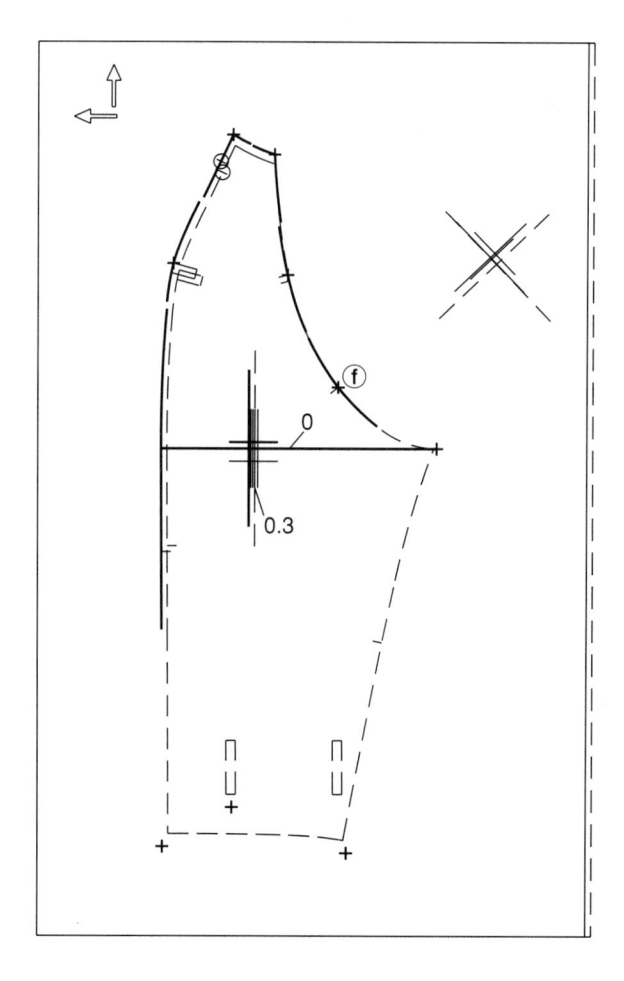

9 ＋⑨をマスターパターンの袖底に合わせ、袖底線と袖下線の一部を写す。袖下合い印は0.3cm平行に下げる（縦線0.45と横線0が基準線に合っているか確認）。

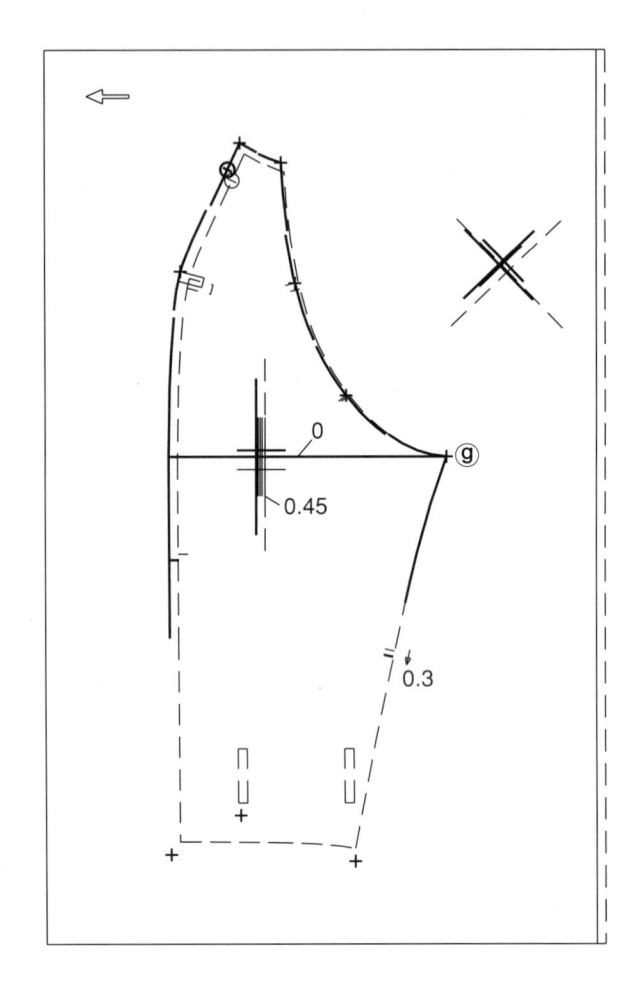

10 ＋ⓗをマスターパターンの袖下線と袖口線の角に合わせ、袖下線と袖口線の一部と袖口ベルトループを写す（縦線0.45と横線0.65が基準線に合っているか確認）。

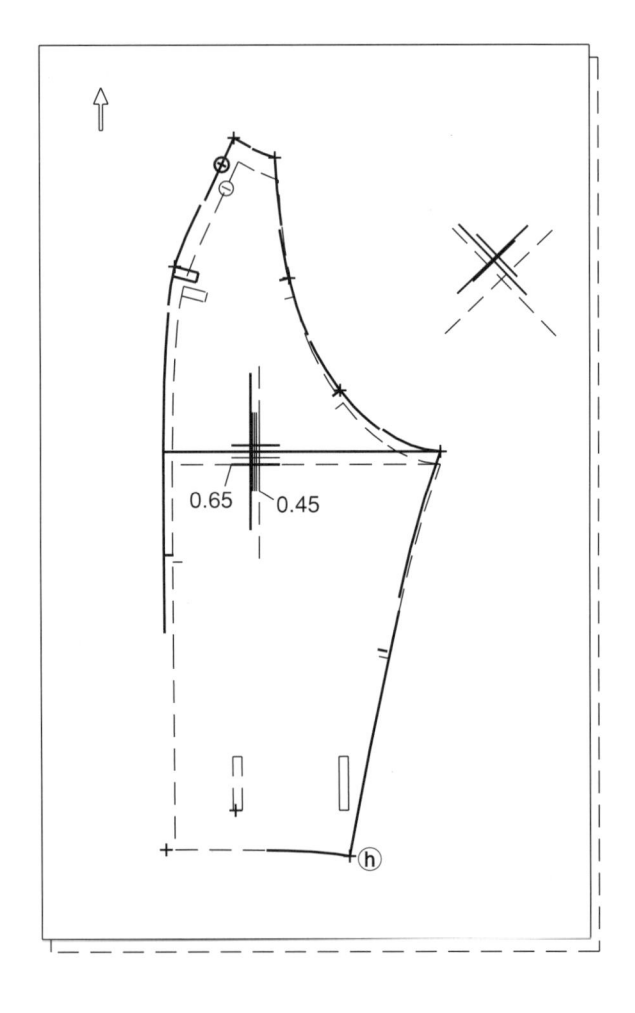

11 ＋ⓘをマスターパターンの袖口ベルトループ位置に合わせ写す（縦線0.1と横線0.65が基準線に合っているか確認）。

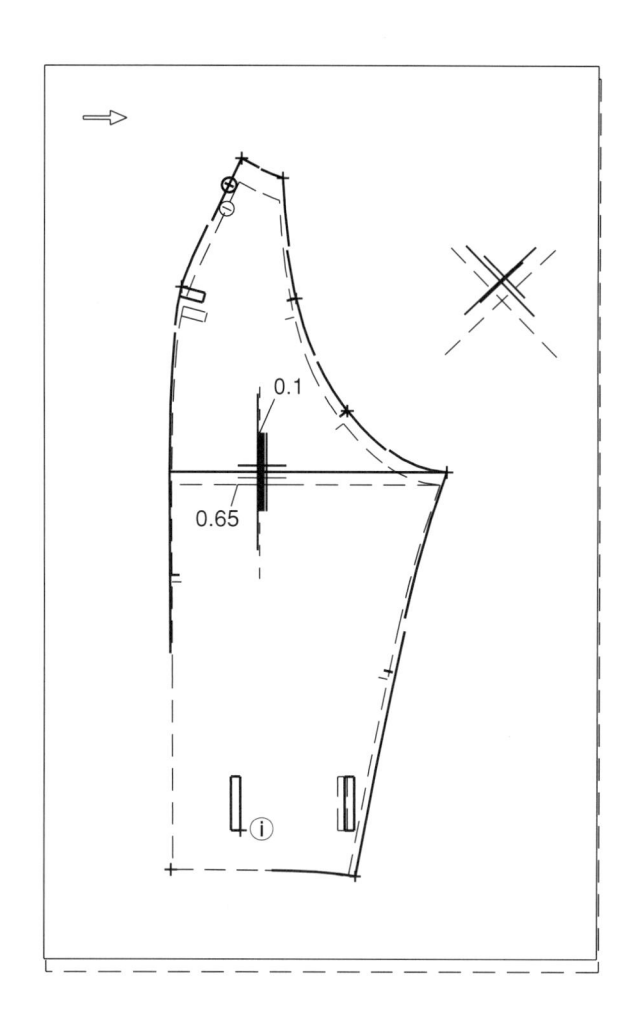

12 ＋ⓙをマスターパターン袖口線と袖切替え線の角に合わせ、袖口線と袖切替え線の一部を写す（縦線0と横線0.65が基準線に合っているか確認）。

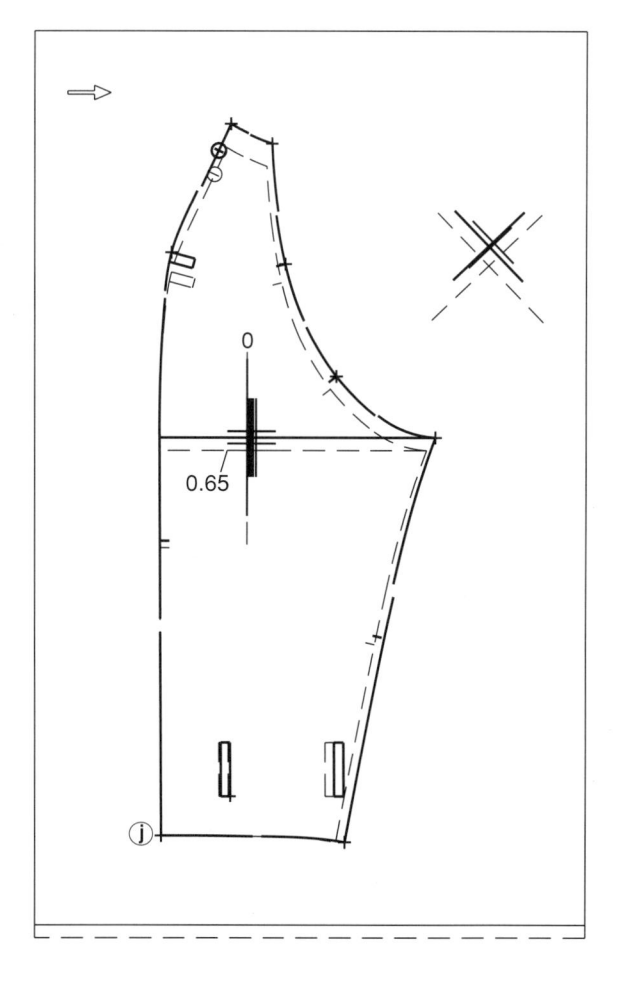

13 ライン修正前パターン。

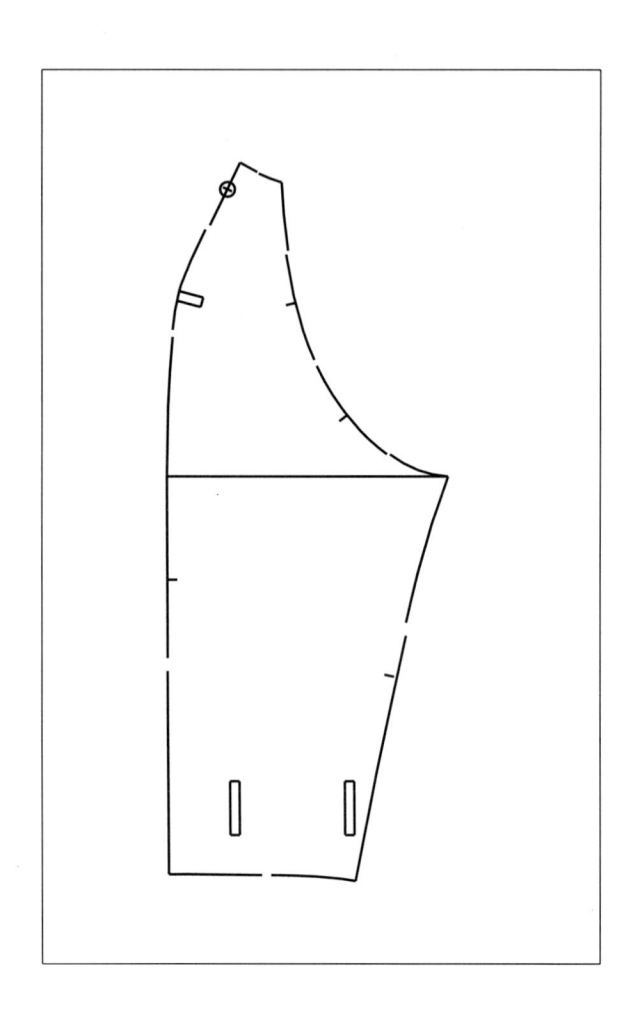

14 ネスト図
　各部位が正確にグレーディングされているか確認する。

※マスターパターンを写して重ねがき（ネスト図）にしてもよい。線にずれがないか確認をしながら作業を行なう。
※マスターパターンがあがり線でカットされている場合は、用紙の上にマスターパターンをのせ、用紙の各部位にピッチの印をつけマスターパターンを動かしながら線を引いていく。

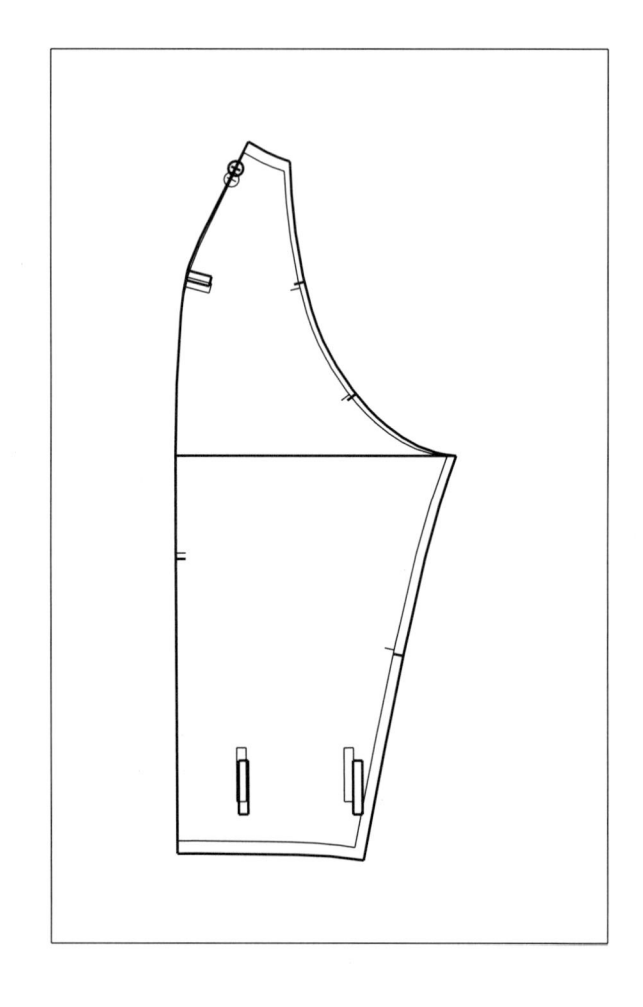

ネスト図

地の目線は11号の出来上り線まで延長する。

図18

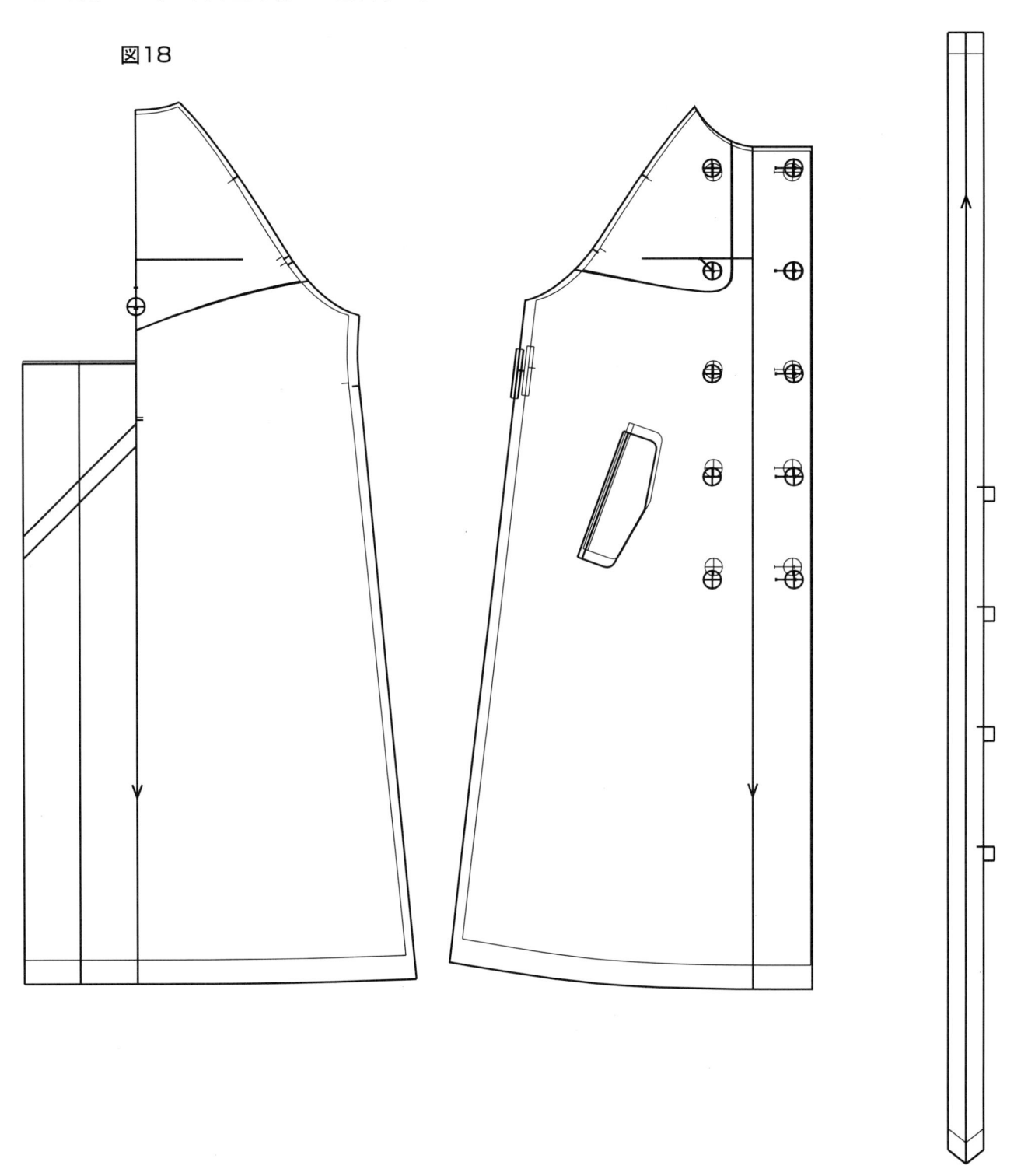

ネスト図

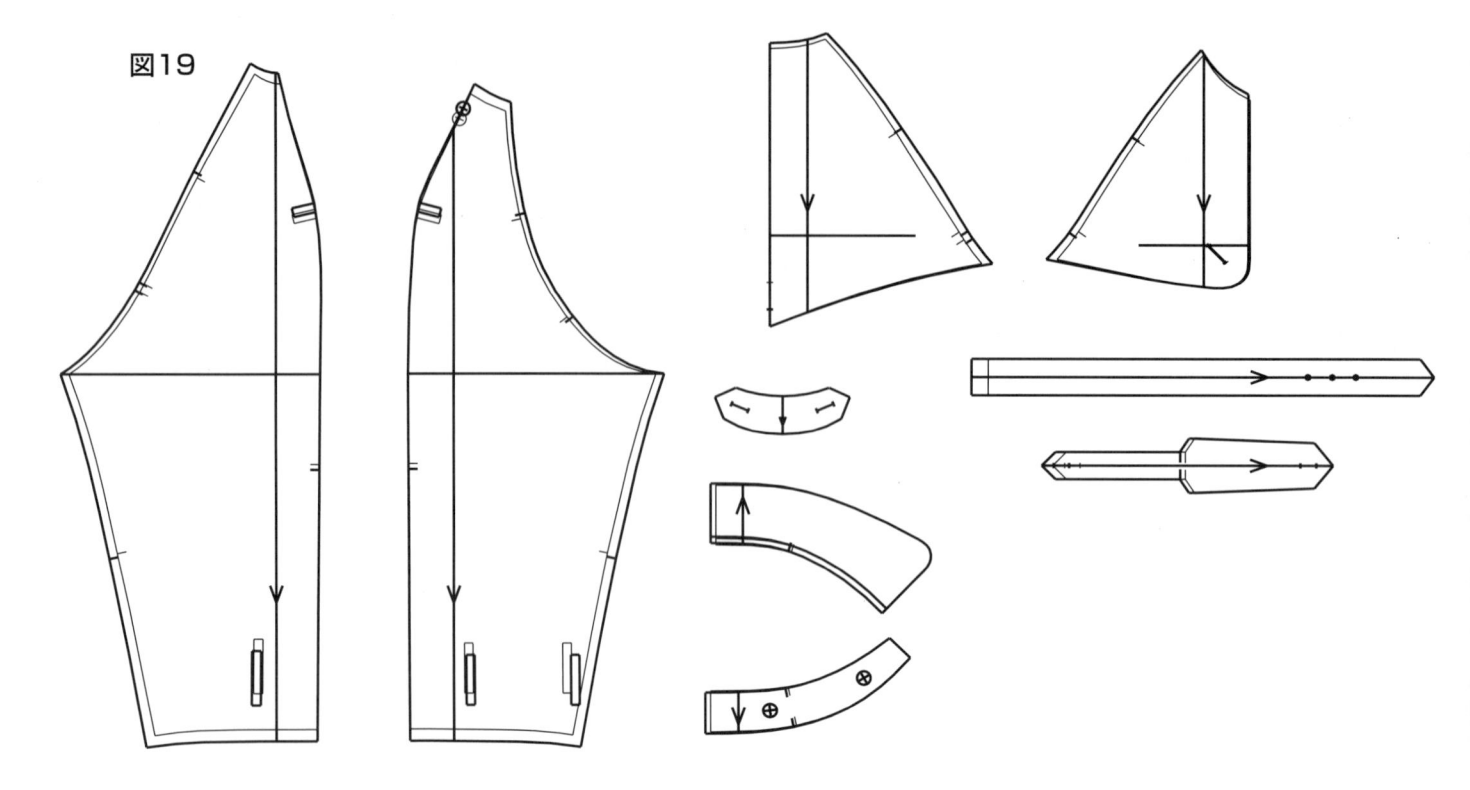

図19

6　フードのグレーディング
(1) フード（ダーツ入り）

　身頃衿ぐりのグレーディングピッチで横方向に、同寸法で縦方向にグレーディングする。

　衿のグレーディングと違い、衿付け線のねかしの高さ（●）はグレーディングしない。

　ダーツの長さや方向は変化させない。

1) 切開線方式
身頃の切開線位置と同位置に入れる

- ⓐ：前中心線から2〜3cm離れた垂直線。
- ⓔ：後中心線から2〜3cm離れた垂直線。
- ㋐：肩線から1.5〜2cm離れた位置。
- ㋛：衿ぐりグレーディング寸法と同寸法を、後頭部の突出した位置に水平方向に入れる。

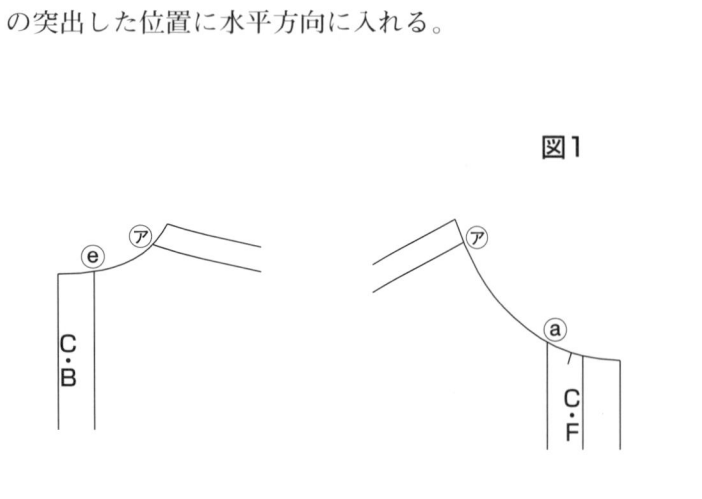

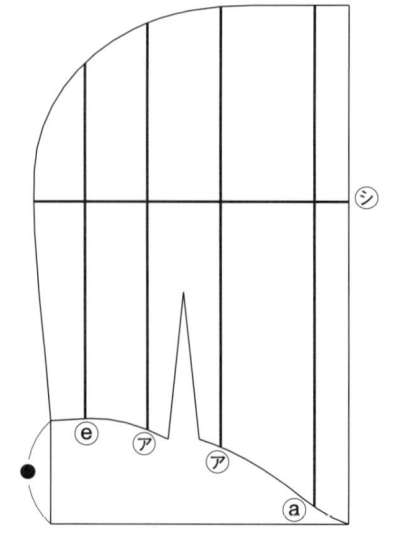

図1

切開線で水平・垂直方向に切り開く

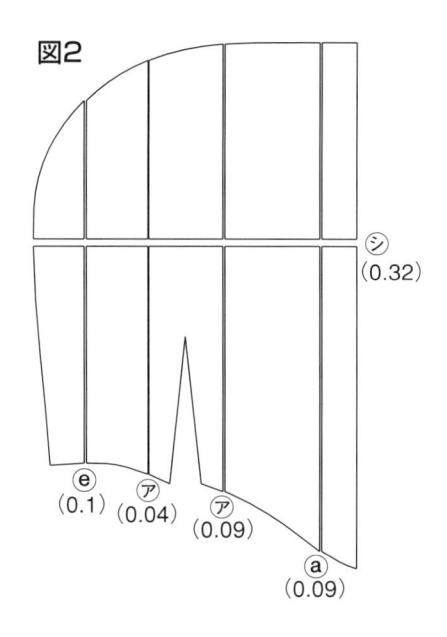

図2

ⓢ (0.32)

ⓔ (0.1)　㋐ (0.04)　㋐ (0.09)

ⓐ (0.09)

2) ピッチ方式（ダーツ入り）

　原点を前中心位置に決め、上下・左右方向にグレーディングする。ダーツの分量と長さはグレーディングしない。

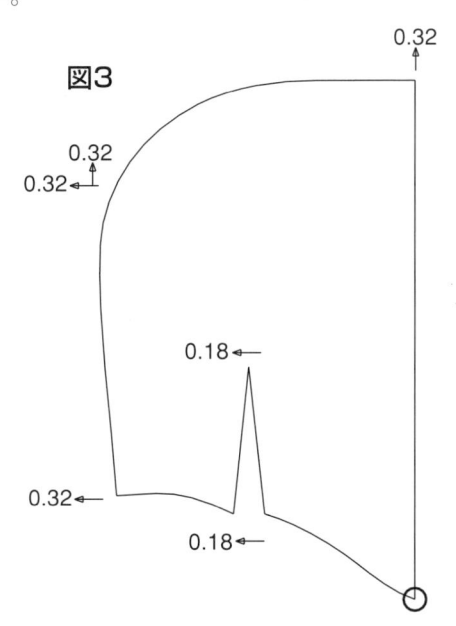

図3

0.32
0.32
0.32
0.18 ←
0.32 ←
0.18 ←

ネスト図

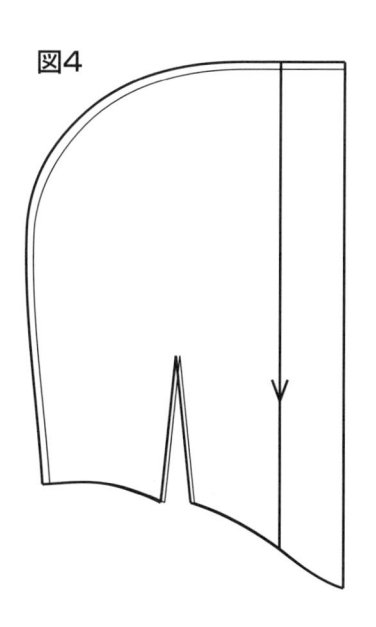

図4

第3章　アイテムのグレーディング　139

(2) フード（2面構成）

　上フードと下フードを縫い合わせ、フードを四角形として考えると、後ろ中心からSNPまでの切開線はフード前端まで入り、SNPから前中心までの切開線は後ろ中心まで入ることになる。

　後ろのⓔとⓐは衿付け線からフード端まで、前のⓐとⓐは衿付け線から後ろ中心線まで入れ、フードの幅と丈を同じピッチでグレーディングするため、切開線ⓢは後ろ中心からフード端まで入れる（図1、図2は切り開いた図、図3はフードの形に置き換えた図）。

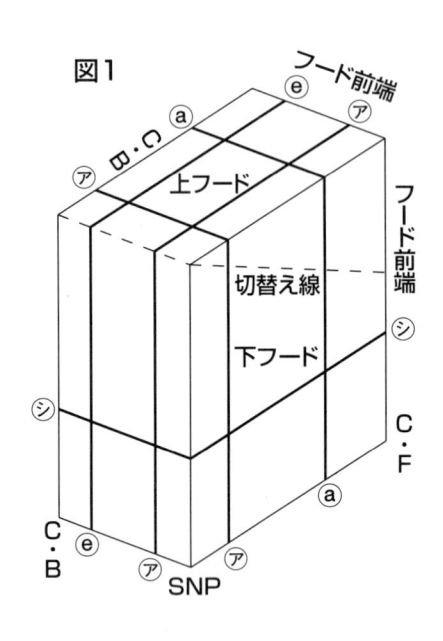

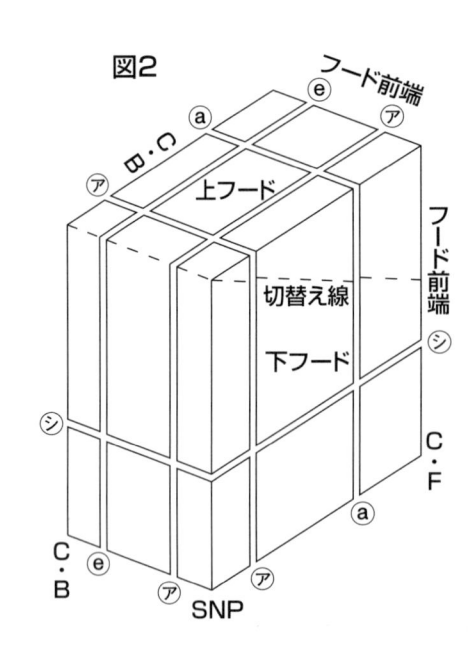

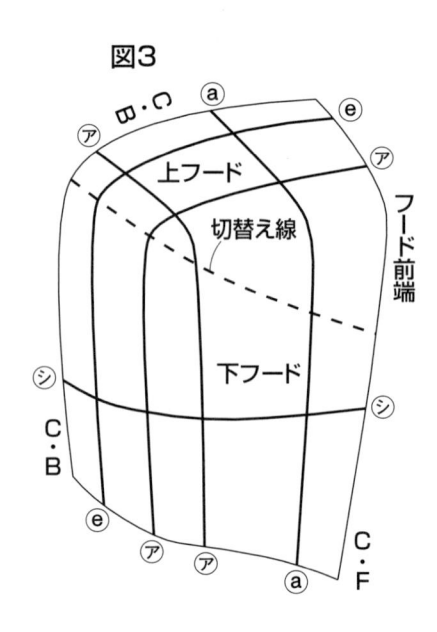

1）切開線方式

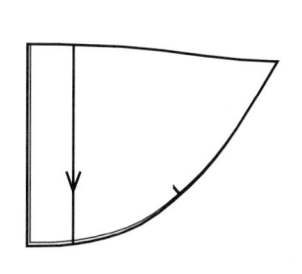

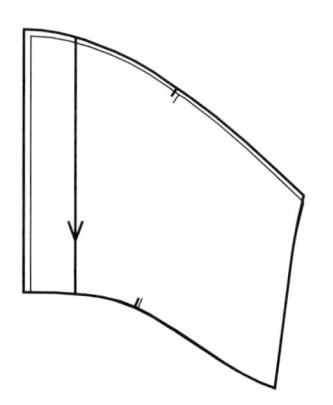

衿のグレーディングと違い衿つけ線のねかしの高さ（●）はグレーディングしない。

身頃の切開線位置と同位置に入れる

- ⓐ：前中心線から2～3cm離れた線（下フードは垂直線、上フードは水平線）。
- ⓔ：後ろ中心線から2～3cm離れた線（下フード、上フードともに垂直線）。
- ⓐ：肩線から1.5～2cm離れた線（後ろは下フード、上フードともに垂直線、前は下フードは垂直線、上フードは水平線）。
- ⓢ：衿後ろ中心からフード端までの水平線。

図4

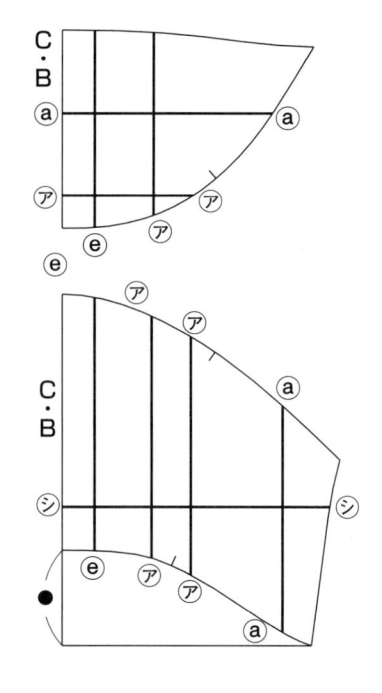

切開線で水平・垂直方向に切り開く

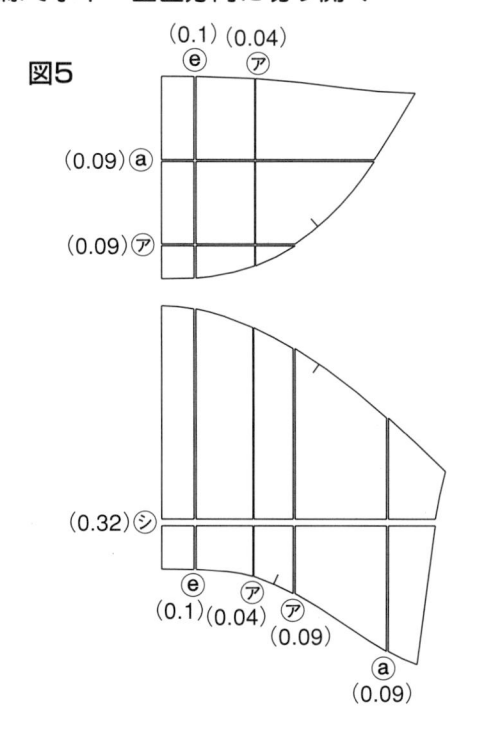

図5

2）ピッチ方式（2面構成）

原点を前中心位置に決め、上下・左右方向にグレーディングする。

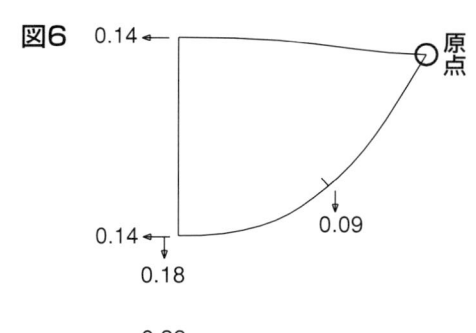

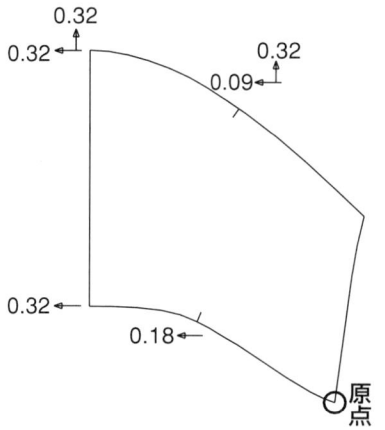

図6

ネスト図

地の目線は11号の出来上り線まで延長する。

図7

7 続き袖のグレーディング

(1) ヨークスリーブ

切開線入れは身頃と袖の切開線位置を合わせるため、袖が身頃についた作図の状態で行なう。

ヨークスリーブは身頃の部分と普通袖（1枚袖）の部分に分けてグレーディングピッチを決めなければならない。肩先（このパターンでは肩合い印位置）から、袖ぐり線（案内線）を引き、身頃と袖を別々の方向にグレーディングする。

グレーディングピッチ

バスト（1周）＝3.0cm	背丈＝0.5cm
ウエスト（1周）＝3.0cm	着丈＝2.0cm
ヒップ（1周）＝3.0cm	袖幅＝0.9cm
天幅（左右）＝0.2cm	袖口幅＝0.9cm
背肩幅（左右）＝0.8cm	袖山高さ＝0.35cm
衿ぐりの深さ＝0.1cm	肘丈＝0.65cm
カマ深＝0.3cm	袖丈＝1.0cm

1）切開線方式

身頃・袖に切開線を入れる（143ページ図1）

- ⓐ・ⓔ：前後中心線から2～3cm離れた線。
- ⓑ：肩線からバストポイント付近を通り、裾線に向かう線。
- ⓒ・ⓖ：面の変り目位置、袖ぐり線から裾線に向かう線。
- ⓓ・ⓗ：ⓒ・ⓖから脇位置までの間で袖ぐり線から裾線までの線。
- ⓕ：肩線から肩甲骨位置を通り、裾線に向かう線。
- ⓙ・ⓚ・ⓜ・ⓝ：身頃に入れた切開線につながるような位置に入れる。必ずしも同位置にはならない。切替え線位置のバランスで切開線位置やピッチを決める。
- ㋐＝ⓘ：前袖切替え線（肩線）から1.5～2cm離し、衿ぐり線から袖口線までの線。
- ㋐＝ⓛ：後ろ袖切替え線（肩線）から1.5～2cm離し、衿ぐり線から袖口線までの線。
- $\frac{㋑}{2}$：ヨーク線を境に上と下に、前端から袖ぐり線までの位置。
- ㋒：袖ぐり底からウエスト位置までの中央付近位置。
- ㋓：合い印から合い印までの中央付近位置。
- ㋔：合い印から裾までの中央付近位置。
- ㋕＋$\frac{㋖}{2}$：ヨーク線上の身頃に入れた切開線$\frac{㋖}{2}$につながるような位置で袖底水平線と平行。
- $\frac{㋖}{2}$：ヨーク線下の身頃に入れた切開線$\frac{㋖}{2}$につながるような位置に入れる。
- ㋗：袖底と肘の中間位置に入れる。
- ㋘：肘と袖口の中間位置に入れる。

図1

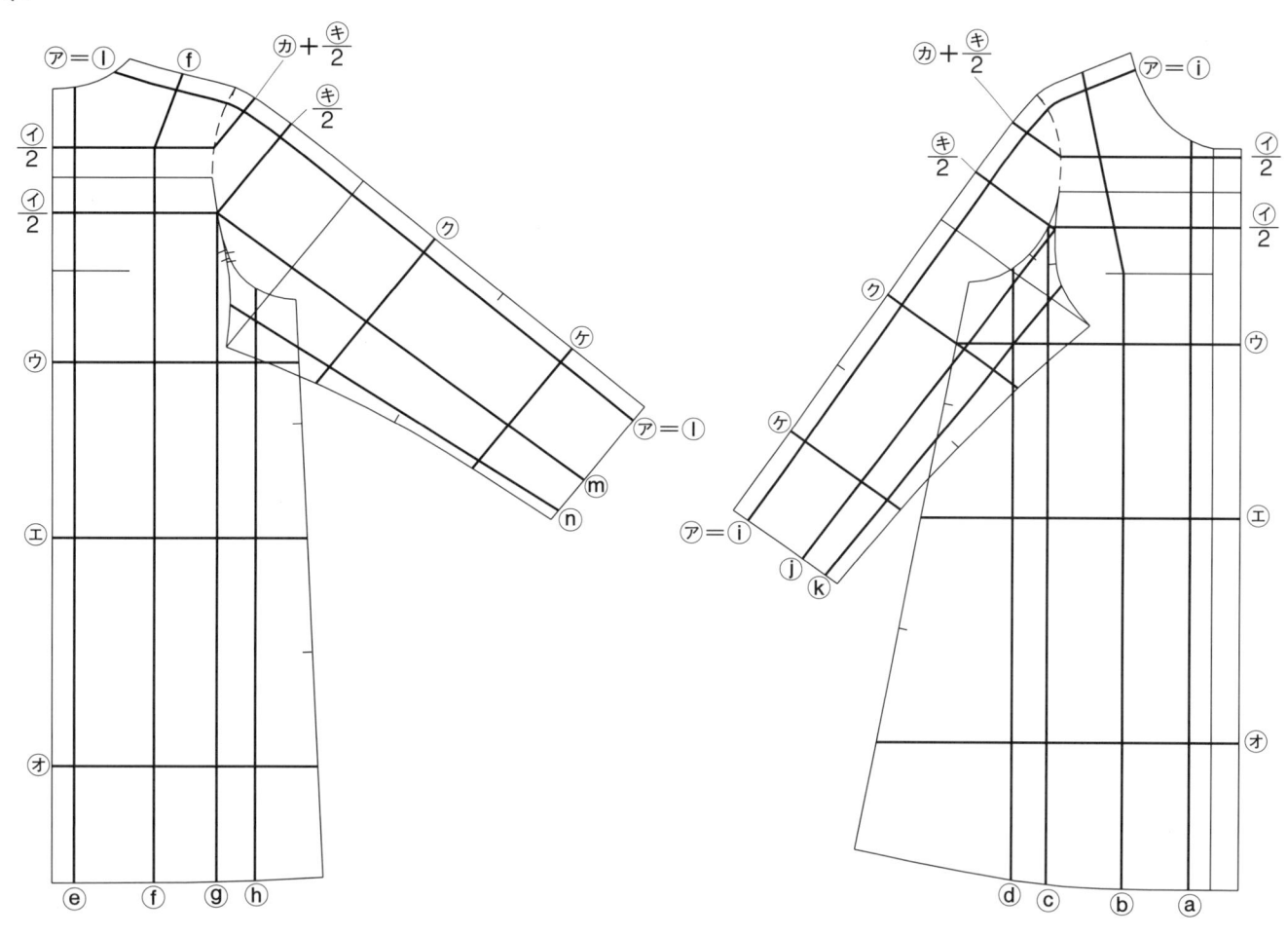

図2

身頃を切開線で切り開く

第3章　アイテムのグレーディング

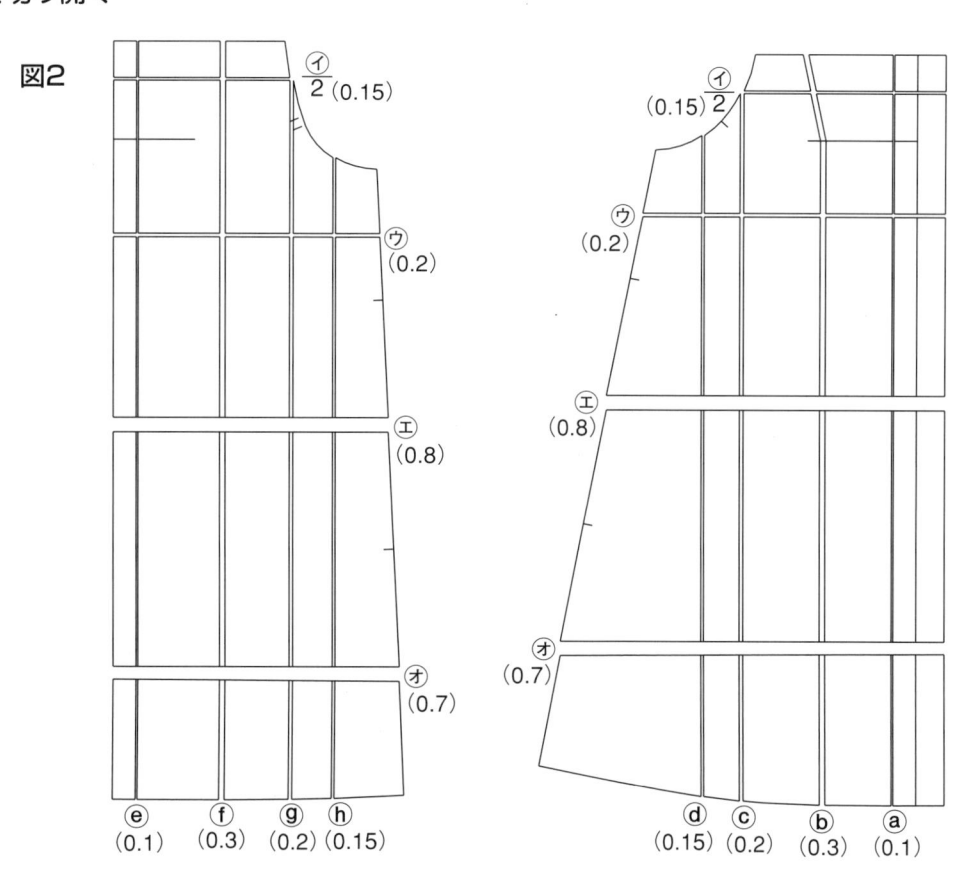

ヨークスリーブの身頃部分を切開線で切り開く

身頃部分は前・後中心線とバストライン（水平線）に対して、水平・垂直方向に切り開く。普通袖（1枚袖）の山部分は身頃とつながっているので肩先と同じピッチで開く。ヨーク線下の袖山線は開く前の線を写す。

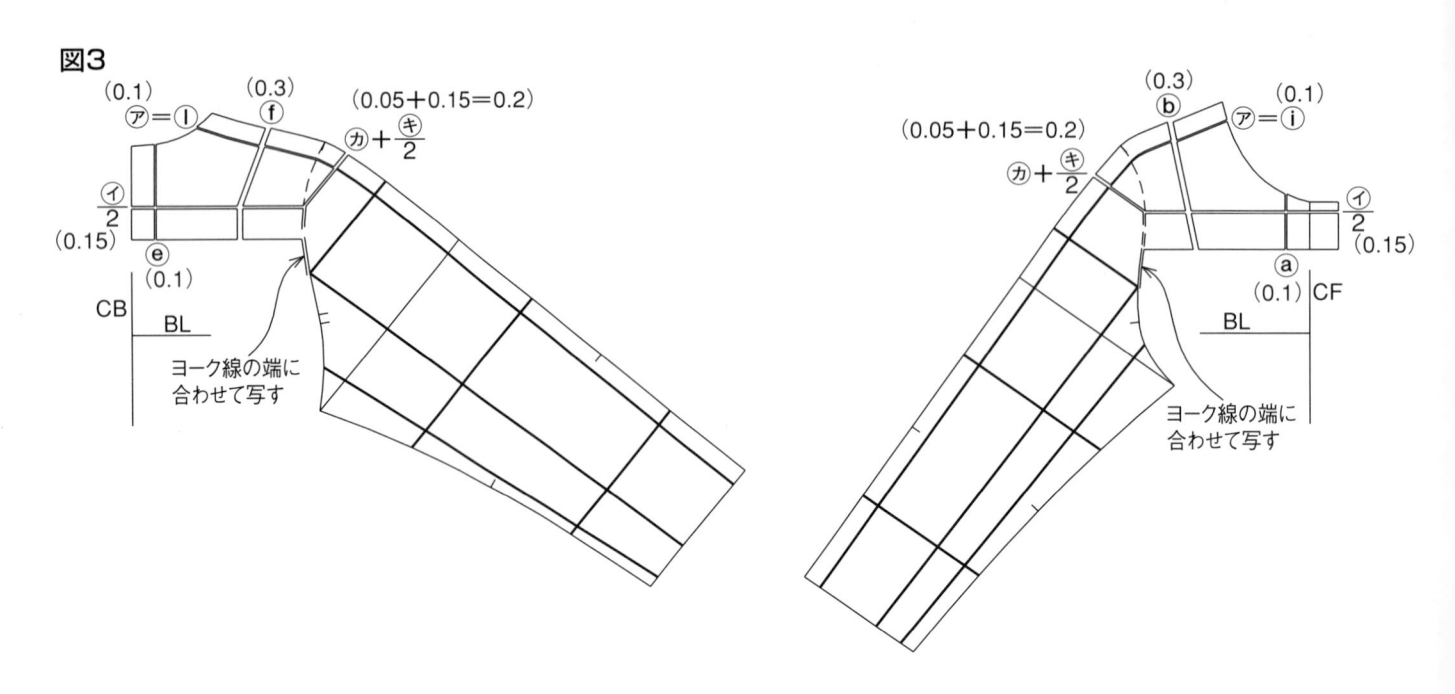

図3

ヨーク線の端に合わせて写す

ヨークスリーブの普通袖部分を切開線で切り開く

肩先を基準に、袖底水平線に対して水平・垂直方向に切り開く。

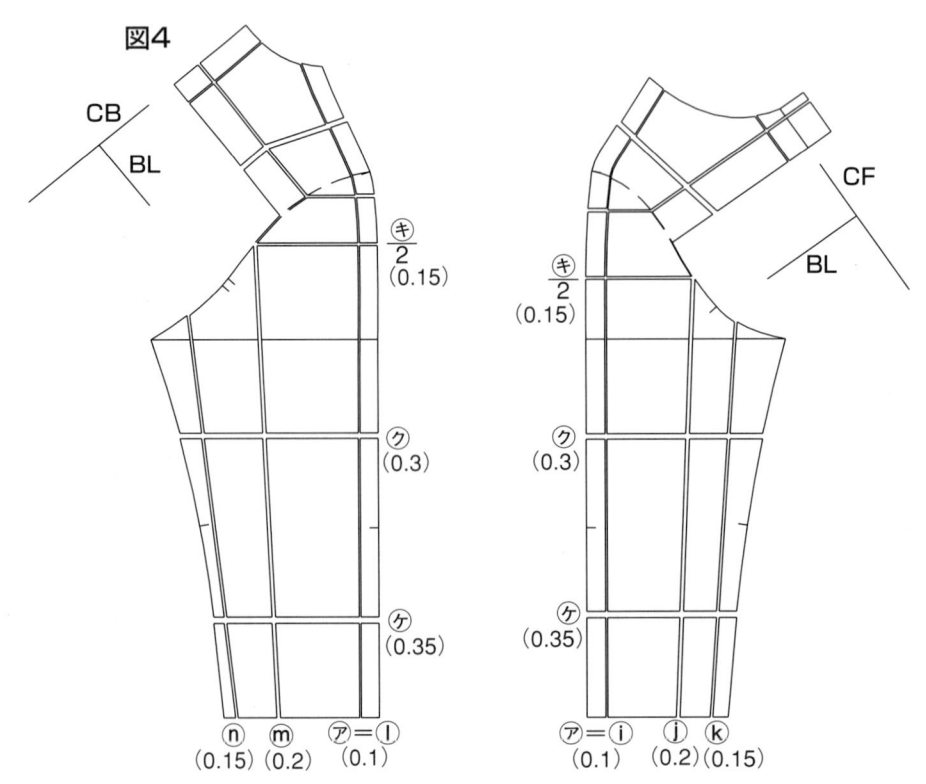

図4

身頃とヨークスリーブを合わせた図

図5

第3章 アイテムのグレーディング

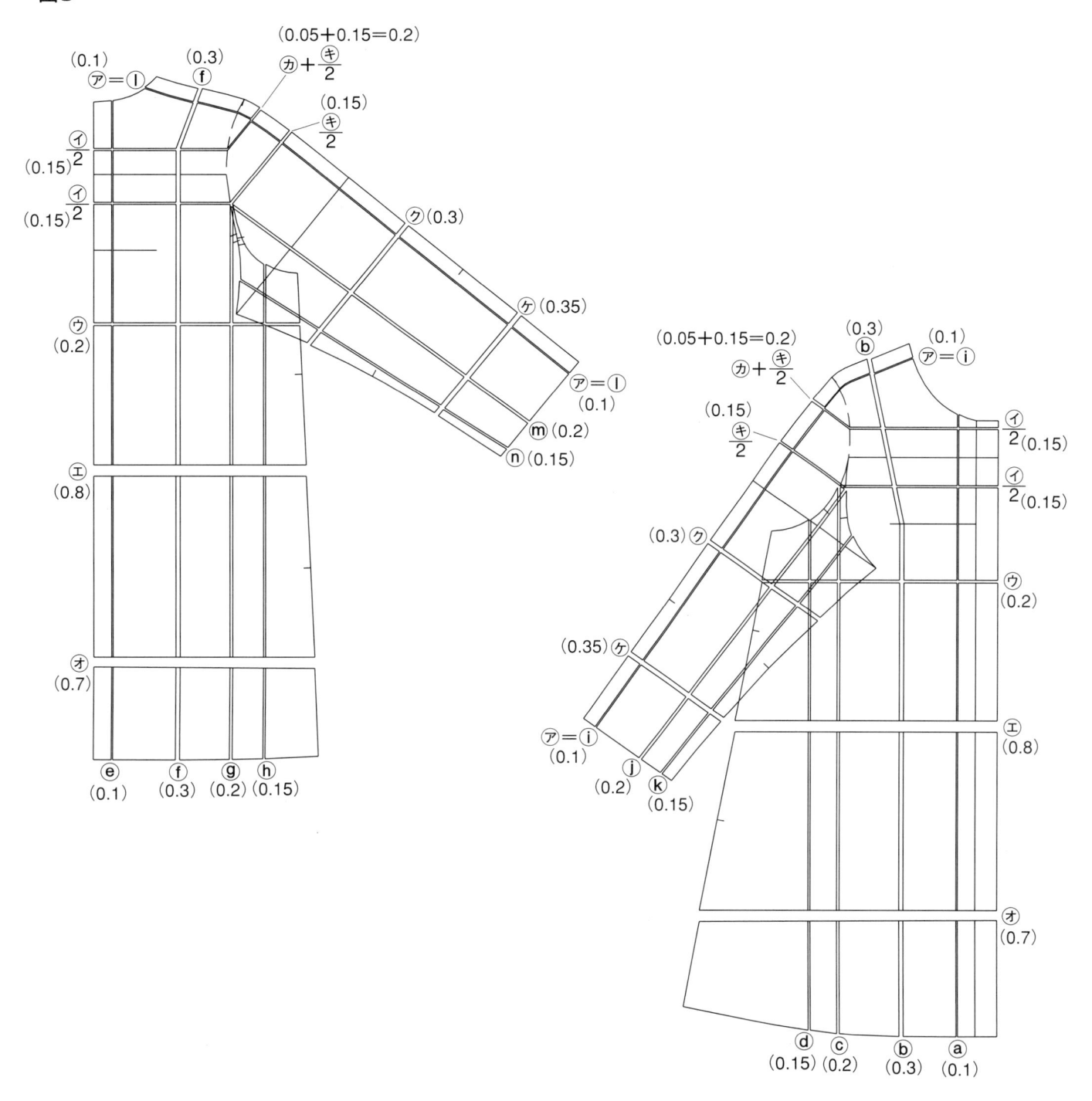

2) ピッチ方式

身頃の原点を前・後ろ中心線とバストラインの交差した位置に決め、原点を基準に上下・左右方向にグレーディングする。

ヨークスリーブの身頃部分は前・後中心線とヨーク線の角を身頃原点として、上下・左右方向にグレーディングする。普通袖部分は肩先を袖原点として、袖底水平線を基準に斜め方向にグレーディングする。

脇線の合い印はそれぞれのピッチ寸法で平行に移動する。

袖ぐり、袖山の合い印は身頃をグレーディングした後に調整する。

図6

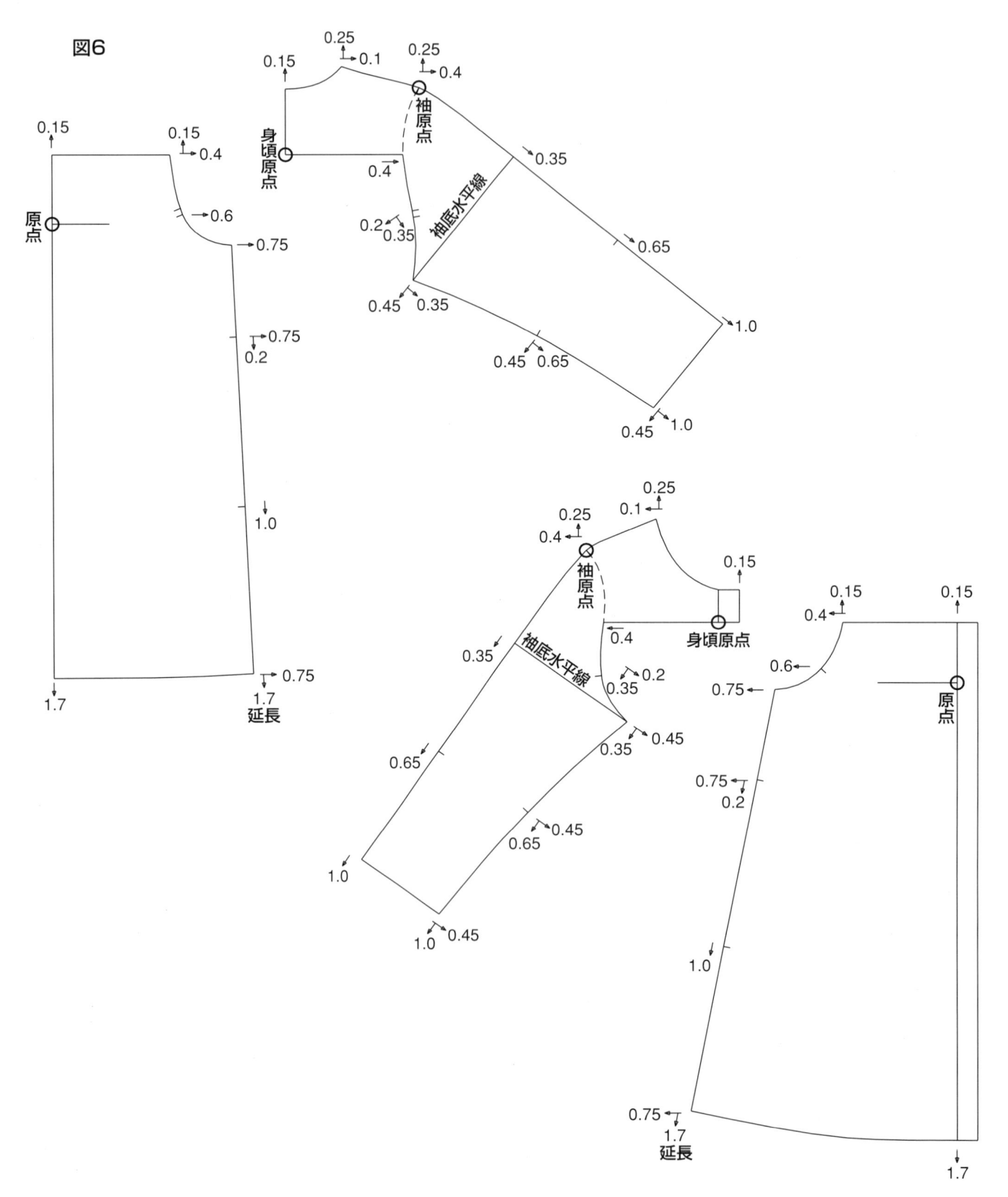

3）グレーディング手順（ヨークスリーブ1〜15）

1 マスターパターンと外側の紙の大きさは破線で表わす。身頃の基準線は前中心線とヨーク線、袖の基準線は袖底水平線と直角線とする。

2 グレーディング用紙をマスターパターンの上にのせ、身頃の基準線を写し、交差位置に各ピッチの線を引く。各部位のピッチを＋マークでしるす（ⓐ〜ⓓ）。各ピッチの線と＋マークの両方を合わせ、ずれないように写す。

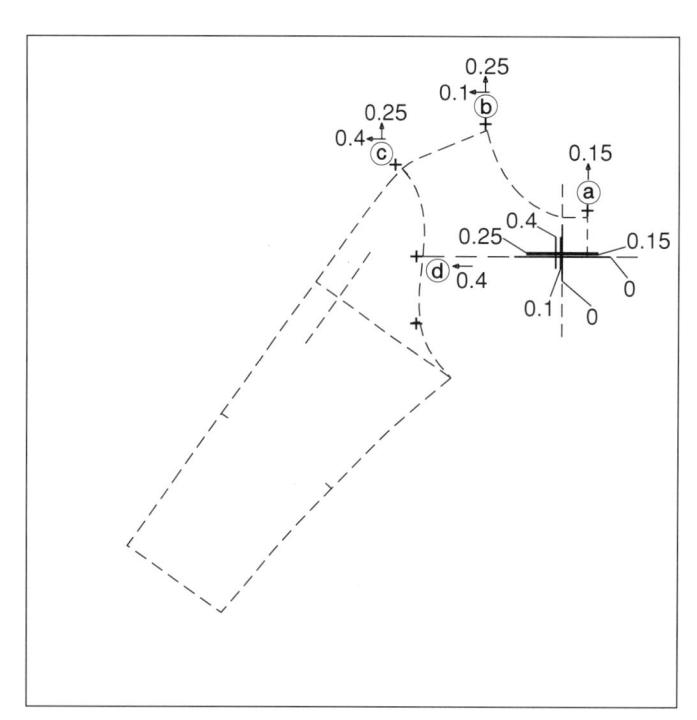

3 ＋ⓐをマスターパターンの前端線と衿ぐりの角に合わせ、前端線と衿ぐり線の一部を写す（縦線0と横線0.15が基準線に合っているか確認）。

4 ＋ⓑをマスターパターンのサイドネックポイントに合わせ、衿ぐり線と肩線の一部を写す（縦線0.1と横線0.25が基準線に合っているか確認）。

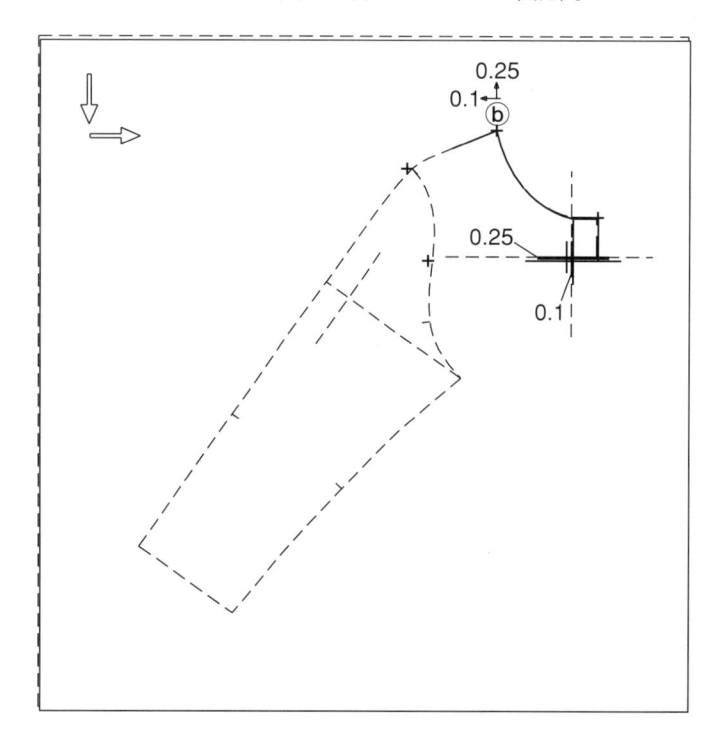

※用紙左上の矢印は用紙を動かす方向を示す。

第3章　アイテムのグレーディング　147

5 ＋ⓒマスターパターンの肩先に合わせ、肩線（袖切替え線を含む）と袖ぐりの一部を写す（縦線0.4と横線0.25が基準線に合っているか確認）。

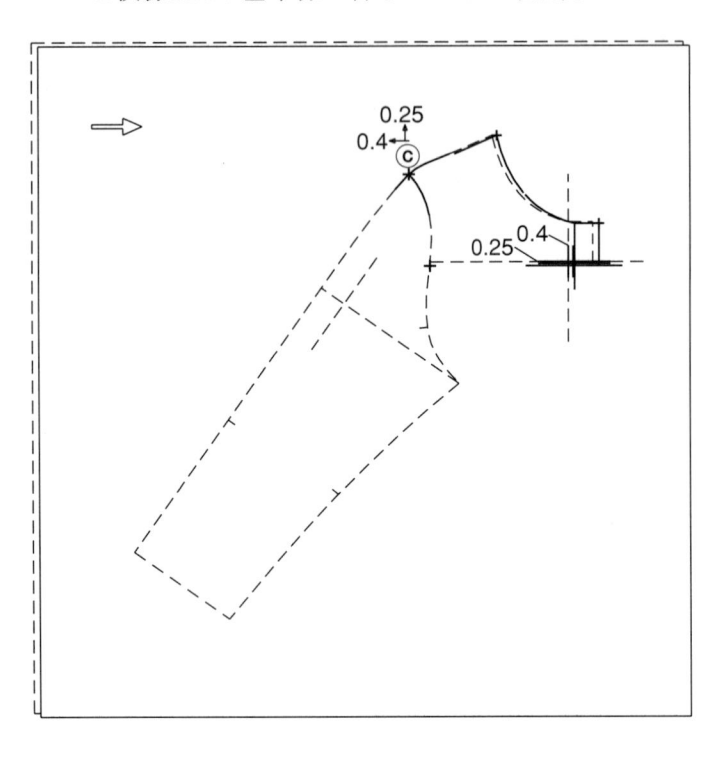

6 ＋ⓓをマスターパターンの袖ぐり線とヨーク線の角に合わせ、袖ぐり線とヨーク線の一部を写す（縦線0.4と横線0が基準線に合っているか確認）。

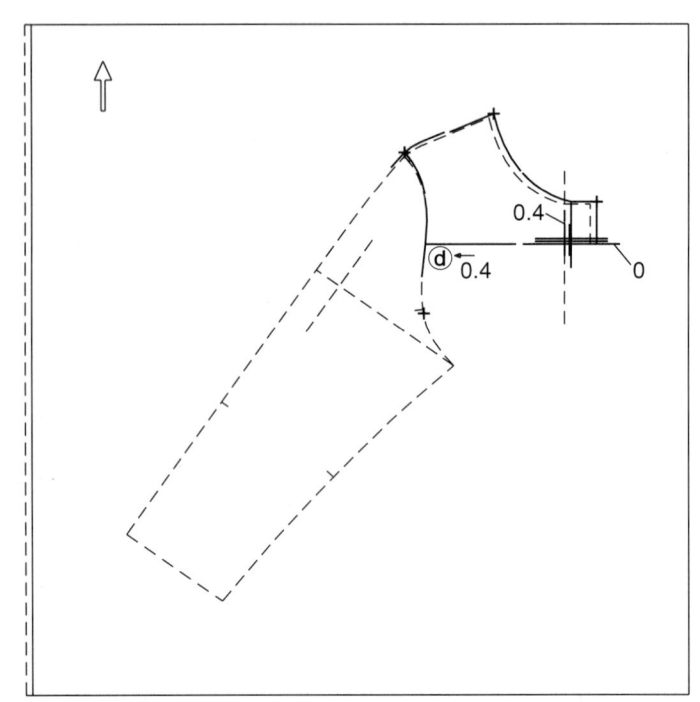

7 袖の原点を肩先に設定し、グレーディング用紙をマスターパターンの肩先に合わせる。袖底水平線と直角線を基準とし、各ピッチの線を引く。各部位のピッチを＋マークでしるす（ⓔ～ⓚ）。各ピッチの線と＋マークの両方を合わせ、ずれないように写す。

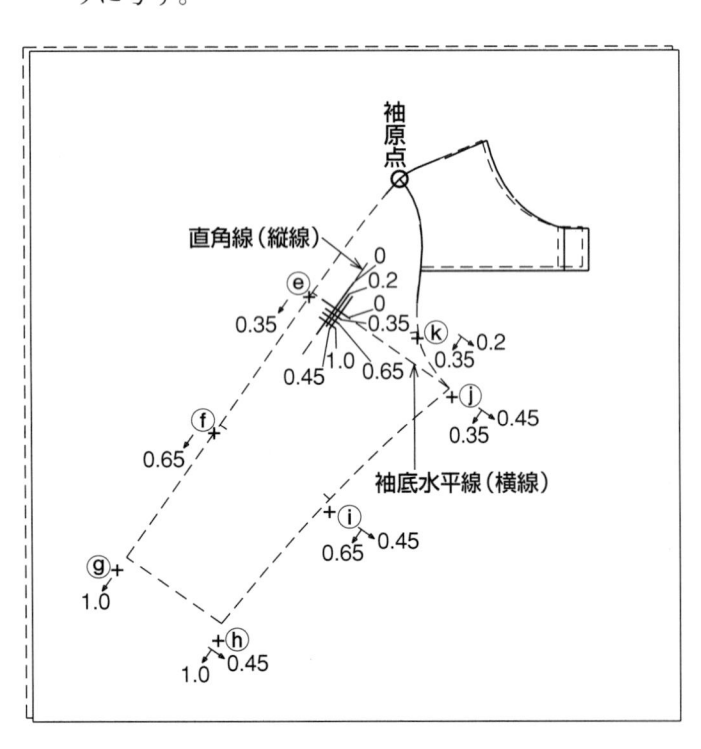

8 ＋ⓔをマスターパターンの袖切替え線と袖底水平線の交差位置に合わせ、袖切替え線の一部と袖底水平線をⓙまで写す（縦線0と横線0.35が基準線に合っているか確認）。ⓕの合印は平行に0.65下げて写す。

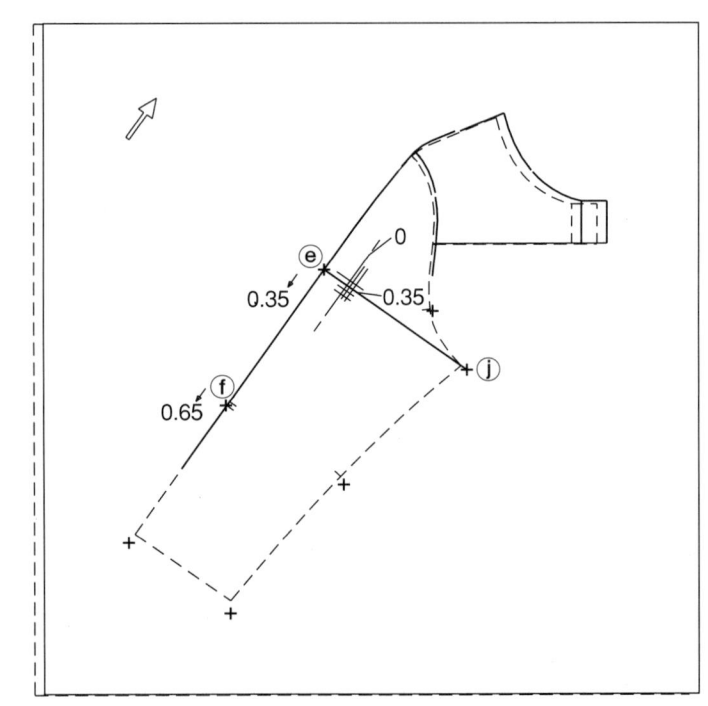

9 ＋⑨をマスターパターンの袖切替え線と袖口線の角に合わせ、袖切替え線と袖口線の一部を写す（縦線0と横線1.0が基準線に合っているか確認）。

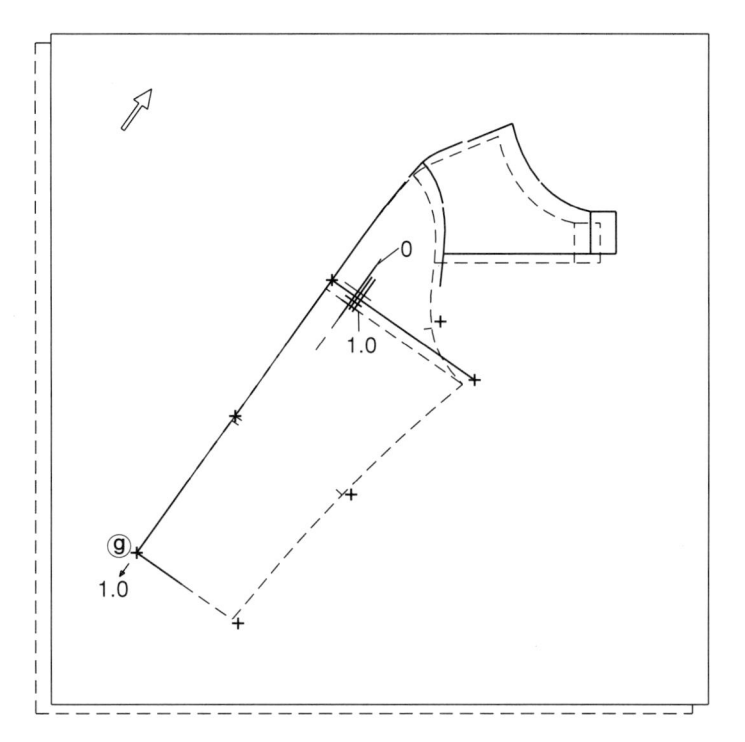

10 ＋ⓗをマスターパターンの袖口線と袖下線の角に合わせ、袖口線と袖下線の一部を写す（縦線0.45と横線1.0が基準線に合っているか確認）。

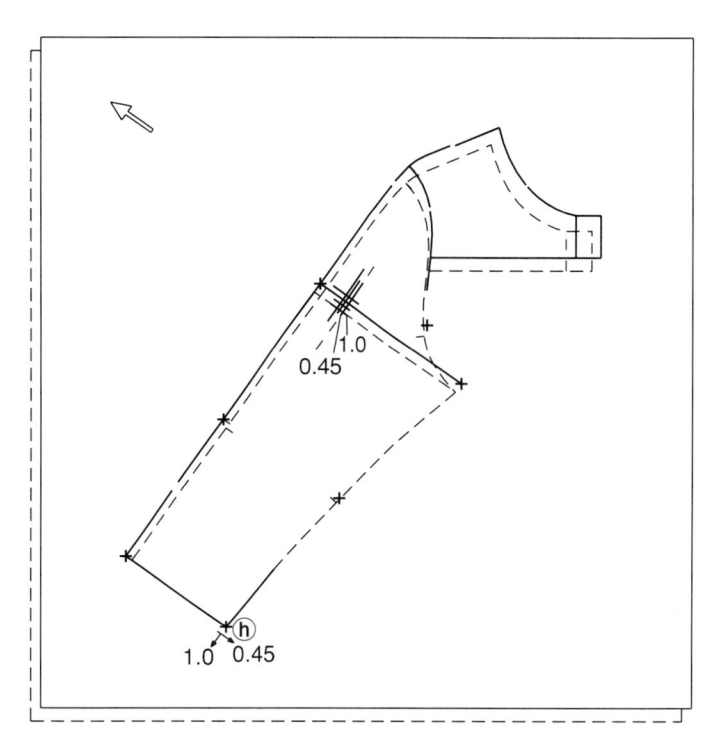

11 ＋ⓘをマスターパターンの袖下線と合い印の交差位置に合わせ、袖下線の一部と合い印を写す（縦線0.45と横線0.65が基準線に合っているか確認）。

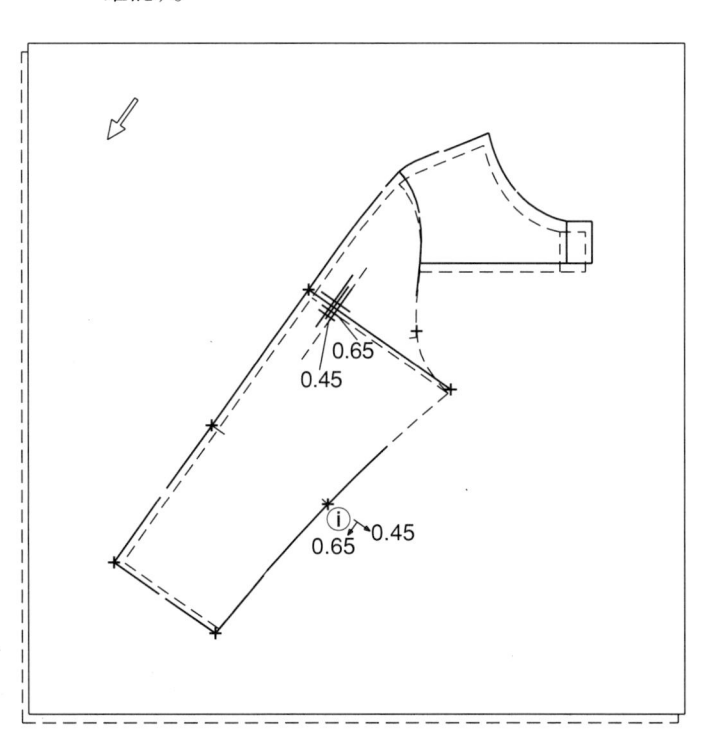

12 ＋ⓙをマスターパターンの袖下線と袖ぐり線の角に合わせ、袖下線と袖ぐり線の一部を写す（縦線0.45と横線0.35が基準線に合っているか確認）。

第3章　アイテムのグレーディング　149

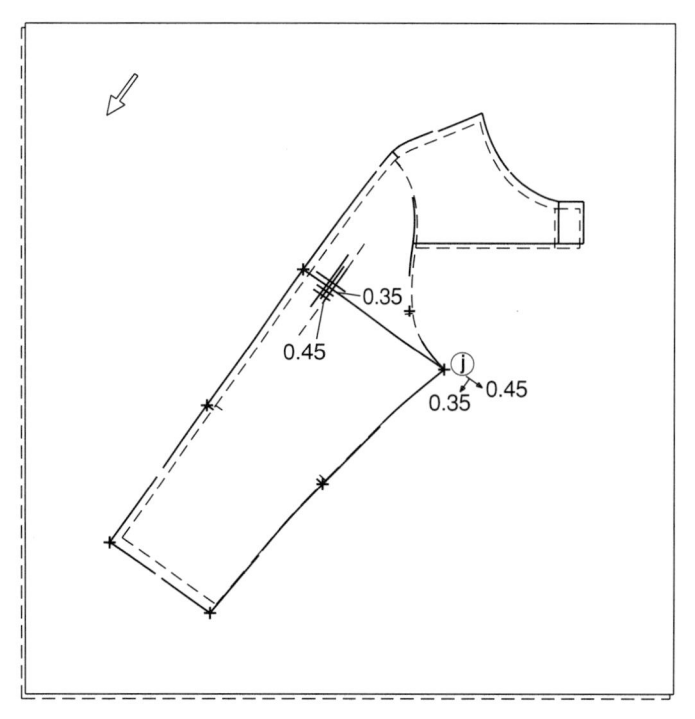

13 ＋ⓚをマスターパターンの袖ぐり線と合印の交差位置に合わせ、袖ぐり線の一部と合い印を写す（縦線0.2と横線0.35が基準線に合っているか確認）。

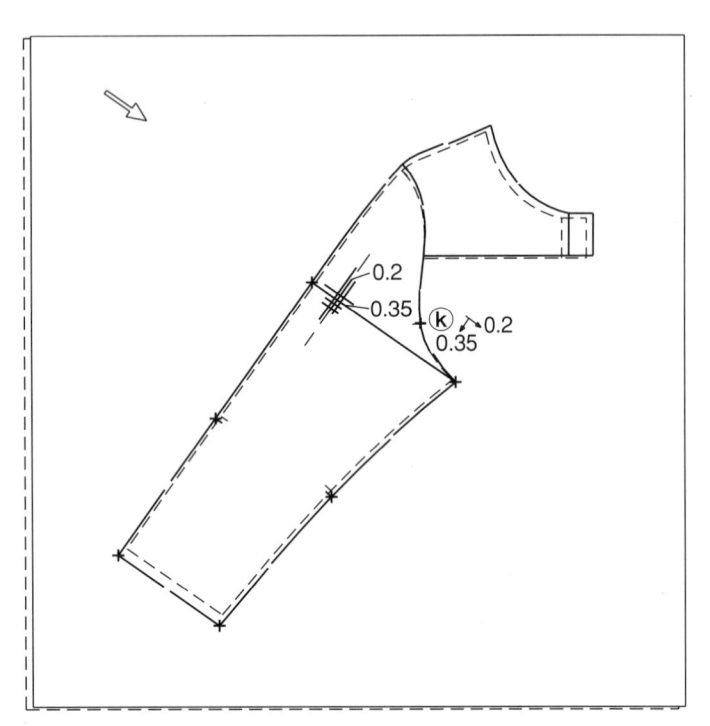

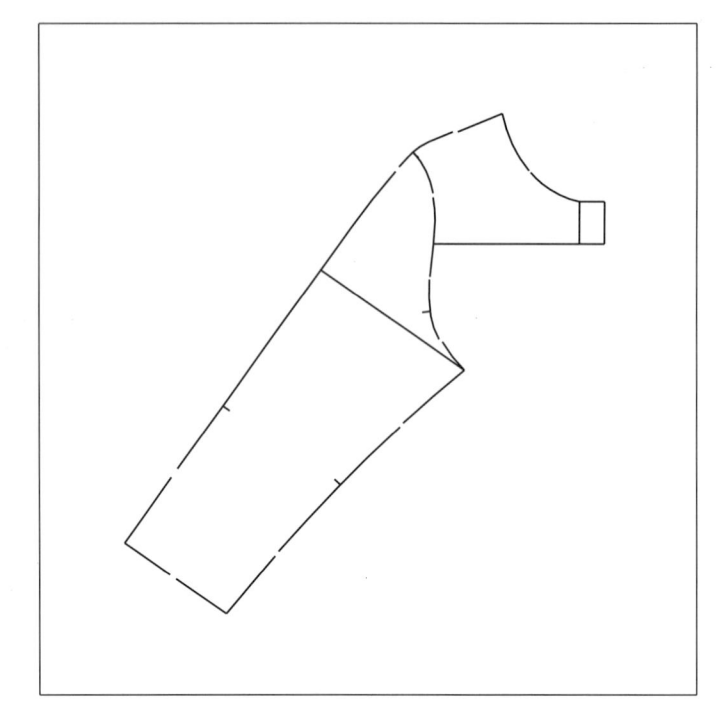

14 ライン修正前パターン。

15 ネスト図
各部位が正確にグレーディングされているか確認する。

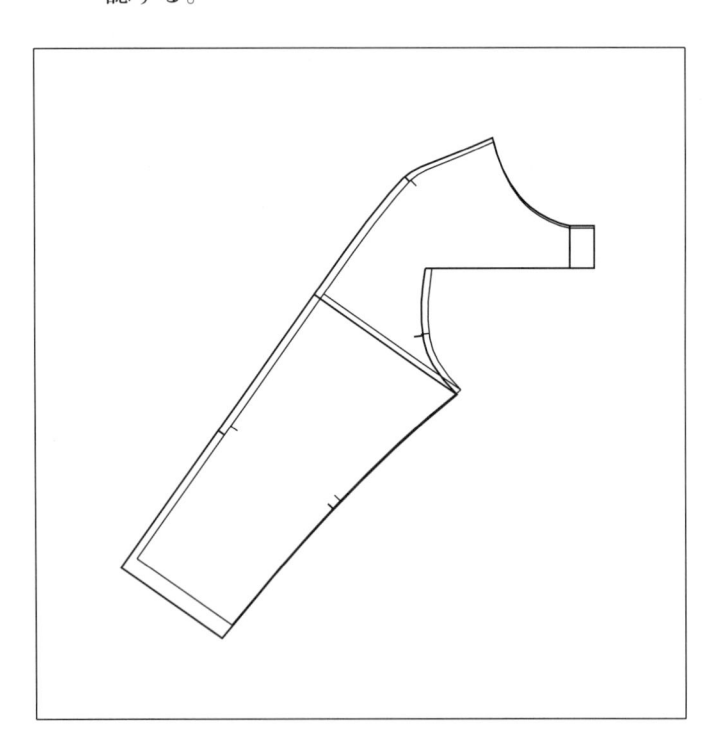

ネスト図

地の目線は11号の出来上り線まで延長する。

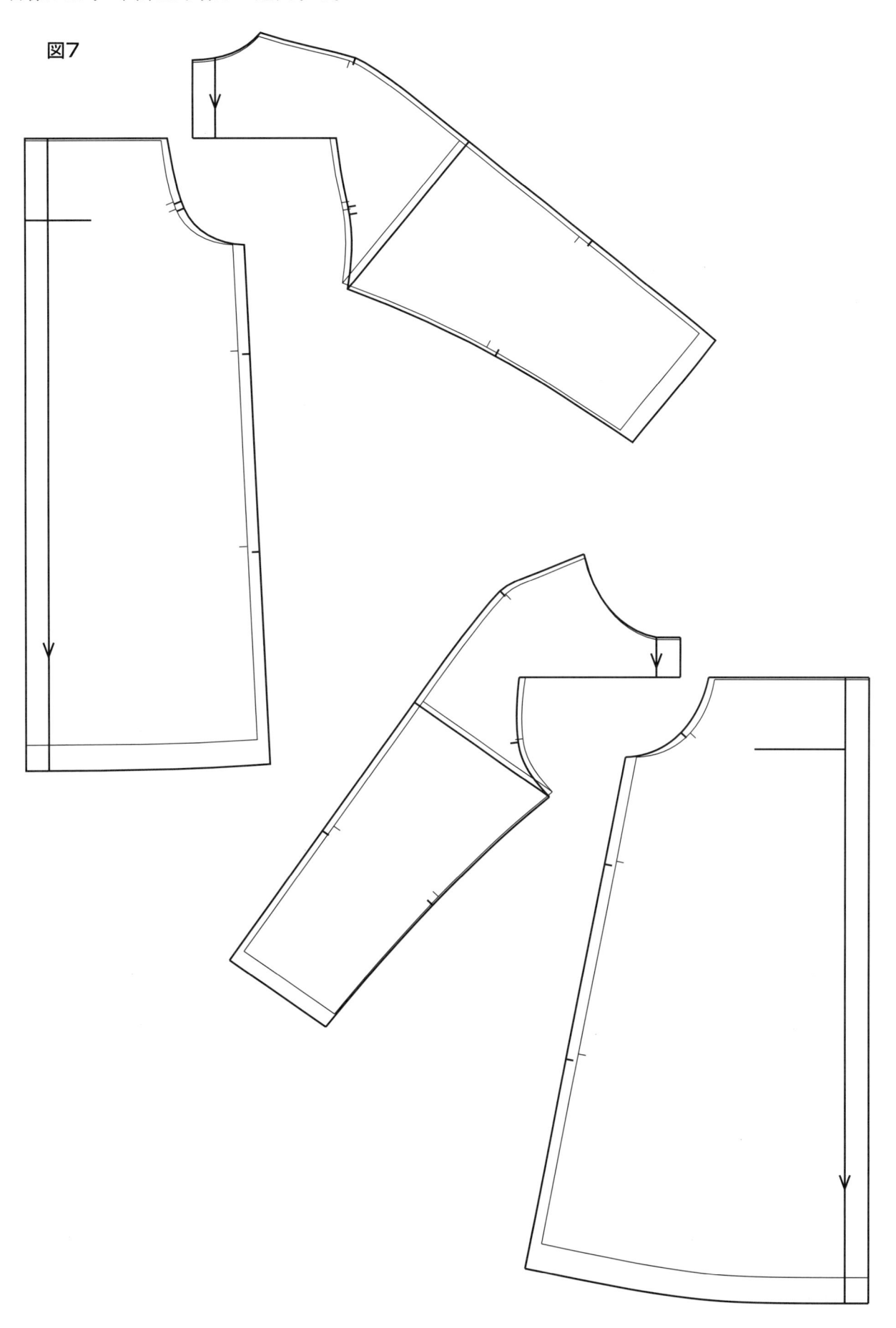

図7

第3章　アイテムのグレーディング

(2) キモノスリーブ（まちなし）

　キモノスリーブは身頃の部分と普通袖（1枚袖）の部分に分けてグレーディングピッチを決めなければならない。肩先（このパターンでは肩合い印位置）から、袖ぐり線（案内線）を引き、身頃と袖を別々の方向にグレーディングする。

　切開線入れは身頃と袖の切開線位置を袖ぐり線で合わせる。

グレーディングピッチ

バスト（1周）＝3.0cm	背丈＝0.5cm
ウエスト（1周）＝3.0cm	着丈＝2.0cm
ヒップ（1周）＝3.0cm	袖幅＝0.9cm
天幅（左右）＝0.2cm	袖口幅＝0.9cm
背肩幅（左右）＝0.8cm	袖山高さ＝0.35cm
衿ぐりの深さ＝0.1cm	肘丈＝0.65cm
カマ深＝0.3cm	袖丈＝1.0cm

1）切開線方式
身頃・袖に切開線を入れる（153ページ図1）

- ⓐ・ⓔ：前・後中心線から2～3cm離れた線。
- ⓑ：肩線からバストポイント付近を通り、裾線に向かう線。
- ⓒ＋ⓓ・ⓖ＋ⓗ：面の変り目位置、袖ぐり線から裾線に向かう線。
- ⓕ：肩線から肩甲骨位置を通り、裾線に向かう線。
- ⓙ＋ⓚ・ⓜ＋ⓝ：身頃に入れた切開線につながるような位置に入れる。必ずしも同位置にはならない。
- ㋐＝ⓘ：前袖切替え線（肩線）から1.5～2cm離し、衿ぐり線から袖口線までの線。
- ㋐＝ⓛ：後ろ袖切替え線（肩線）から1.5～2cm離し、衿ぐり線から袖口線までの線。
- ㋑：肩先からバストラインの中央付近位置。
- ㋒：脇線のカーブが始まる位置付近。
- ㋓：切開線㋒から裾線までの中央付近位置。
- ㋕＋㋖：身頃に入れた切開線㋑につながるような位置で袖切替え線に対して直角。
- ㋗：袖下線のカーブが始まる位置付近。
- ㋘：切開線㋗と袖口の中間位置に入れる。

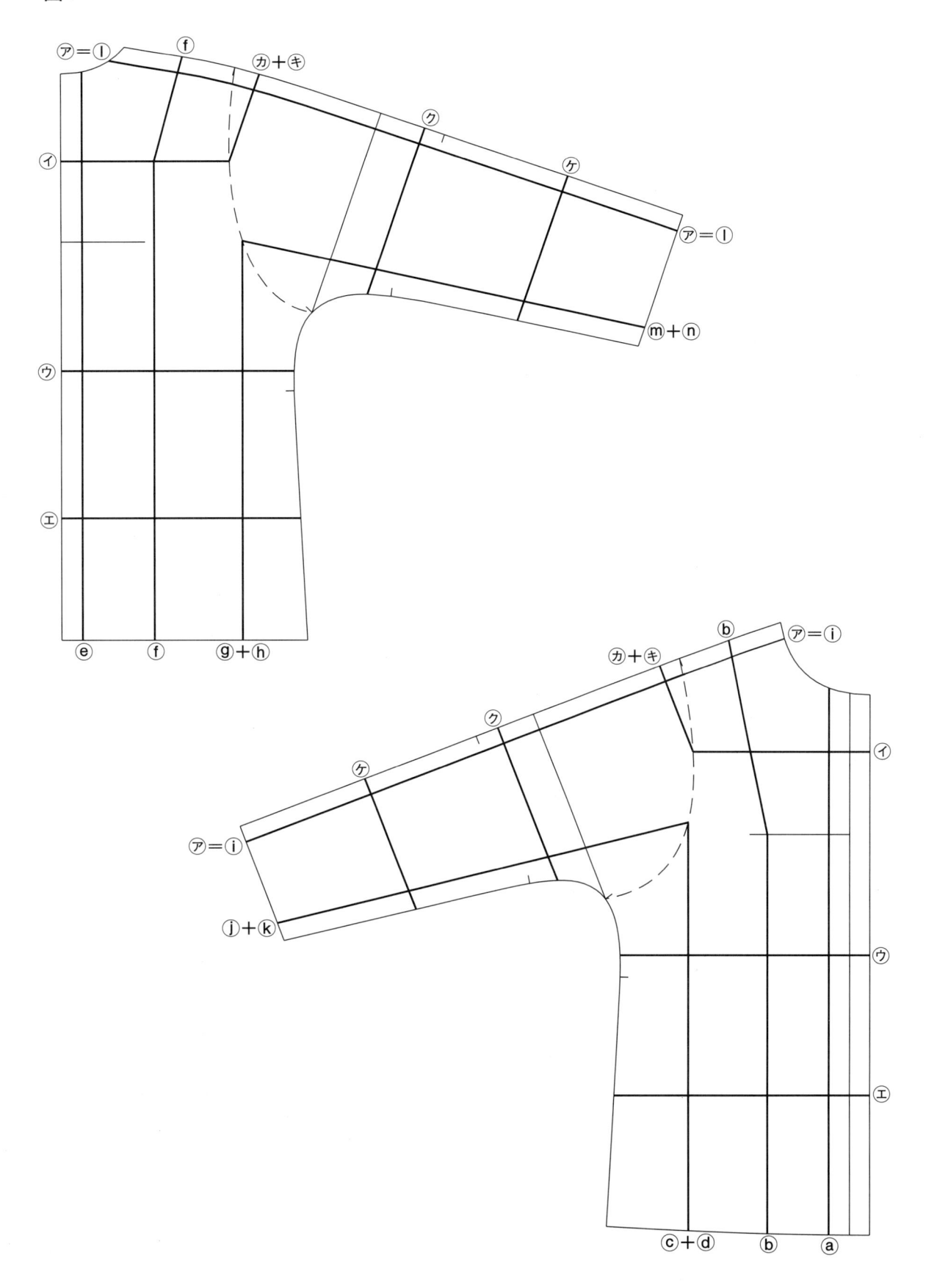

図1

第3章 アイテムのグレーディング

身頃を切開線で切り開く

図2

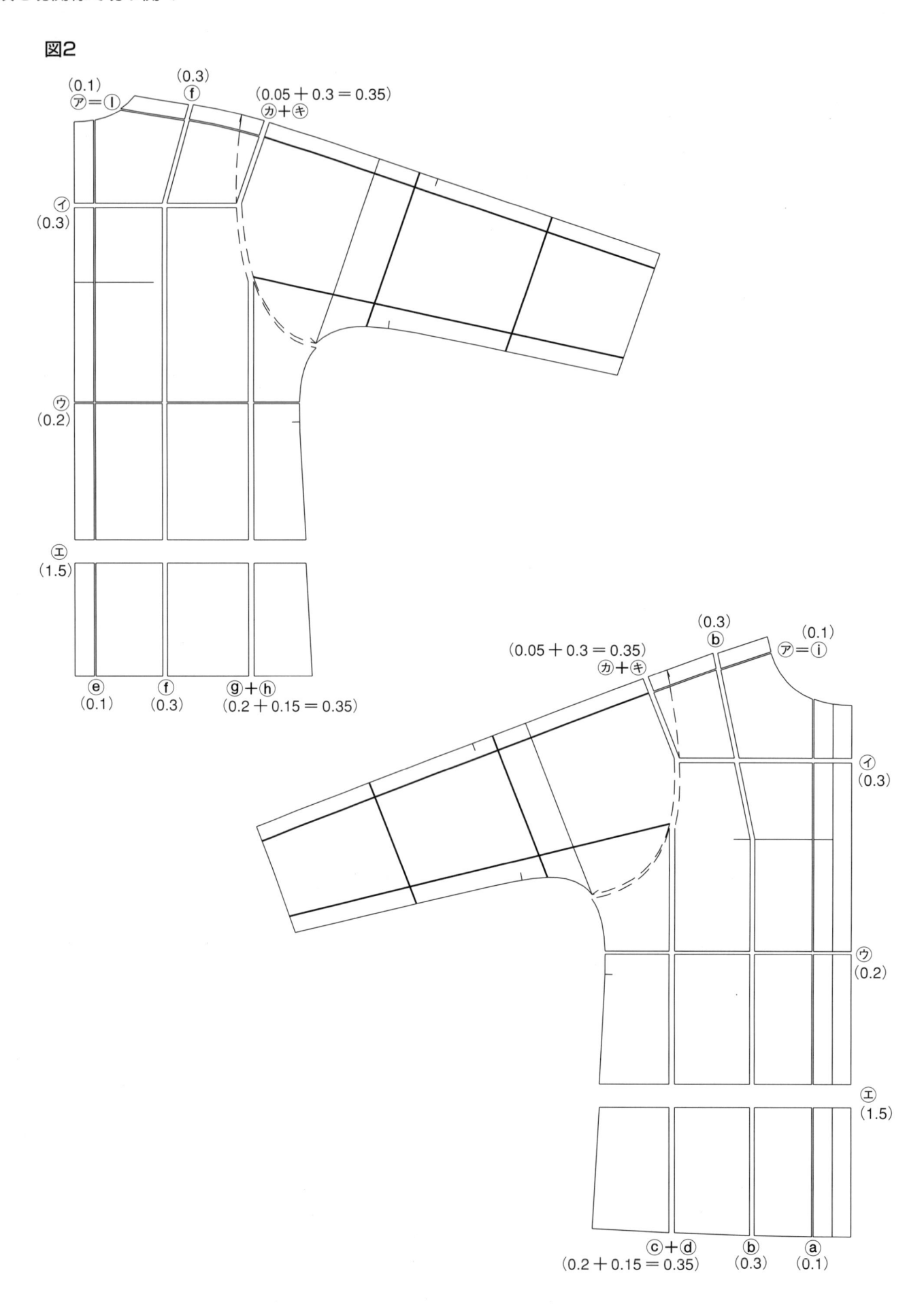

袖部分を切開線で切り開く

図3

第3章 アイテムのグレーディング

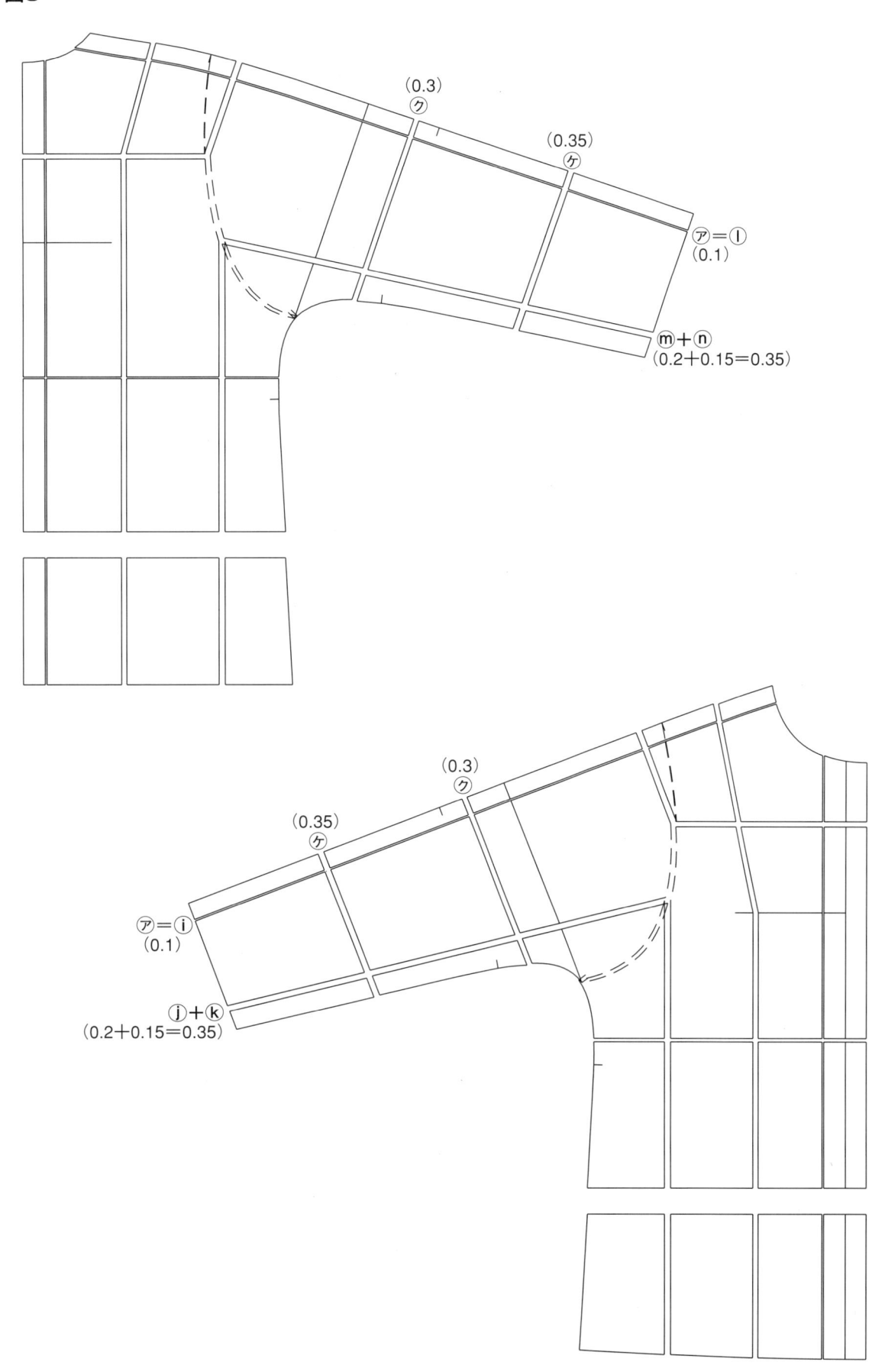

2) ピッチ方式

身頃の原点を前・後中心線とバストラインの交差した位置に決め、原点を基準に上下・左右方向にグレーディングする。

キモノスリーブは肩先を袖原点として、袖切替え線を基準に斜め方向にグレーディングする。

合い印は前身頃と後身頃の長さを合わせて調整する。

図4

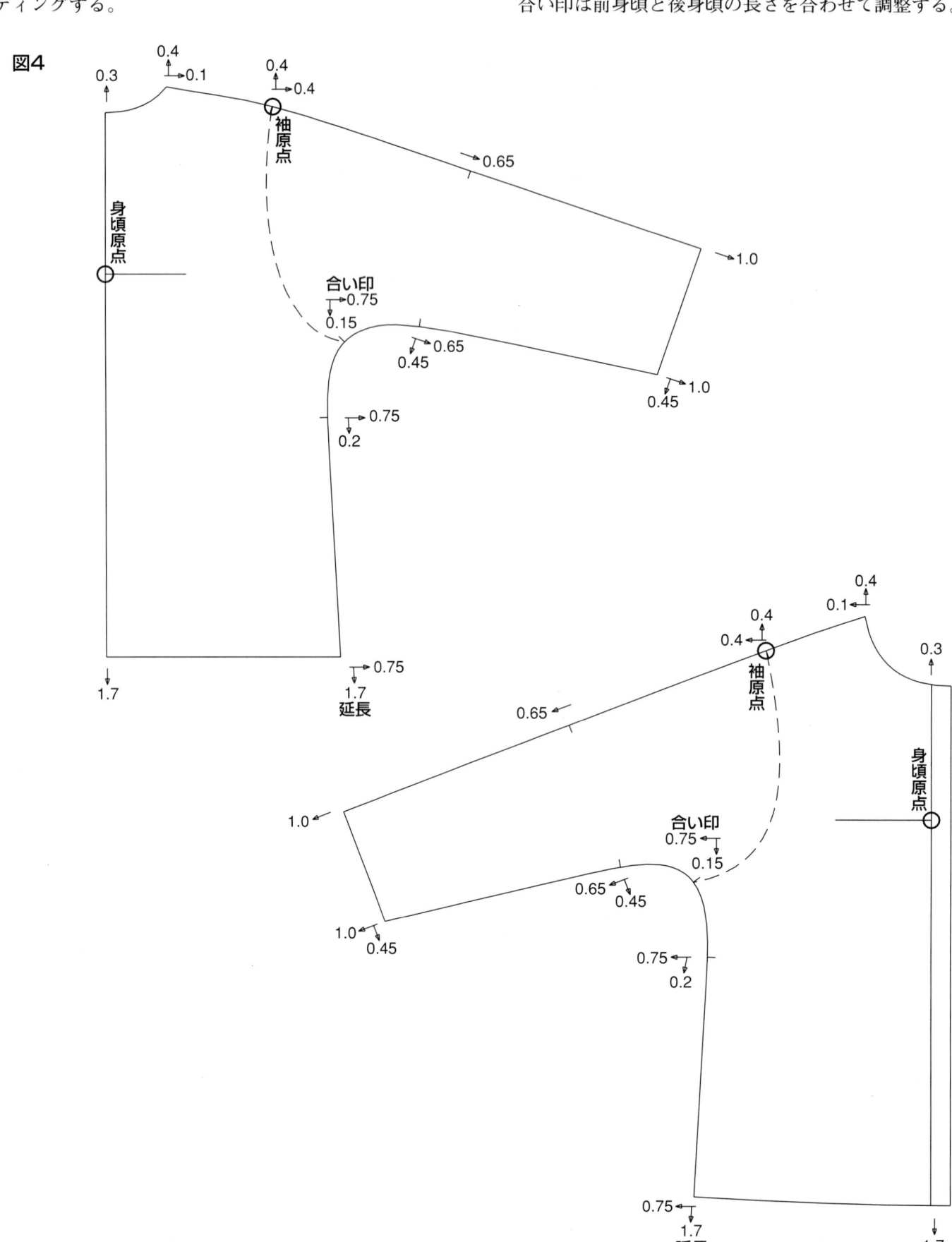

ネスト図
地の目線は11号の出来上り線まで延長する。

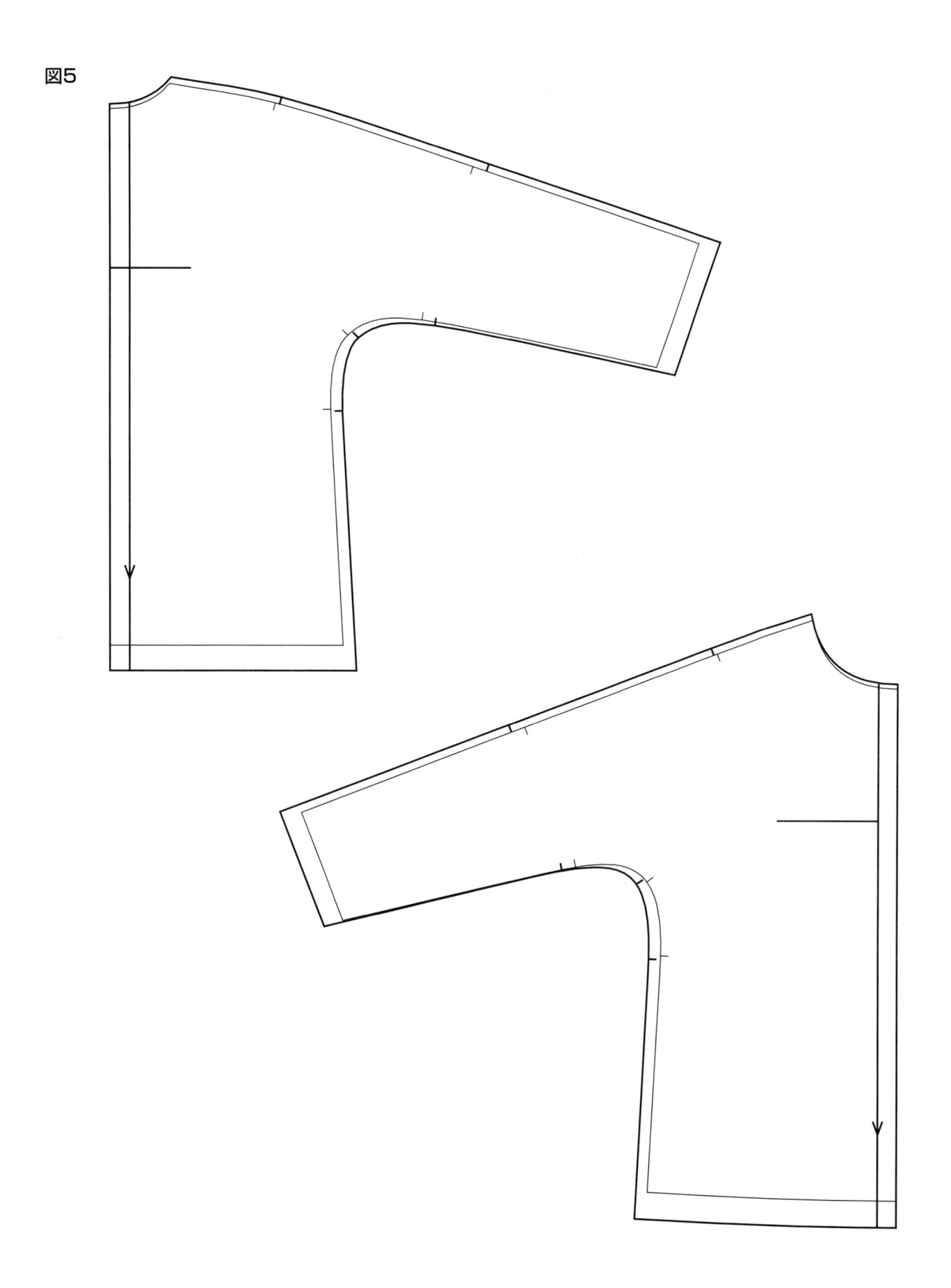

図5

第3章　アイテムのグレーディング

(3) キモノスリーブ（まちあり）

切開線入れは身頃と袖の切開線位置を合わせる。

キモノスリーブは身頃の部分と普通袖（1枚袖）の部分に分けてグレーディングピッチを決めなければならない。肩先（このパターンでは肩合い印位置）から、袖ぐり線を引き、身頃と袖を別々の方向にグレーディングする。

グレーディングピッチ
バスト（1周）＝3.0cm　　背丈＝0.5cm
ウエスト（1周）＝3.0cm　　着丈＝2.0cm
ヒップ（1周）＝3.0cm　　袖幅＝0.9cm
天幅（左右）＝0.2cm　　袖口幅＝0.9cm
背肩幅（左右）＝0.8cm　　袖山高さ＝0.35cm
衿ぐりの深さ＝0.1cm　　肘丈＝0.65cm
カマ深＝0.3cm　　袖丈＝1.0cm

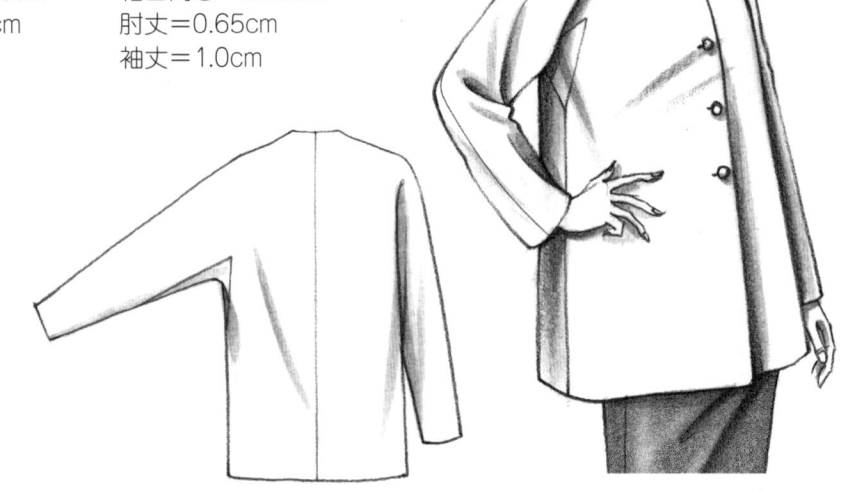

1）切開線方式

身頃・袖に切開線を入れる（159ページ図1）

- ⓐ・ⓔ：前・後中心線から2〜3cm離れた線。
- ⓑ：肩線からバストポイント付近を通り、裾線に向かう線。
- ⓒ＋ⓓ・ⓖ＋ⓗ：まち線から裾線までの線。
- ⓕ：肩線から肩甲骨位置を通り、裾線に向かう線。
- ⓜ＋ⓝ・ⓙ＋ⓚ：まち線の中央から袖口線に向かう線。
- ㋐＝ⓘ：前袖切替え線（肩線）から1.5〜2cm離し、衿ぐり線から袖口線までの線。
- ㋐＝ⓛ：後袖切替え線（肩線）から1.5〜2cm離し、衿ぐり線から袖口線までの線。
- ㋑：肩先からバストラインの中央付近位置。
- ㋒：まち線の中央付近位置。
- ㋓：脇線の中央付近位置。
- ㋕＋㋖：身頃に入れた切開線㋑につながるような位置で袖切替え線に対して直角。
- ㋗：まち線の中間位置に入れる。
- ㋘：肘と袖口の中間位置に入れる。

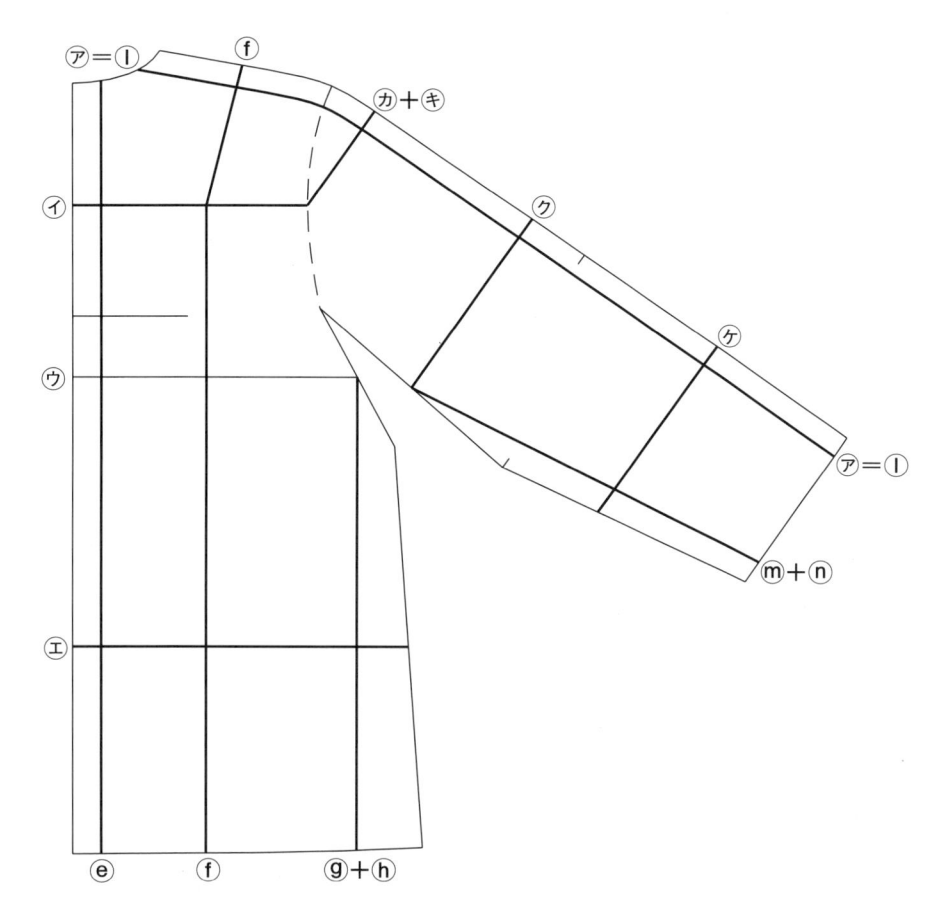

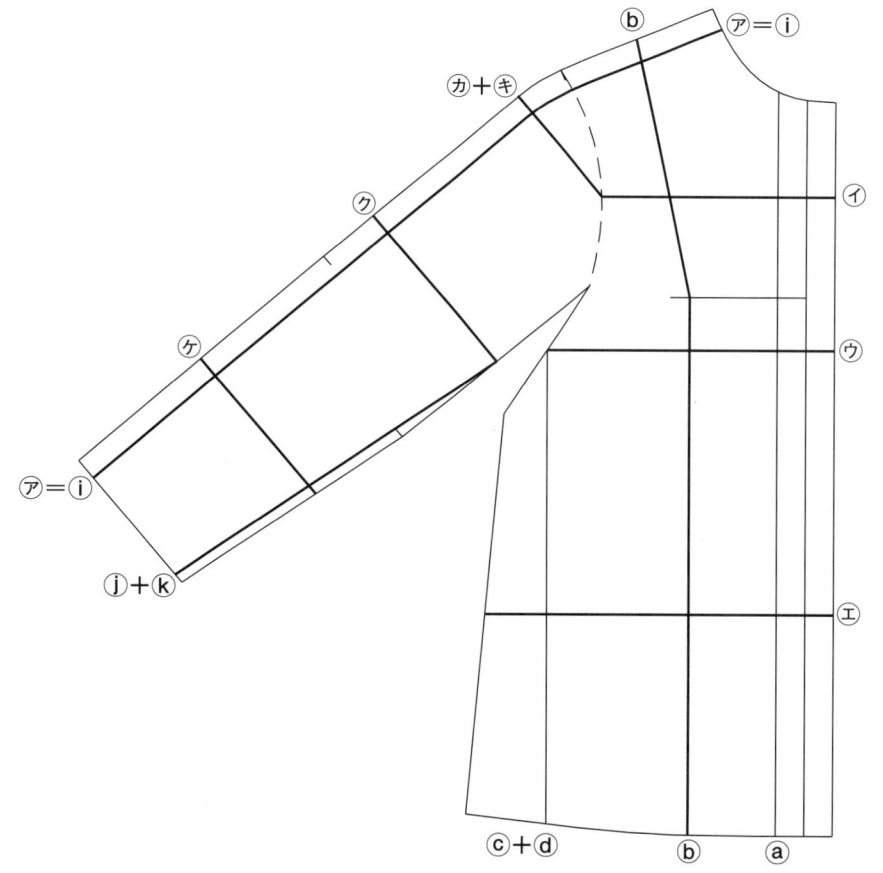

図1

第3章 アイテムのグレーディング

身頃を切開線で切り開く

図2

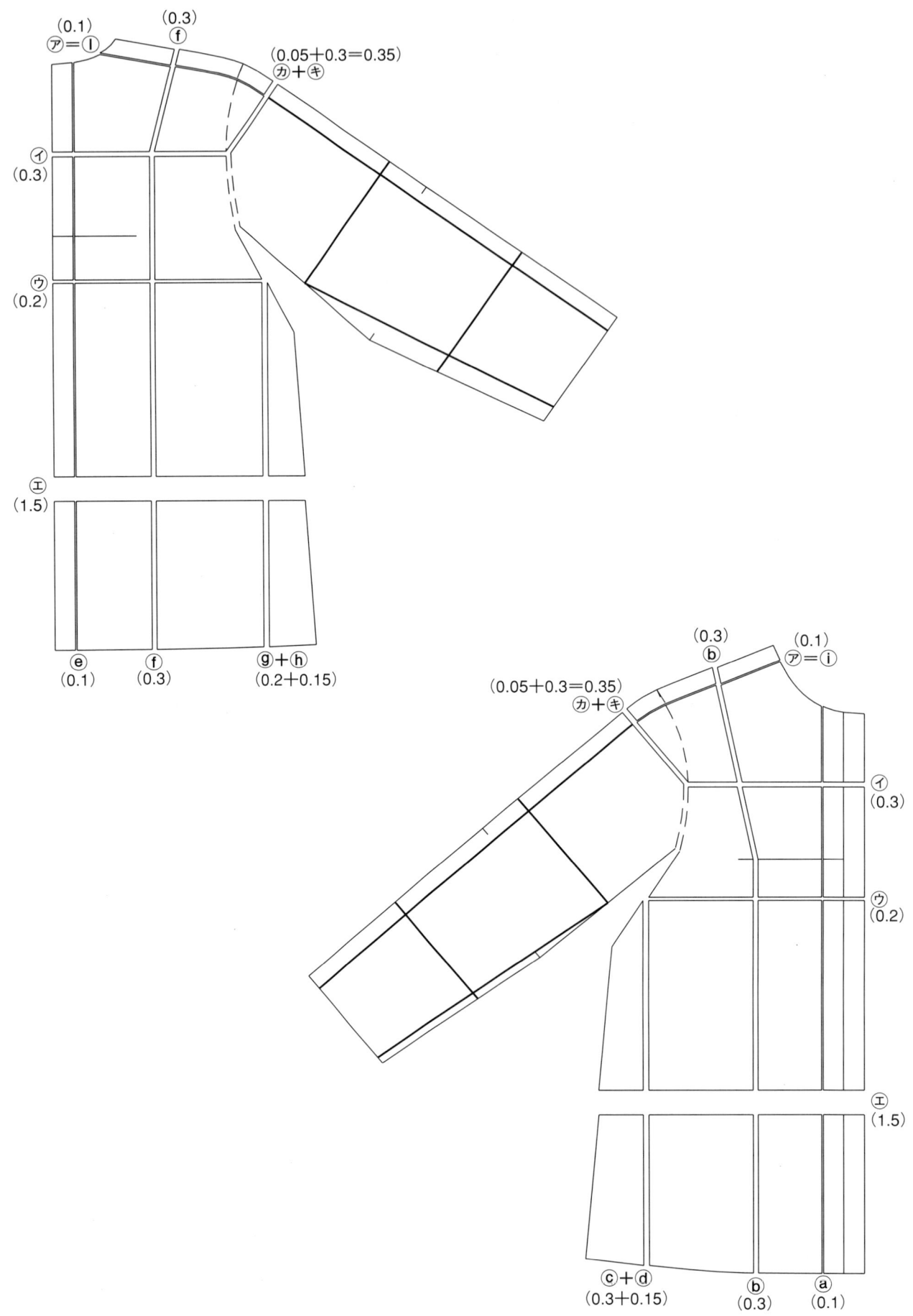

キモノスリーブの普通袖部分を切開線で切り開く

図3

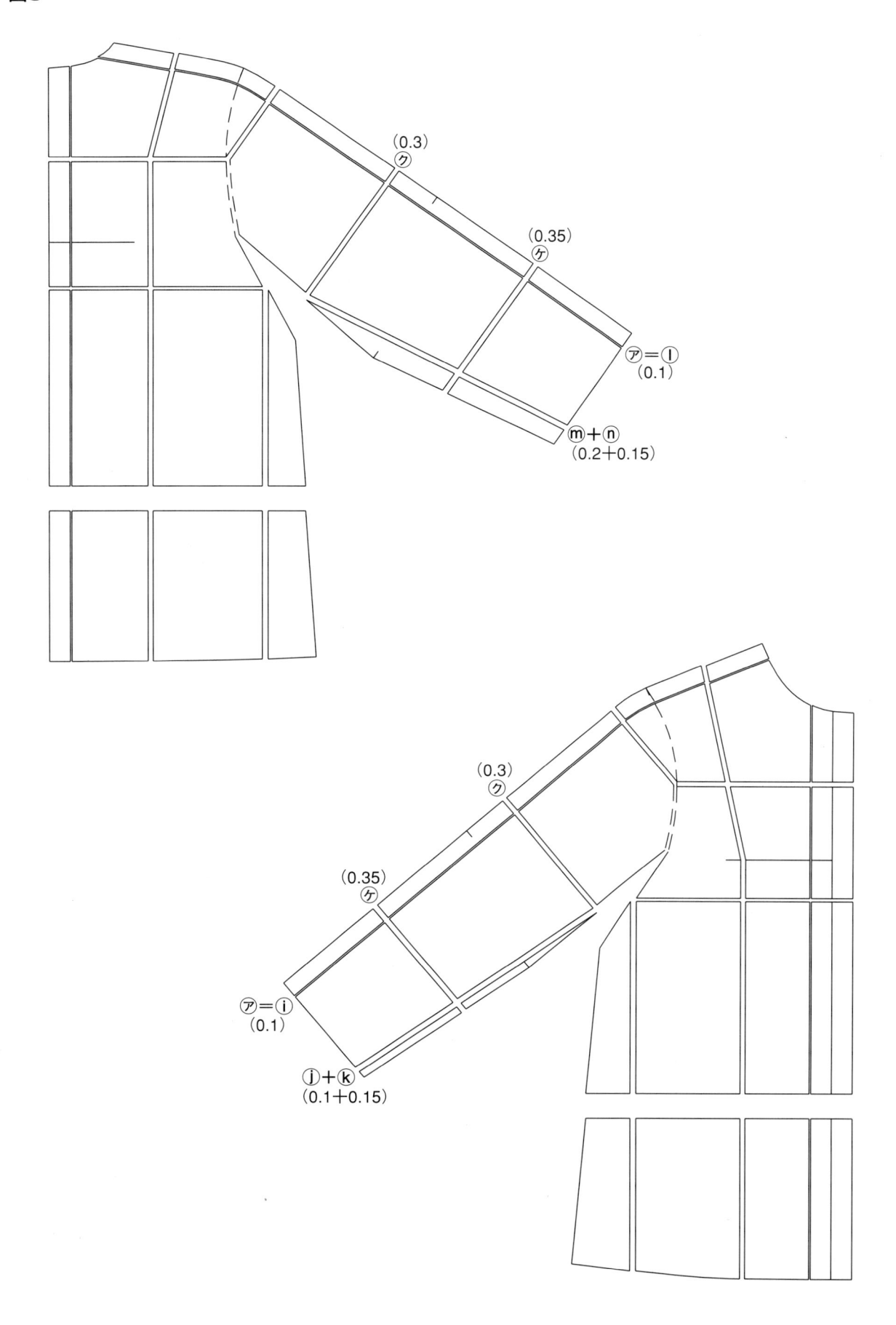

まち線は身頃側まちの角と脇線・袖下線を結ぶ。

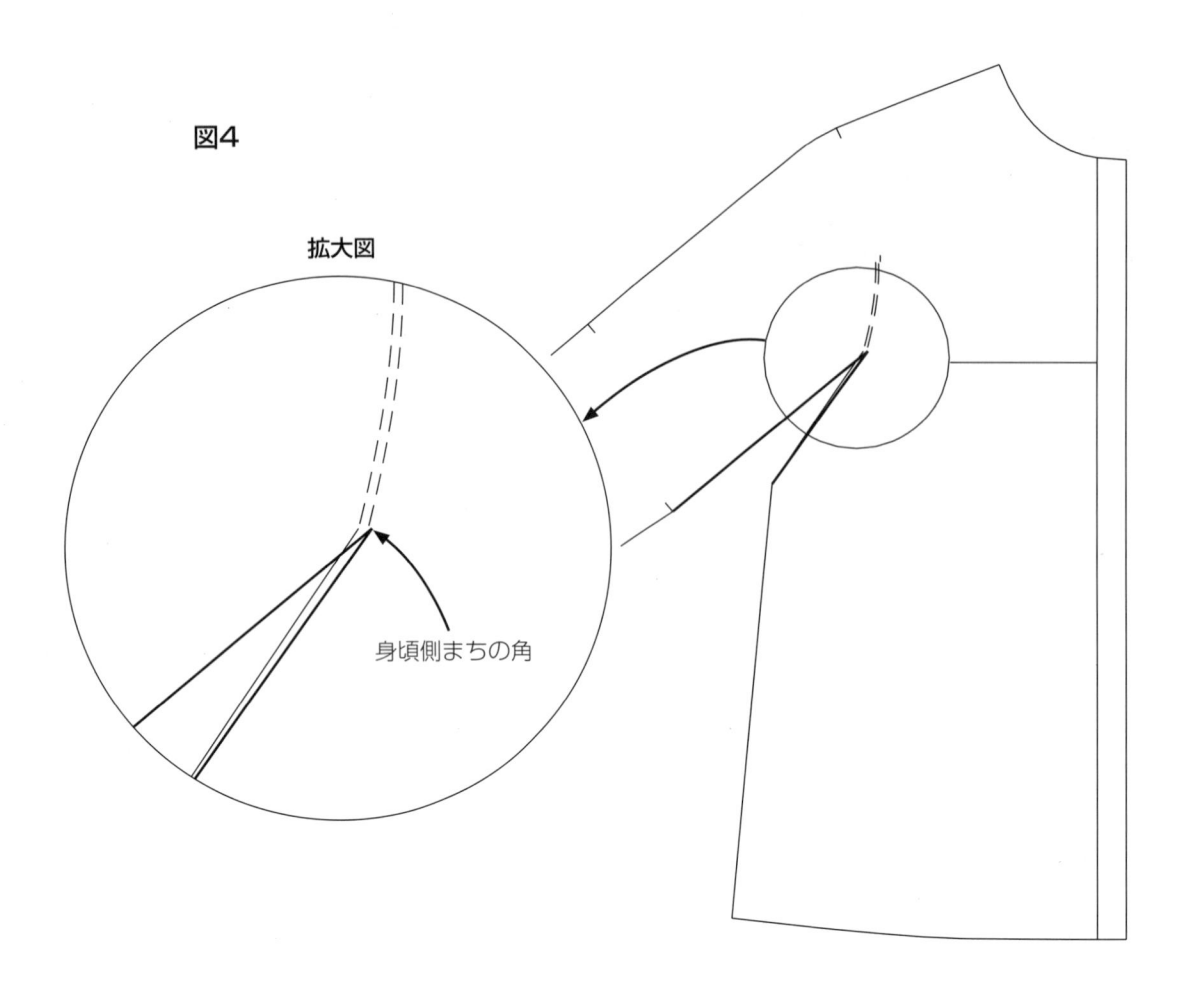

図4

拡大図

身頃側まちの角

　まちは身頃厚み分量0.35cmを、袖底にあたる前後の角で幅を広げて、グレーディングした身頃パターンのまち線と同寸法になるようにコンパスでしるし、身頃と袖部分のまち線を引く。

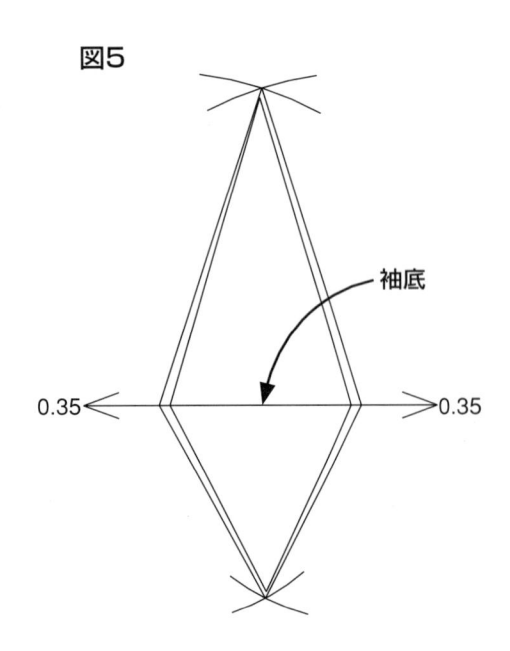

図5

袖底

0.35　0.35

2）ピッチ方式

身頃の原点を前・後中心線とバストラインの交差した位置に決め、原点を基準に上下・左右方向にグレーディングする。

キモノスリーブは肩先を袖原点として、袖切替え線を基準に斜め方向にグレーディングする。

図6

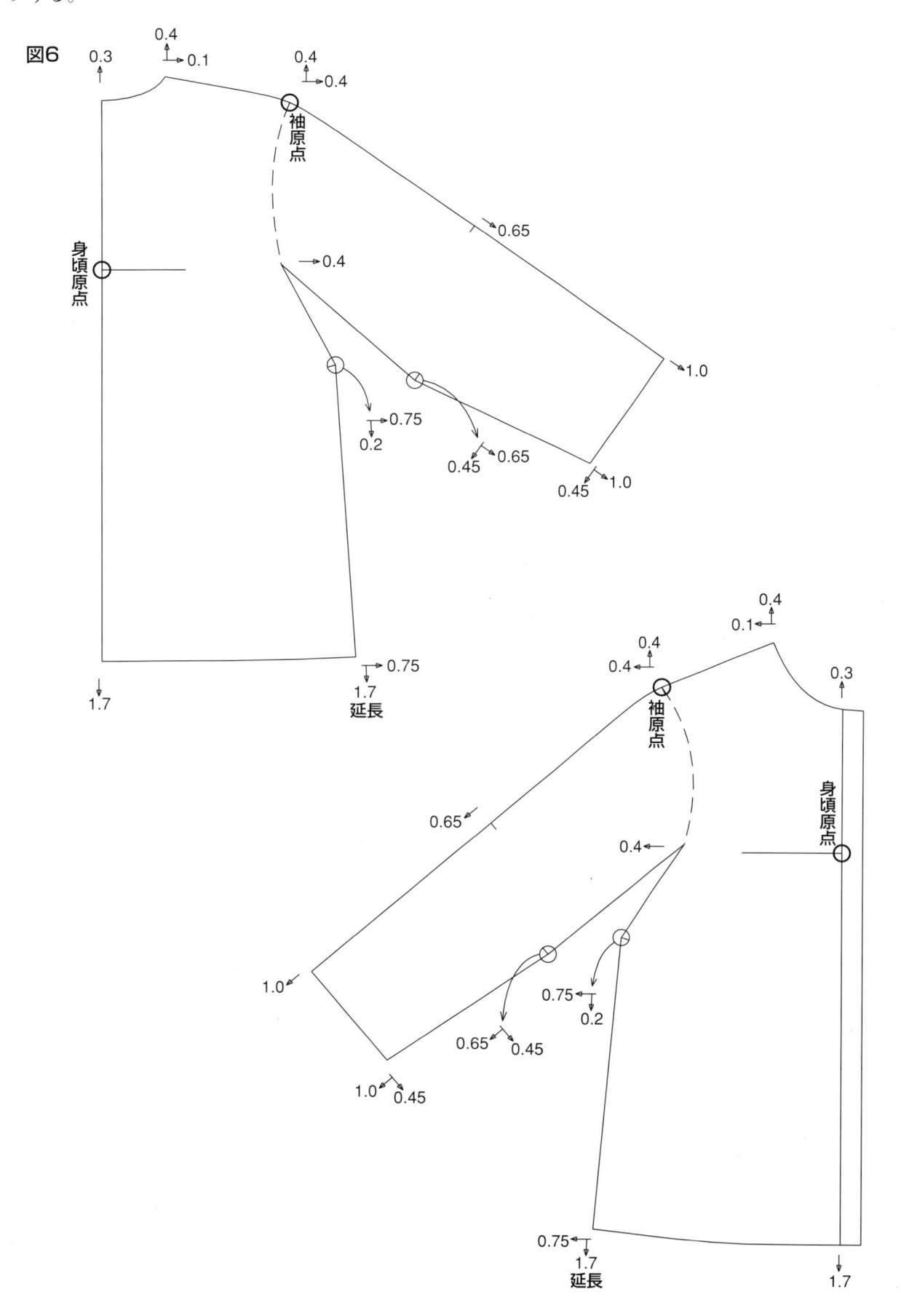

第3章　アイテムのグレーディング　163

ネスト図
地の目線は11号の出来上り線まで延長する。

図7

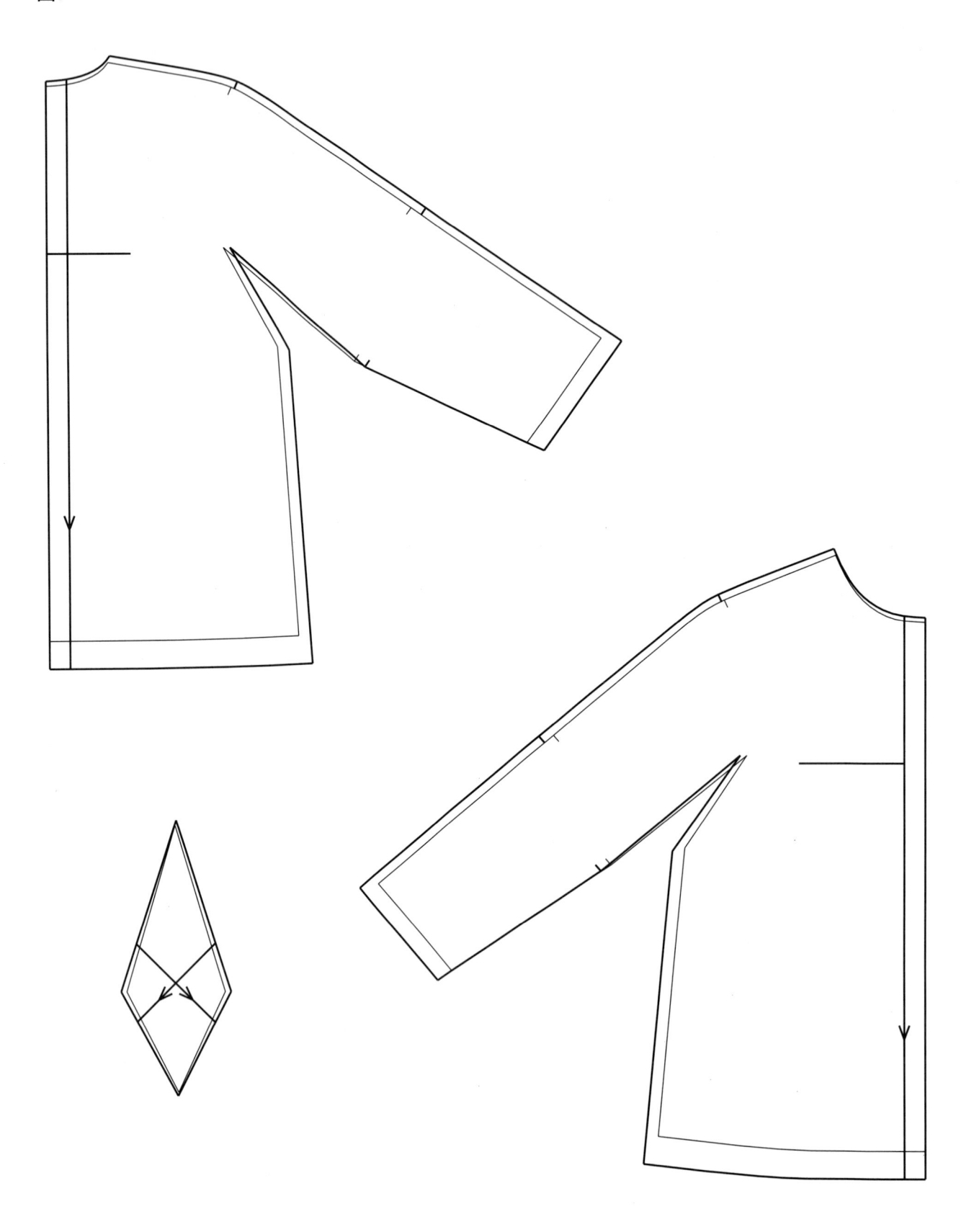

監修

文化ファッション大系監修委員会

大沼　聡　　　平野　栄子
田中　源子　　深澤　朱美
松谷美恵子　　石井　雅子
相原　幸子　　川合　直
野中　慶子　　瀬戸口玲子
鈴木　洋子

執筆

阿部　稔
富樫　敬子
辛島　敦子
上野　和博

執筆協力

齊田　信子
菅井　正子

表紙モチーフデザイン

酒井　英実

イラスト

岡本あづさ
玉川あかね
吉岡　香織

写真

藤本　毅

文化ファッション大系 アパレル生産講座 ⑦
グレーディング
文化服装学院編

2009年9月19日　第1版第1刷発行
2024年2月1日　第2版第8刷発行

発行者　清木孝悦
発行所　学校法人文化学園 文化出版局
　　　　〒151-8524
　　　　東京都渋谷区代々木3-22-1
　　　　TEL03-3299-2474（編集）
　　　　TEL03-3299-2540（営業）
印刷所　株式会社 文化カラー印刷

©Bunka Fashion College 2009　Printed in Japan

本書の写真、カット及び内容の無断転載を禁じます。
・本書のコピー、スキャン、デジタル化等の無断複製は著作権法上での例外を除き、禁じられています。
　本書を代行業者等の第三者に依頼してスキャンやデジタル化することは、たとえ個人や家庭内の利用で
　も著作権法違反になります。
・本書で紹介した作品の全部または一部を商品化、複製頒布することは禁じられています。

文化出版局のホームページ　https://books.bunka.ac.jp/